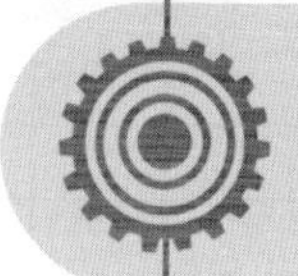

"十四五"时期国家重点出版物出版专项规划项目
先进制造理论研究与工程技术系列

智能电网三维巡检技术

3D Inspection Technology in Smart Grid

李宝贤 张 勋 李超英 郑 岩 著

哈爾濱工業大學出版社
HARBIN INSTITUTE OF TECHNOLOGY PRESS

内 容 简 介

本书详细论述了智能电网三维巡检技术的工作原理、巡检功能、操控技术、运行维护、注意事项和培训等方面的内容。全书共分 8 章，第 1 章：智能电网巡检技术概论；第 2 章：国内外智能电网巡检技术现状分析；第 3 章：电力机器人的分类与功能；第 4 章：电力机器人使用培训；第 5 章：电力巡检无人机种类与功能；第 6 章：电力巡检无人机操作培训；第 7 章：机器人应用效果评估与实例研究；第 8 章：总结与展望。

本书可以帮助读者了解国内外最先进的智能电网巡检技术发展现状与趋势，也能够指导电力行业从业者开展智能巡检技术在电网运维领域的应用研究，在解决实际运行维护问题的同时，拓展智能传感业务应用。

图书在版编目(CIP)数据

智能电网三维巡检技术/李宝贤等著. —哈尔滨：哈尔滨工业大学出版社，2024. 10

(先进制造理论研究与工程技术系列)

ISBN 978-7-5767-1198-1

Ⅰ.①智… Ⅱ.①李… Ⅲ.①智能控制-电网-巡回检测 Ⅳ.①TM76

中国国家版本馆 CIP 数据核字(2024)第 028940 号

策划编辑　王桂芝
责任编辑　宋晓翠　马　媛　苗金英
出版发行　哈尔滨工业大学出版社
社　　址　哈尔滨市南岗区复华四道街 10 号　邮编 150006
传　　真　0451-86414749
网　　址　http://hitpress.hit.edu.cn
印　　刷　哈尔滨博奇印刷有限公司
开　　本　720 mm×1 000 mm　1/16　印张 15　字数 291 千字
版　　次　2024 年 10 月第 1 版　2024 年 10 月第 1 次印刷
书　　号　ISBN 978-7-5767-1198-1
定　　价　98.00 元

序

实现“双碳”战略目标，能源是主战场，电力是主力军。智能电网已成为实现能源低碳转型、建设新型能源体系的重要载体。随着我国智能电网建设的飞速发展，电网规模及其复杂性不断提升，对电网设备巡检的精细化、智能化、实时性等提出了新的要求，探讨和应用全维度、全天候、全信息链的智能巡检技术已迫在眉睫。

智能电网三维巡检技术对比人工巡检，具有巡检效率高、巡检成本低、巡检范围广、故障定位准确、不受地理环境影响和天气影响等一系列优点。所以，熟练掌握和广泛应用智能电网三维巡检技术，对提高电网设备健康运行状况，确保电网安全可靠运行具有特别重要的意义。

《智能电网三维巡检技术》一书紧密结合特种电力机器人在“陆、海、空”三维场景中实际应用情况，详细阐述了电网智能化三维巡检技术的工作原理、巡检功能、操控技术、运行维护、注意事项等。该书已入选“十四五”时期国家重点出版物出版专项规划项目“先进制造理论研究与工程技术系列”丛书，可为电网企业员工和电力院校相关专业师生提供参考。

2024年8月

前　　言

随着社会经济发展和人民生活水平的不断提高，全球能源互联网跨洲际输电网、变电站、变流站以及中低压配电网建设运行的快速发展，上述电力设施采用传统的人工和半自动化运维巡检方式，已经远远不能满足当今大电网、大功率、长距离、复杂地理环境、不同气候条件、危险运行场所等运维的基本要求。因此，采用飞行机器人、特种机器人、水下机器人等科学高效的巡检技术，已成为输电、变电、配电等运维巡检智能化的必由之路。

本书详细论述了智能电网三维巡检技术的工作原理、巡检功能、操控技术、运行维护、注意事项和培训等方面的内容。全书共分8章，第1章：智能电网巡检技术概论；第2章：国内外智能电网巡检技术现状分析；第3章：电力机器人的分类与功能；第4章：电力机器人使用培训；第5章：电力巡检无人机种类与功能；第6章：电力巡检无人机操作培训；第7章：机器人应用效果评估与实例研究；第8章：总结与展望。

本书在编写过程中，得到清华大学、国家电网有限公司、中国南方电网有限责任公司、中国电力科学研究院有限公司、全球能源互联网研究院有限公司、哈尔滨工程大学、中国航空综合研究所、中国联合网络通信集团有限公司、国网智能科技股份有限公司等单位领导和专家的大力支持；同时，也参考了一些业内专家和学者的著述，在此一并表示衷心的感谢！

由于作者水平有限，书中难免有疏漏之处，敬请读者给予指正，不胜感激。

作　者
2024年8月

目　　录

第1章 智能电网巡检技术概论

1.1 智能电网概述

智能电网是将先进的传感量测技术、信息通信技术、分析决策技术和自动控制技术与能源电力技术以及电网基础设施高度集成而形成的新型现代化电网。

智能电网的智能化主要体现在以下几个方面。

(1) 可测性。

采用先进的传感量测技术，实现对电网的准确感知。

(2) 可控性。

可对观测对象进行有效控制。

(3) 实时分析和决策。

实现从数据、信息到智能化决策的提升。

(4) 自适应和自愈。

实现自动化调整和故障自我修复。

传统电网是一个刚性系统，电源的接入与退出、电能量的传输等都缺乏弹性，使得电网动态柔性及重组性较差；垂直的多级控制机制反应迟缓，无法构建实时、可配置和可重组的系统，自愈及自恢复能力完全依赖物理应对；对用户的服务简单，信息单向；系统内部存在多个信息孤岛，缺乏信息共享功能，相互割裂和孤立的各类自动化系统不能构成实时的有机统一整体。整个电网的智能化程度较低、反应迟钝。

与传统电网相比，智能电网将进一步优化各级电网控制，构建结构扁平化、功能模块化、系统组态化的柔性体系架构，通过集中与分散相结合的模式，灵活变换网络结构、智能重组系统架构、优化配置系统效能、提升电网服务质量，实现与传统电网截然不同的电网运营理念和智能化体系[1-2]。

智能电网将实现对电网全景信息(指完整、准确、具有精确时间断面、标准化的电力和业务信息等)的获取，以坚强、可靠的物理电网和信息交互平台为基础，整合各种实时生产和运营信息，通过加强对电网业务流的动态分析、诊断和优化，为电网运行和管理人员展示全面、完整和精细的电网运营状态图，同时能够提供相应的辅助决策支持、控制实施方案和应对预案。

一般认为，智能电网的特征主要包括坚强、自愈、兼容、经济、集成和优化等。

(1) 坚强。

在电网发生大扰动和故障时，仍能保持对用户的供电能力，而不会发生大面积停电事故；在自然灾害、极端气候条件下或外力破坏下仍能保证电网的安全运行；具有确保电力信息安全的能力。

(2) 自愈。

具有实时、在线和连续的安全评估和分析能力，强大的预警和预防控制能力，以及自动故障诊断、故障隔离和系统自我恢复的能力。

(3) 兼容。

支持可再生能源的有序、合理接入，适应分布式电源和微电网的接入，能够实现与用户的高效互动，满足用户多样化的电力需求并提供对用户的增值服务。

(4) 经济。

支持电力市场运营和电力交易的有效开展，实现资源的优化配置，降低电网损耗，提高能源利用效率。

(5) 集成。

实现电网信息的高度集成和共享，采用统一的平台和模型，实现标准化、规范化和精益化管理。

(6) 优化。

优化资产的利用，降低投资成本和运行维护成本。

1.2 智能电网研究现状

建设智能电网是一项高度复杂的系统工程。世界各国根据本国电力工业的特点，通过在不同领域的研究与实践，形成了各自的发展方向和技术路线，也反映出对未来电网发展模式的不同思考。

1.2.1 国外智能电网研究现状

1. 美国智能电网研究现状

1998年，美国电力科学研究院(Electric Power Research Institute，EPRI)开展了“复杂交互式网络 / 系统”(CIN/SI)项目研究，其成果可以看作美国智能电网的雏形。2001年，EPRI创立了智能电网联盟，积极推动智能电网(IntelliGrid)研究，重点开展了智能电网整体信息通信架构研究以及配电侧的业务创新和技术研发。

2003年7月,美国能源部发布“Grid 2030”设想,对美国未来电网发展远景进行了阐述。2004年,美国能源部又发布了《国家输电技术路线图》,为实现“Grid 2030”设定了战略方向。

2009年7月,美国能源部向国会递交了第一部《智能电网系统报告》,制定了由20项指标组成的评价指标体系,对美国智能电网的发展现状进行了评价,并总结了发展过程中遇到的技术、商业以及财政等方面的挑战。

近年来,美国的电力企业和研究机构在智能电网领域开展了一系列研究与实践。美国科罗拉多州的波尔德市(Boulder),从2008年开始建设全美第一个“智能电网”城市。其主要技术路线包括:构建配电网实时高速双向通信网络;建设具备远程监控、实时数据采集通信以及优化性能的“智能化”变电站;安装可编程家居控制装置和自动控制家居用能的管理系统;整合基础设施,支持小型风电和太阳能发电、混合动力汽车、电池系统等分布式能源和储能设施的建设。

2. 欧洲智能电网研究现状

欧洲智能电网研究更加关注可再生能源接入和分布式发电。欧盟理事会在2006年的绿皮书《欧洲可持续的、有竞争力的和安全的能源策略》中强调,欧洲已经进入新能源时代,智能电网技术是保证电能质量的关键技术和发展方向[3]。

2005年,欧盟委员会正式成立“智能电网欧洲技术论坛”,提出“智能电网”计划,并在2006年出台该计划的技术实现方略。作为欧洲2020年及以后的电力发展目标,该计划指出未来欧洲电网应具有以下特征。

(1) 灵活性。

在适应未来电网变化与挑战的同时,满足用户多样化的电力需求。

(2) 可接入性。

保证用户能够灵活地接入电网。

(3) 可靠性。

提高电力供应的可靠性与安全性,满足数字化时代的电力需求。

(4) 经济性。

通过技术创新、能源有效管理以及有序的市场竞争等有效手段提高电网的经济效益。

2008年9月,《欧洲未来电网发展策略》提出了欧洲智能电网的发展重点和路线图。主要包括以下重点领域。

① 电网优化运行。

② 优化电网基础设施。

③ 大规模间歇性电源并网。

④ 信息和通信技术。

⑤ 主动的配电网。

⑥ 开放的电力市场。

在欧盟的各主要成员国中，英国2009年发布了《英国可再生能源发展战略》和《英国低碳转型计划》，德国2009年发布了《新思路、新能源——2020年能源政策路线图》等战略性文件。

1.2.2 我国智能电网研究现状

随着经济社会的高速发展和综合国力的不断增强，我国电力行业紧密跟踪欧美发达国家电网向智能化发展的趋势，着力技术创新，研究与实践并重，在智能电网发展模式、理念和基础理论、技术体系以及智能设备等方面开展了大量卓有成效的研究和探索。

1. 电网智能化领域的重要研究与实践

经过多年的建设，我国电力系统建成了以光纤通信为主的、微波和载波等多种通信方式并存的、世界上规模最大的电力通信主干网络；在发电、输电、配电和用电等各个环节，广泛应用先进的信息通信技术、传感与量测技术、电力电子技术，电力生产运行主要指标接近或达到国外先进水平；在特高压输电、大电网安全稳定控制、广域相量测量、电网频率质量控制、稳态/暂态/动态三位一体安全防御和自动电压控制等技术领域进入了国际领先行列[4]。

2. 国家电网公司提出坚强智能电网理念

面对世界电力发展的新动向，国家电网公司在深入分析世界电网发展新趋势和中国国情的基础上，紧密结合中国能源供应的新形势和用电服务的新需求，经过充分的考察、分析和论证，于2009年5月在北京召开的“2009特高压输电国际会议”上正式发布了中国建设坚强智能电网的理念：立足自主创新，建设以特高压电网为骨干网架，各级电网协调发展，具有信息化、自动化、互动特征的坚强智能电网的发展目标。按照“统一规划、统一标准、统一建设”的原则和“统筹规划、统一标准、试点先行、整体推进”的工作方针，稳步、有序地推进智能电网各项建设工作。

智能电网的研究与实践日益得到政府高度重视和全社会关注。2020年政府工作报告明确提出要“加强智能电网建设”，建设智能电网已在我国形成共识。

1.3　输电线路巡检概论

1.3.1　输电线路人工巡视

(1) 输电线路定期巡视。

输电线路人工定期巡视，是线路运行人员日常工作的主要内容之一，其目的在于经常掌握线路各部件运行状况及沿线情况，及时发现设备缺陷和威胁线路安全运行的情况。定期巡视由专责巡视员负责，线路定期巡视一般一个月巡检一次，也可以根据具体情况适当调整。巡视区段为全线。对于一些特别重要的线路，定期巡线的周期应适当缩短，有些线路的个别地段特别复杂，容易引起线路故障，对于这些地段，定期巡视的周期应缩短，也可用特殊巡视和其他巡视补充。而新建线路设备健康水平较为优良，就其本体而言没有必要一个月进行一次巡视。

定期巡线必须在白天(黑暗以前) 进行，以便详细地检查导线、地线、杆塔及沿线情况，如果巡线中遇到了局部的障碍(河流、谷地、围墙及其他等)，巡线工应当绕过这些障碍后，回到原地继续进行巡线。巡线工要步行检查，而且不能慌忙。对于钢化玻璃绝缘子的输电线路，国外开始采用直升飞机巡线，因为玻璃绝缘子在零值时会发生自爆和绝缘子伞裙的跌落。在直升飞机上可以明显发现，无须检测。一个巡线员配上一名直升飞机驾驶员，一天可以巡查 500 km 输电线路，其他线路也有用直升飞机进行巡线的。

巡线工应使用望远镜(最少是 6 倍) 来巡视。因为有些缺陷在地面上光用肉眼是根本看不清楚的，望远镜要注意不能受潮。巡线工应当带着个人的电工工具，最好还带着砍草、劈树枝的柴刀。如果发现有碍线路安全运行的零星缺陷，应马上处理。巡线工巡视回来，应当把巡线日志上记录的缺陷端正地抄写在每条线路的缺陷记录本上。

对于一般的、非重大的缺陷，如果线路检修班内无力处理，则可以到年度检修时，一并汇总报告线路工区(队)。统一安排检修计划后，工区(队) 把检修情况通过填写的一份检修记录卡，再传给线路检修班，班内据此在每条线路的缺陷记录本上注明。如果发现紧急缺陷，则应立即报告工区(队) 领导，及时进行抢修。这些紧急缺陷包括杆塔严重倾斜、导线接头过热、导线熔断、导线上挂有危险的异物、绝缘子串严重损坏等。

巡线工作一定要认真、仔细。线路上情况是千变万化的，所以巡视线路不仅要检查设备上存在的各种缺陷，而且要注意了解线路周围发生的各种情况，特别是那些可能影响线路安全运行的因素。在检查线路上的缺陷时，要站在几个不同的方位观察，以便发现所有的缺陷，因为有的缺陷在一个位置往往不能看清。例如，绝缘子的闪络烧伤，有时是有方向性的，往往要站在几个不同位置上才能查清。有资料介绍可在悬垂串上套一金属膜的盖，发生闪络处金属膜击穿，可较易发现闪络，还可以防止鸟类污染绝缘子串。有些缺陷在这次巡线过程中并没出现，但还未等到下次巡线周期事故就发生了。例如，线路下面或附近进行的各种施工作业，开挖放炮，施工架线，出现高大的施工机械等。这些情况要靠巡线时现场多加了解，以便及时做好各种预防措施。因此，巡线时不能完全只做技术工作，还应做一些沿线的宣传和群众工作。因为输电线路的安全运行和沿线广大群众的生产活动紧密联系，发动和依靠沿线广大群众支持爱护，有利于输电线路的安全运行。

(2) 线路的特殊巡视。

特殊巡视是在气候剧烈变化(大雾、冰冻、狂风暴雨等)、自然灾害(地震、河水泛滥、森林起火等)、外力影响、异常运行和其他特殊情况时及时发现线路异常现象及部件的变形损坏情况。一般巡视全线、某几段或某些部件，以发现线路的异常现象及部件的变形损坏。特殊巡视一般不能一人单独巡视，而且是依据情况随时进行的。

在遭受严重污染的线段上，天气潮湿时可能会引起绝缘闪络。所以在降大雾、毛毛细雨和湿冷雪的时候，对于污区绝缘子需进行特殊性巡视。如果这种情况发生在天气久旱后应格外注意。因为，天气久旱的情况会造成绝缘子表面积污比较严重，如果运行人员经验丰富，根据绝缘子表面的火花放电(白天可以听到比平常大的“嘶嘶”放电声)可以判断闪络的危险性和绝缘子清扫的必要性。

当线路上发生覆冰时，如不及时采取防冻或破冰措施，就可能导致严重的断线或倒杆塔事故。对于有严重覆冰的地区或地段，这一点更为重要，所以在覆冰时需组织特殊巡视。巡线工必须仔细观察线路上的覆冰情况，查清在哪些地段上的覆冰情况最严重，并取得覆冰的有关数据。根据这些观察，如果线路有发生故障的危险，必须及时采取反事故措施(包括机械除冰、电热熔冰等)。采取电热熔冰时，巡线工需继续留在线路上观察脱冰情况，如果此时发现导、地线连接管过热，应立即向工区(队)领导汇报。

春天，冰冻地区开始解冻，这时江上的流冰可能堵塞河道，因此对于河湾旁边的杆塔或者江中沙滩上的杆塔要加强监视，必要时每天都要观察。如果水位上升，而且水面上的流水能够到达杆塔时，则必须日夜观察，以便查看水流情况和流动方向，观察是否有流冰阻塞的地方及对于杆塔是否构成威胁。根据观察情况采取必要的措施，以保证杆塔安全运行。

当线路附近发生火灾时，须立即进行特殊性巡视。线路上的火灾所引起的高温不仅能损坏杆塔的结构，而且可能导致电线的熔解或线间发生短路故障。

这时，巡线工的任务是确定火灾对于线路的危险性和火灾的性质，并立即向工区(队)领导报告。如果火灾直接威胁到线路的安全，巡线工应在工区(队)领导到达火灾现场以前，尽可能采取一些防止火焰接近杆塔的措施，并向灭火人员讲明在带电线路附近灭火的规则。线路经过的森林内发生大火或在泥煤地区发生火灾时，巡线工的任务是确定火灾地点距线路的远近程度、火灾扩大的速度、移动的方向，确定受火灾威胁的线段，也必须检查防火沟或防火走廊的状况，线路路径上有无干树枝、干草等可燃物体，并将这些情况及时报告给工区(队)领导。

暴风雨之后一般要进行全线特殊巡线，判明暴风雨对线路的损害程度，以确定检修方案。严寒时，导、地线张力增加，可能使导、地线断股，导、地线接头拔出甚至完全拉断，金具个别零件损坏等。温度剧变可能使绝缘子产生裂缝或使已有的裂缝扩大，所以在严寒之后需进行线路的特殊巡视。在检查时应特别注意导、地线，绝缘子和金具的状况，以及导地线连接和金具在杆塔上固定的地方。

在输电线路过负荷情况下，特别是又处在高温期间，一是导线接头如有缺陷很容易烧坏，二是导线张弛度要变大，对地限距和交叉跨越间距要缩小。因此，在这种情况下，不但要夜间巡视，而且在白天要进行特殊巡线，以弥补夜间巡视的不足。白天巡视要注意接头状况，更要注意各种线距是否足够。

在线路防护区或线路附近进行线路施工、建筑施工、建立高型起重机械、爆破、砍树等作业时，线路运行工人要协助监护。

(3) 线路的夜间、交叉和诊断性巡视。

一般根据运行季节特点、线路健康情况和环境特点确定重点。巡视根据运行情况及时进行，一般巡视全线、某线段或某部件。

每次巡视均应有确定的重点内容，如分别将环境、污秽情况、金具磨损变形、防雷设施状况等作为重点巡视内容。为提高巡视效果，可采取不同巡视方式，如为了检查导线连接器的发热、绝缘子的污秽放电或其他局部放电现象，可组织夜间巡视。为了检查和交流巡视质量，可组织两个专责组互换巡视线路进行交叉巡视。对某些问题一时不能确定的，可组织有经验的巡线员、技术人员等进行诊断性巡视，以确定缺陷性质。

夜间巡视是为了检查导线及连接器的发热或绝缘子污秽及裂纹的放电情况。夜间巡视至少两人一起巡视，应沿线路外侧进行，大风巡线应沿线路上风侧前进，以免触及断落的导线。

夜间巡视绝缘子的工作，只限于污秽区。在污秽区遇到天气潮湿，可能发生闪络。由于漆黑的夜晚很容易观察绝缘子放电情况，如果污秽严重，就会发现在电压梯度特别大的瓷件、铁帽和钢脚的黏结处，有蓝色的电晕光环。这种电晕放电时有时无，则说明污秽相当严重。

夜间巡视另一个主要内容是检查导线连接部分是否良好，特别是对于铜铝过渡接头，用螺栓固定并沟线夹、跳线接板等，在运行中如接触不良，接头温度升高，将致使接头或者旁边的导线熔化发光。如发现这种发光的线接头，应立即更换，否则很快会造成导线烧断。这种夜间巡视应在最大负荷电流时，还应选择在阴历月底或月初，月色暗淡时进行。应该指出，仅凭这种检查方法只能检查出部分具有最严重缺陷的连接器，为了查明所有不良的连接器，这显然是不够的。

(4) 线路的故障巡视。

故障巡视是为了查明线路上发生故障接地、跳闸的原因，找出故障点并查明故障情况。如发现导线断落地面或悬吊空中，应设法防止行人靠近断线点 8 m 以内，并迅速报告领导，等候处理。故障巡视应在发生故障后及时进行，巡视发生故障的区段或全线。

线路的故障巡视应注意以下几点。

① 线路接地故障或短路发生之后，无论是否重合成功，都要立即组织故障巡视。

② 如果开关重合不成功，查明故障的时间直接关系到线路故障停电的时间；如果开关重合成功，同样应该尽快地发现故障点，因为长时间在线路上存在故障性缺陷，很有可能导致再次出现故障。

③ 巡视中，巡线员应将所分担的巡线区段全部巡完，不得在巡视时发现一处故障后即停止继续巡视，应强调不得中断和遗漏。

为了加速故障巡线，必须采取现代化的交通工具，如自行车、摩托车、汽车，甚至飞机。飞机巡线时只能看到导、地线断线以及绝缘子和杆塔损坏等情况，所以应同时进行地面巡线。事故巡线过程中，要始终注意和护线员、沿线居民做调查，因为线路故障最早的发现者往往是护线员或沿线居民，必要时需登杆检查。

组织事故巡线，要靠平时积累的地形、地貌、交通等资料，把一条线分成若干段，可以同时完成分工段的巡线。

事故巡线要突出重点。例如，在潮湿天气里，清晨前后发生的跳闸故障，应注意污秽区的绝缘子是否闪络。如果在雷雨天气发生了跳闸事故，要特别注意重雷区和易击区点的绝缘子、导线是否闪络烧伤。

事故巡线需注意档距内导、地线是否平衡，导线下有无破损物，有无闪络损坏的绝缘子，杆塔下面有无死鸟等。

发现故障点后，应尽快向有关领导或技术人员报告，报告内容必须具体详细，包括故障地点、线路号、杆塔号、故障性质等，以便确定线路能否临时供电或者确定抢修方案。重大事故应设法保护现场。对所发现的可能造成故障的所有物件应搜集带回，并对故障现场做好详细记录，以作为事故分析的依据和参考。必要时要保留现场，待上一级安全监察部门来调查。

事故查线有时并非一次就能查清，这时不论线路是否已经投入运行，均需派人复查，直至查到故障点。

如果事故查线中发现了故障点，且故障点还可能扩大，甚至危及周围居民，例如在绝缘串断裂、导线落下，但重合已成功，导线对地距离很近；导线上悬挂物对地距离很近；双回路杆塔断一根导线，但这根导线离二回路线很近等，在这些情况下，应采取措施防止行人或家畜接近导线(在8 m以外)，并立即报告等候处理。

(5) 线路的登杆巡视。

登杆巡视是为了弥补地面巡视的不足，而对杆塔上部部件的巡查，有条件的也可采用乘飞机巡视方式，500 kV线路应开展登塔、走导线检查工作。

线路上有很多缺陷是不能从地面上发现的，甚至用望远镜也无济于事。例如，悬式绝缘子上表面的电弧闪络痕迹，导、地线悬垂线夹出口处的振动断股，绝缘子金具上的微小裂纹，螺栓连接部分的松动，以及其他类似情况。

为了查明上述缺陷，每年必须进行登杆检查，500 kV线路也可走导线检查。登杆检查时，必须仔细地查看所有地面上不易看清楚的部分，同时也检查地面巡视时被疏忽的缺陷和故障点。对于档距中的导、地线，在杆塔上也要认真查看。例如，导、地线上有无电弧烧伤的痕迹，导、地线腐蚀的情况，导、地线的接头情况，导、地线有无断股等状况。如果发现可疑点，在杆塔上面仍看不清楚，那就必须设法登上导、地线进行检查。这种检查在平原地区可用高空飞车进行，如果没有这个条件，或者在山区，或者在平原水田地区，那只好使用滑轮，工作人员从导线或地线上滑出去。有些地方的导线离地距离很短，也可以利用抛上牵引绳、悬挂软梯的办法。

登杆检查需要特别详细检查的是导线和地线在线夹里面是否断股，绝缘子是否老化及损坏，导线和架空地线的接头如何。检查导线和架空地线固定的地方时，需检查线夹里面，特别是线夹出口处是否有断股或者生锈严重情况。但这需要打开线夹，松开铝包带，才能看得清楚。同时，也应检查线夹的固定螺栓是否松动。

在检查中发现的一般缺陷，要边检查边改，及时处理。如果发现弹簧销或开口销、闭口销缺少，要立即补上，即使锈蚀，也要换新。对导线、架空地线或耦合地线，如果发现烧伤、断股，在允许补修的范围内，应马上补修，或者绑扎，或者用补修条补修。当断股严重时，如果不换导线，可以把耐张杆塔的跳线放出来，并重做跳线。这样，使导线在整个耐张线段内移动了一段距离。

当检查并沟线夹或跳线搭接板时，需注意有无过热的痕迹，并检查螺栓的夹紧程度。当发现螺栓松动、铝夹板过热退火时，应仔细检查，在必要时需解开线夹，检查接触面是否氧化发黑，是否电弧烧伤。螺栓松动的需重新拧紧，铝夹板过热退火的要及时更换。接触面氧化发热变黑的，要重新清除氧化膜。

检查绝缘子时，要注意瓷件上有无裂纹，有无瓷釉烧伤痕迹，绝缘子的铁附件有无变形，有无电弧烧伤痕迹，是否锈蚀严重。对悬式绝缘子的球头，应特别注意是否锈蚀(曾有过球头运行中拉断的事故)。金具检查时,要注意是否有错用或不符合设计的情况。对于铸件应注意是否有裂纹,有裂纹的应及时更换。

检查杆塔上部件时需检查螺栓是否松动,杆塔是否锈蚀,水泥杆有无裂纹、剥落,钢筋有无外露、锈蚀。导线、架空地线容易振动之处的螺栓容易松动。二节水泥杆连接处、顶部及塔材靠近水田地方容易锈蚀。

登杆检查可以在带电情况下进行,也可以在停电时进行。在一般情况下停电登杆检查,边查边改。为完成该任务,工具和材料必须准备充分。带电时登杆检查,必须严格遵守带电作业规定。

登杆检查时所发现缺陷,不论当时是否已修好,均应在检查卡上填写清楚。工作结束后,再交回工区(队)由技术人员整理登记,一式两份,一份存技术档案,一份留线路运行班。

(6)线路中的监察巡视。

工区(所)及以上单位的领导干部和技术人员了解线路运行情况,检查指导巡线人员的工作。监察巡视每年至少一次,一般巡视全线或某线段。

从以上过程就可以看出,人工巡检费时费力、效率低、误差大、劳动强度高、巡检报告严重滞后事故处理,有时发现问题不能及时汇报给检修部门。

1.3.2 输电线路智能巡检

输电线路的智能巡检,就是以有人直升机、多旋翼或固定翼无人机等低空飞行平台为载体,携带多功能仪器和设备的任务吊舱,对输电线路进行全天候、全方位、多角度的三维立体式的自动化智能化巡检。北京银河鹰科技集团与北京京软和创科技发展有限公司联合研发出3D智能巡检软件,实现了真正意义上的在线巡检巡视、在线数据与图像传输、在线分析诊断报告。

对于钢化玻璃绝缘子的输电线路,国内外均开始采用直升飞机巡线,因为玻璃绝缘子在零值时会发生自爆和绝缘子伞裙的跌落。在直升飞机上可以明显发现缺陷,一个巡线员配上一名直升飞机驾驶员,一天可以巡查500 km输电线路,其他远距离大跨度线路也有用直升飞机进行巡线的方式。

在夜间智能化巡视,可采用远红外和声呐设备进行巡视,主要检查导线连接部分是否良好,特别是对于铜铝过渡接头,用螺栓固定并沟线夹、跳线接板等,在运行中如接触不良,接头温度升高,将致使接头或者旁边的导线熔化发光,如发现这种发光的线接头,应立即更换,否则很快会造成导线烧断事故。

由此可见,智能巡检相比于人工巡检,具有全天候、全方位、多角度、三维立体式等优点,同时,省时省力、效率高、误差小、劳动强度低,巡检报告在线诊断随时发送,对发现的问题能及时汇报给检修部门,可有效避免电网发生重大或停电事故,以免给社会经济发展和居民生活带来不可挽回的损失。

第2章 国内外智能电网巡检技术现状分析

智能电网技术为人们生产和生活带来了安全、经济、高效、环保的电力设施，促进了社会的可持续发展，在社会中占有重要的地位。在智能电网建设过程中更加注重电力网络基础架构和巡检技术的升级更新，旨在不断提高智能电网的运行水平和供电质量，更多地运用先进的巡检技术，实现电网系统的智能化。

伴随着智能电网系统的快速发展，新一代电网设备互联标准逐渐使用，巡检技术应具备与智能电网信息网络互通的能力，发挥巡检机器人快速反应的优势，完成输电线的及时准确的维护工作[5]。

2.1 国外巡检技术发展现状

20世纪80年代末，国际上开始关注和研制高压输电线路巡线机器人。日本、美国和加拿大等国相继开发了不同用途的巡线机器人，取得了一些成果。

1988年，东京电力公司的Sawada等人首先研制了具有初步自主越障能力的光纤复合架空地线巡检移动机器人。该机器人利用一对驱动轮和一对夹持轮沿地线爬行，能跨越地线上防振锤、螺旋减振器等障碍物。当遇到线塔时，机器人采用仿人攀援机制，先展开携带的弧形手臂，手臂两端钩住线塔两侧的地线，构成一个导轨，然后机器人本体顺着导轨滑到线塔的另一侧；待机器人夹持轮抱紧线塔另一侧的地线后，将弧形手臂折叠收起，以备下次使用。因为没有安装外部环境感知传感器，因而适应性较差。而且导轨约100 kg，机器人自身过重，对电池供电也有较高的要求。

1989年，美国TRC公司研制了一台悬臂自治巡检机器人的样机系统，能沿架空线路较长距离地爬行，可进行电晕损耗、绝缘子、结合点、压接头等视觉巡检任务，并将探测到的线路故障参数进行一定处理后传送给地面指挥人员。遇到杆塔时，只能利用手臂采用仿人攀援的方法从侧面越过，不能跨越如防振锤、悬垂线夹、耐张线夹和绝缘子等输电线路上的典型障碍。该巡线机器人能沿架空输电线路行走，通过视觉设备检测绝缘子、电晕损耗以及压接头、结合点等等。当巡线机器人探测到线路故障后，先自己进行预处理，再将数据传送给地面工作人员；当遇到障碍物时，巡线机器人采用仿人攀援动作从侧面跨越障碍。

日本Sato公司生产的输电线路损伤探测器也采用了单体小车结构，能在地面操作人员的遥控下，沿输电线路行走，利用车载探测仪器探测线路损伤程度及准确位置，将获取的数据和图片资料存储在数据记录器中。地面工作人员可回放复查，进一步确定损伤情况。

2000 年，加拿大魁北克水电研究院的研究人员开始 HQLineRover 遥控小车的研制工作，遥控小车起初用于电力传输地线的除冰作业，后来逐步发展为用于线路巡检、维护等的多用途移动平台。该移动小车驱动力大，能爬上 52° 的斜坡，通信距离可达 1 km。小车采用灵活的模块化结构，安装不同的工作头即可完成架空线视觉和红外检查、压接头状态评估、导线清污和除冰等带电作业。但是，HQLineRover 无越障能力，只能在两杆塔间的输电线路上工作。2006 年，新开发了一种在 315 kV 及以上带电导线上巡检的机器人 LineScout。它能够跨越常见的线路金具，如绝缘子串、间隔棒、防振锤等，不但可以进行可见光和红外视频检测，而且安装有机械臂，能够从事压接管电阻测量、断股修补、防振锤拖回等带电作业任务。

1990 年，日本法政大学的 Hideo Nakamura 等人研制了蛇形运动机器人，该巡线机器人采用多关节仿生体系设计方式和头部首先进行决策，尾部跟随头部运行的控制方法，以 10 cm/s 的速度沿导线行走，并能够跨越障碍物，如绝缘子、分支线等。

2001 年，泰国 Peungsungwal 等人设计的自给电巡线机器人，采用电流互感器从爬行的输电线路上获取感应电流作为机器人的工作电源，从而解决了巡线机器人长时间驱动的动力问题。

2008 年，HiBot 公司和日本东京工业大学等开发了一种在具有双线结构的 500 kV 及以上输电导线上巡检并跨越障碍的遥感操作机器人 Expliner。该机器人由两个行走驱动单元、两个垂直回转关节和一个两自由度的操作臂及电气箱体组成。Expliner 机器人能够直接压过间隔棒，并能够跨越至有转角的线路上，但不能跨越引流线。

2008 年，美国电力研究院(EPR I) 设计了一种巡检机器人“T I”，EPR I 从设计之初就面向实际应用。T I 采用了轮臂复合式机构，两臂前后对称布置，主要的创新点在轮爪机构设计，采用自适应机构，使机器人能够快速通过多种障碍物，机器人搭载了可见光摄像头和红外成像仪进行故障检测。

SkySweepr 是由加州大学圣地亚哥分校机械和航空航天工程系 Tom Bewley 及其团队 Coordinated Robotics Lab 打造的，采用 V 形的设计，扶手中间有一个驱动电机。夹在两端的电机，可以沿着电缆交替地抓紧或松开。Morozovsky 正在想办法增加夹钳的强度，以使其能够荡过端到端的电缆支撑点。

20 世纪 80 年代，日本三菱公司和东京电力公司联合开发 500 kV 变电站巡检机器人，该机器人基于路面轨道行驶，使用红外热像仪和图像采集设备，配置辅助灯光和云台，自动获取变电站内实时信息。加拿大魁北克水电站研制的变电站巡检机器人在 Hydro－Québec 多个变电站进行区域运行，同样是搭载红外热像仪、可见光图像采集系统，实现了远程监控，并且配置了遥控装置，可实现对机器人的实时控制。

2008 年，巴西圣保罗大学研制了用于变电站内热点监测的移动机器人，该机器携带红外热像仪通过在变电站内架起的高空行走轨道线在站内移动。美国华盛顿大学于 2002 年至 2005 年研发了地下电缆移动监测平台，初步提出了将移动机器人应用于地下电缆巡检工作的设计思路。管内机器人方面，2006 年，美国里奥格兰德大学开发了一个名为 TATU－BOT 的地下电缆管道检测机器人，可以接收、处理检测信号并发送至远程处理器。

日本关西电力公司与千叶大学联合研制了一套架空输电线路无人直升机巡线系统，该系统包括故障自动检测技术和三维图像监测技术，能够自动查寻雷击闪络点，杆塔倾斜，铁塔塔材锈蚀，水泥杆杆身裂纹，导、地线断股等主要缺陷。课题组成员还通过构建线路走廊三维图像来识别导线下方树木和构筑物。把三维图像和线下物体坐标储存在系统中，以检测导线下方树木、构筑物距导线的距离。据统计在巡线费用方面无人直升机比载人飞机节约近 50％。

西班牙马德里理工大学开展基于计算机视觉技术的无人机导航系统的研究并已开发完成。该系统借助并利用图像数据处理算法和跟踪技术，实现架空输电线路无人机巡线导航，可以自动检测无人机相对于参照物的地理坐标和速度。在对架空输电线路巡检试验中，应用计算机视觉技术，导航系统可以准确地对架空输电线路进行巡检。在此导航系统的基础上，还研发了无人机安全可靠着陆的数学物理模型。当燃料消耗完或与地面失去控制联系时，无人机可以自动检测与架空输电线路或其他障碍物的相对位置，从而绕开障碍物实现安全降落。该数学物理模型的有效性在模拟试验中得到了验证。

2.2　我国巡检技术发展现状

2.2.1　机器人巡检技术

20 世纪 90 年代末，在“十五”国家高新技术发展计划（863 计划）的支持下，武汉大学、中国科学院自动化研究所、中国科学院沈阳自动化研究所等先后开展了巡线机器人的研制工作。

武汉大学在 863 计划的支持下，与汉阳供电公司合作，针对 220 kV 单分裂相线，进行了巡线机器人关键技术的研究，在机器人越障机构、智能控制、移动导航、机器视觉技术、电能在线补给等方面取得了全面的突破，研制的两臂巡线机器人可以在输电导线上行走，并跨越防振锤、线夹、压接管等障碍物。

山东大学于2005年成功研制出了110 kV输电线路自动巡检机器人，该机器人可以行走在输电线路上，并能跨越防振锤、悬垂线夹等障碍物，可携带可见光摄像机及云台、红外热像仪等成像设备，拍摄线路运行故障图像。

在863计划以及国家电网和南方电网等重点项目的支持下，中国科学院沈阳自动化研究所开展了“沿500 kV地线巡检机器人”的研制。研制开发了“AApe”系列电力检测与作业机器人系统，该系统由巡检机器人和地面移动基站组成，巡检机器人能够在500 kV输电线路上沿线自主行走并跨越防振锤、悬垂金具、压接管等障碍物，其上携带摄像设备，可实现对输电线路、杆塔、线路通道及交叉跨越等设施带电巡检，并与锦州超高压局合作进行了现场带电巡检试验，完成了超高压实际环境下的巡检试验。该样机的成功研制，解决了500 kV超高压环境下机器人机构、自主控制、数据和图像传输、电磁兼容等多项关键技术；在东北电力电器产品质量检测站完成了产品性能测试；开展了百余次野外现场带电检测与作业试验；研发出的“AApe”系列电力检测与作业机器人已经在锦州、沈阳、长春、哈尔滨、齐齐哈尔、厦门、贵阳超高压局及四川省电力公司等用户单位进行了推广应用。

“十五”期间，中国科学院自动化研究所开展了“110 kV输电线路巡检机器人”的研究。其地线巡检机器人样机研究成果主要表现在：一是设计了三臂悬挂式移动机器人机构；二是采用“基于知识库的自动控制”和“基于视觉的远程遥控主从控制”的混合控制系统，实现了典型障碍的越障；三是采用多层神经元网络分类器，实现了实验室复杂环境下绝缘子开裂、破损视觉检查。

目前，中国科学院自动化研究所复杂系统与智能科学重点实验室新研制的110 kV输电线路巡检机器人采用二臂回转式悬挂机构，增加了臂距调整机构、夹持轮抱线机构等，可实现旋转、俯仰等运动功能，爬坡能力强。机器人携带的检测用摄像机，可进行障碍物的检测和越障时的辅助指导工作，有效地克服了三臂机器人的不足，当然两臂机器人的行为规划复杂，增加了控制电路设计及运动控制的难度。

上海大学的阮毅、李正等人开发了巡检机器人的自主控制软件，提出了自主抓线方法。利用产生式专家系统的知识形成规则库，利用机器人示教训练的知识形成动作库，利用输电线路的参数形成参数库。三者形成数据库，采用ACCESS数据库和VC＋＋软件编程来实现自主控制。提出两个光电开关自主抓线方法、三个光电开关的自主抓线方法、轮子自动转弯的方法，并提出小波神经网络反馈线性化的控制方法。

2.2.2　绝缘子巡检技术

随着智能电网概念的提出和发展，一种可以替代人工进行绝缘子检测的机器人成为电力系统发展的需求。云南电网公司针对绝缘子检测机器人运动控制系统设计，讨论了系统组成，设计了绝缘子的检测机器人运动控制系统[6]，改变了人工检测绝缘子劳动时间长、危险性高、检测效率低的现状，并且探讨了绝缘子检测机器人运动控制系统，设计了软件实现方法和流程以及绝缘子自由移动的机器人，该机器人可搭载现有的检测设备，可完成绝缘子串的零值检测任务。

变电站设备长期暴露在户外，设备表面容易积累工业污秽和自然污秽，从而导致污闪现象发生。随着大气环境污染日趋严重，变电站设备污闪事故呈逐渐增加之势。山东电力科学研究院的李健、鲁守银等人所研制的变电站带电作业水冲洗机器人利用RO反渗透技术制取的高纯度水，通过绝缘伸缩臂将高压喷水装置运送至作业位置，可以在不停电的情况下对变电站支柱绝缘子、避雷器、带电设备套管等进行水冲洗作业。该变电站水冲洗机器人采用履带式移动底盘，可在变电站室外道路和设备区内的草坪、石子路面等区域无障碍行走；采用多级组合绝缘，利用绝缘伸缩升降臂结构，提高水冲洗作业绝缘性能；采用无线远程遥控，能有效减轻人工作业强度，提高操作安全性，确保作业工人的人身安全。

2.2.3　输电线路无人机巡检技术

近年来，随着遥感科学及无人机飞行控制技术的不断发展，利用无人机飞行器搭载各类高分辨率传感器、激光雷达等设备进行电力巡检逐渐成为智能电网巡检行业应用研究的热点。国家电网公司电力机器人在实验室进行无人直升机的巡检研究，采用GPS/GIS技术，分别对无人直升机、固定翼、多旋翼3种机型进行巡检探讨，均取得了阶段性成果并成功工程化应用。

直升机巡检技术是指巡检人员利用直升机作为平台，采用在直升机上装备的具有陀螺稳定功能的可见光检测和红外检测等技术，对输电线路进行巡检检查，实现线路设备在线运行状态检测的技术[7]。直升机巡检比人工巡线效率更高，依靠直升机巡检平台可以全方位、多角度，近距离观测，可以发现地面无法发现的缺陷。其不受地形限制、巡检距离长，缺陷发现率高，尤其是瓶口以上的导、地线，以及金具和设备的隐蔽性缺陷。

广东电网有限责任公司电力科学研究院提出了大型无人机全自动巡检概念，分析了无人机全自动巡检的必要性，论述了实现复杂环境下大型无人机超低空、超视距安全巡检涉及的关键技术，包括实时差分定位、无人机中继通信、自主避障、高精度位姿测量、吊舱自动追踪、飞行计划和航迹规划、任务规划和任务控制等，并将大型无人直升机全自动巡检技术首次应用于我国电网输电线路巡检，巡检结果验证了大型无人机全自动巡检技术的有效性和先进性。大型无人机全自动巡检建立了一种高效、智能、全新的电力巡检模式。

2.2.4 地下输电线路、电缆巡检技术

针对地下输电线路巡检存在的检测手段单一、精度不高、劳动强度大等问题，国内外研究机构近年来开始关注这一领域，并尝试利用机器人技术来解决上述问题。上海交通大学于2008年设计的电缆隧道综合检测机器人，能够对隧道内温度、有害气体浓度等信息进行综合检测，但不具备检测电缆本身故障的功能。

重庆大学于2009年提出了自主行走地下电缆故障检测智能仪的想法，2009年山东建筑大学设计了基于MSP430F169的电缆管道牵引机器人系统，该系统集管道敷设和自我定位功能于一体，有效地提高了电缆排管的质量。

2.2.5 变电站巡检技术

随着智能电网的高速发展，电力系统规模不断扩大，系统稳定性的要求不断提高。现有变电站采用的人工巡检模式劳动强度大，检测质量分散，受恶劣天气干扰大，较难满足上述需要。而使用变电站巡检机器人代替人工巡检，可以有效地提高巡检质量、降低人工劳动强度；恶劣天气下代替人工巡视，降低人工安全风险；变电站巡检机器人全自主检测设备状态，实现无人值守[8]。

变电站设备巡检机器人系统是集机电一体化技术、多传感器融合技术、电磁兼容技术、导航及行为规划技术、机器人视觉技术、安防技术、稳定的无线传输技术于一体的复杂系统，采用完全自主或遥控方式代替巡检人员，对变电站室外一次设备的部分项目进行巡检，并对图像进行分析和判断，及时发现电力设备存在的问题，为无人值班变电站的推广应用提供了创新性的技术检测手段，提高了电网的可靠稳定运行水平。机器人在电力系统中的应用主要集中在电力设备，如线路、变压器、发电设备等的检测、检修和维护作业中。国内目前在变电站机器人设备巡检研发领域取得了长足的进展，并积累了许多宝贵经验，济南长清、天津吴庄等多个500 kV变电站已经有机器人巡检系统投入使用。

变电站机器人巡检技术是利用机器人携带多种检测传感器，代替人工在变电站内进行设备状态巡检，实现红外测温、刀闸和断路器状态检测、表计读取、设备外观异常检测和基于声音的变压器异常状态检测等功能，并可综合历史巡检数据、当前巡检数据、电网运行状态对设备状态进行趋势及预警分析，实现变电站设备的全寿命周期管理[9]。应用变电站机器人巡检技术，可实现变电站设备的智能化自动巡检，提高变电站设备巡检效率；可代替人工实现恶劣天气下设备巡检，降低巡检安全风险；可与现有站内监控、远方监控、MIS系统通信，实现信

息共享及系统联动。

国家电网公司 2002 年成立了电力机器人技术实验室，主要开展电力机器人领域的技术研究。2004 年研制成功第一台功能样机，后续在国家“863 项目”支持和国家电网公司多方项目支持下，研制出了五代系列化变电站巡检机器人，综合运用非接触检测、机械可靠性设计、多传感器融合的定位导航、视觉伺服云台控制等技术，实现了机器人在变电站室外环境全天候、全区域自主运行，开发了变电站巡检机器人系统软件，实现了设备热缺陷分析预警，开关、断路器开合状态识别，仪表自动读数，设备外观异常和变压器声音异常检测及异常状态报警等功能，在世界上首次实现了机器人在变电站的自主巡检及应用推广，提高了变电站巡检的自动化和智能化水平[10]。

2012 年 2 月，中国科学院沈阳自动化研究所研制出轨道式变电站巡检机器人，实现了冬季下雪、冰挂情况下的全天候巡检。2012 年 11 月，变电站智能巡检机器人在郑州 110 kV 牛寨变电站正式投入运行，该机器人同样可以对开关、仪表等视频进行分析，自动判断变电站设备的运行状态及预警。2012 年 12 月，重庆市电力公司和重庆大学联合研制的变电站巡检机器人在巴南 500 kV 变电站成功试运行，可实现远程监控及自主运行。2014 年 1 月，浙江国自机器人技术有限公司研制的变电站巡检机器人在瑞安变电站投运。随着电力机器人市场的明确，越来越多的厂家投入到变电站巡检机器人的研制中，大大促进了变电站巡检机器人自主移动、智能检测、分析预警等技术的进步。

华北电力大学的祁兵、王绍亚等人针对变电站智能巡检系统进行研究和设计，提出基于状态监测系统和智能辅助系统的变电站智能巡检系统，系统运用红外检测技术、智能联通技术、业务流量统计技术等进行设备数据采集和设备监测，运用 WIA 无线传输和 Web Service 技术实现了数据实时回传及与后台实时业务交互。最后，采用面向对象的建模方式与 UML 语言描述，搭建出系统管理子系统、状态监测子系统和智能辅助子系统信息模型，并对三种不同的信息服务接口进行了设计。

2.2.6　输电线路除冰技术

为解决高压线覆冰现象的频繁发生，桂林电子科技大学设计了输电线路防冰除冰机器人。在设计该机器人的整体结构的基础上，分别对机械、控制和传感进行了规划与设计，确定了各部分的主要功能和实现方式。通过对制作样机的试验表明：该款防冰除冰机器人结构与工艺设计合理，工作状况良好，适合于高压线除冰。

在国内，山东电力研究院与加拿大魁北克水电研究所合作，对 LineROVer 小车进行技术改造，采用了低压 DC 电机、锂电池、可以双边任意传输的无线通信模块、防水控制箱等，从而在能源动力、远程通信与控制、防水性能等方面完善了机构的性能，但不具备越障能力。

湖南大学在国家科技支撑计划重大项目资助下，联合国防科技大学、武汉大学和山东大学等多家单位，研制开发了单体除冰机器人、可越障除冰的双臂式除冰机器人和三支臂式除冰机器人。

2.2.7 超高压输电线路巡检系统设计

超高压输电线路巡检系统综合运用了无线通信技术、全球定位技术、移动计算技术、地理信息技术、影像数据压缩技术等，选用与山东电力集团公司 PMS 系统通用的主台开发平台和 Oracle 数据库，采用跨平台的 Java 和 MapX 移动终端开发的工具，以应用层协议解析和数据库访问控制为手段，实现外网应用对内网 Oracle 数据库的安全访问，解决了与生产管理系统的数据交换问题，实现设备基数数据统一管理、生产管理流程上下衔接，将系统功能延伸部署到工作现场。系统同时具备移动目标监测功能，掌握人员、车辆实时位置，便于指挥调度。实现了历史轨迹叠加显示在电子地图上，解决了乡村道路的巡检导航问题[11]。采用覆盖面最广的 EVDO 3G 无线通信技术实现现场媒体资料实时回传，有助于总部掌握现场情况，方便应急指挥和抢险救援。

第3章　电力机器人的分类与功能

3.1　变电站巡检机器人

变电站巡检机器人集机电一体化技术、多传感器融合技术、电磁兼容技术、导航及行为规划技术、机器人视觉技术、无线传输技术于一体，代替或辅助人工对变电站设备进行巡检，可及时发现电力设备的内部热缺陷、外部机械或电气问题，为运行人员提供事故隐患和故障先兆数据[12]。

变电站巡检机器人基于轮式或履带式移动平台，配置多预置位程控云台，携带红外热成像仪、可见光摄像仪等多种检测设备，通过自主导航定位沿规划路径行走或手工遥控，以非接触方式采集设备的红外、可见光及声音等信息，经全向覆盖抗强电磁干扰的无线通信网传输到机器人后台处理并显示。机器人后台在设备的预设观测位置，自动抓取设备的红外及可见光图像并进行实时分析和处理，识别出设备热缺陷和外观状态信息（包括开关及刀闸分合状态、指针仪表读数、油位计位置等）。识别出的设备异常可通过事项报警并上送到变电站监控或管理系统[13]。

变电站巡检机器人还可配合顺序控制系统进行被控设备位置的自动校核。机器人收到操作命令后，通过最优路径规划快速移动到被控设备的最佳观测位置，依次抓取开关或刀闸三相设备的图像，自动识别出设备的分合状态并上报监控系统，实现被控设备位置的自动校核。

变电站巡检机器人具备超声停障、偏离轨道降速、出轨停止等安全防护功能。机器人充电室配备自动门和充电箱，当机器人完成巡视任务后，返回充电室自动充电。变电站巡检机器人可全自主执行巡检任务，人工定制巡检路线和所检测的设备，巡视周期和时间支持多种设定模式[14]。

3.1.1　常规巡检

变电站智能巡检机器人能够以全自主、本地或远方遥控模式代替或辅助人工进行变电站巡检，巡检内容包括：设备温度、设备外观、刀闸开合状态、仪表、设备噪声等，具有检测方式多样化、智能化，巡检工作标准化，客观性强等特点，同时，系统集巡视内容、时间、路线、报表管理于一体，实现了巡视全过程自动管理，并能够提供数据分析与决策支持功能。轮式电力智能巡检机器人如图 3.1 所示。

图 3.1　轮式电力智能巡检机器人

3.1.2　巡检内容和模式

(1) 表计自动抄录。

巡检机器人可以替代人工自动完成变电站内表计数据的读取工作，并将结果自动生成巡视报表，上传至 PMS 系统。它通过自身搭载的高清可见光摄像机，配合全向旋转云台实时捕捉变电站内表计设备的高清图像，采用智能识别技术对图像数据进行算法处理，可实现全天候对变电站内指针类、数字类、行程类、分合指示类等所有表计的自动识别功能，表计的读数精度与人工相比误差不超过 3%。

(2) 红外测温。

机器人红外普测，是通过预先设置多个检测点，随时由运维人员设置红外普测任务，代替人工对全站设备进行整体性扫描式温度采集，并有效避免区域设备被遗漏。同时对存在重要或紧急缺陷的设备进行定期的监视。智能巡检机器人将每日保存测温照片，跟踪数据发展变化，形成报表，如发现明显突变的情况，运维人员将收到提示信息进行人工核对。如图 3.2 所示。

(3) 可以检测电流及电压致热性设备的热缺陷。

变电站智能巡检机器人的红外检测系统能够对变压器、互感器等设备本体以及各开关触头、母线连接头等的温度进行实时采集和监控，并采用温升分析、同类或三相设备温升对比、历史趋势分析等手段，对设备温度数据进行智能分析和诊断，实现对设备故障的判别和自动报警。如图 3.3 所示。

机器人进行红外测温时，采用模式识别技术，首先识别出需要进行温度检测的设备和区域，再进行最高温度的检测，有效提高了设备红外测温的精确度。

图 3.2　红外测温示意图

图 3.3　三相设备温差对比分析图

(4) 可对设备外观及其状态进行检测。

变电站智能巡检机器人的巡检系统具有机器视觉功能。经图像预处理和滤波技术，消除室外环境雨雪、光照等对设备图像清晰度的影响，再通过设备图像精确匹配和模式识别技术，可进行设备外观状态的自动识别(包括外观异常、分合状态、仪表读数以及油位计位置等)。如图 3.4 和图 3.5 所示。

(5) 可对设备的异常声音进行检测。

变电站智能巡检机器人的巡检系统还具有听觉功能。在机器人巡检过程中，通过拾音器采集设备运行中发出的声音，进而对声音进行时域和频域的分析，提取设备声音特征，为识别设备内部异常提供依据。如图 3.6 所示。

变电站智能巡检机器人的运行模式有以下 3 种。

(1) 自主巡检。

运行人员根据巡检时间、周期、路线、目标、类型(红外、可见光等) 灵活进行

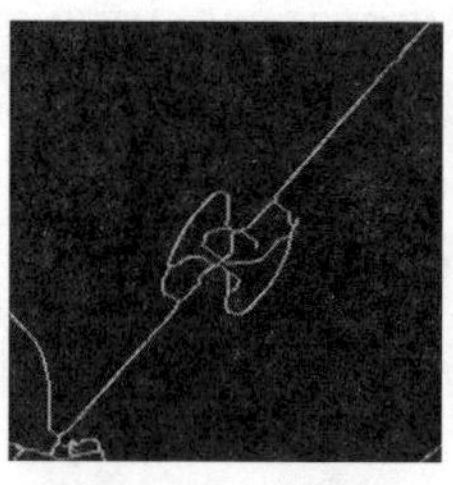
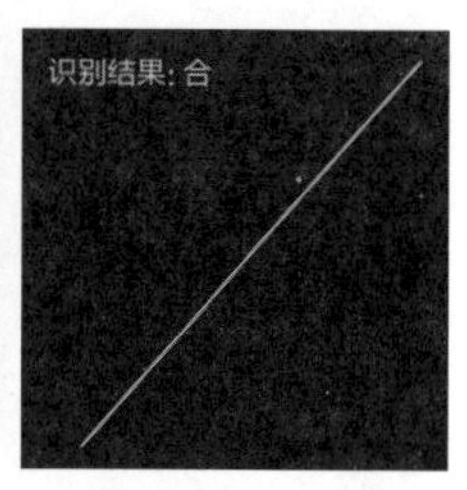

图 3.4 刀闸识别过程

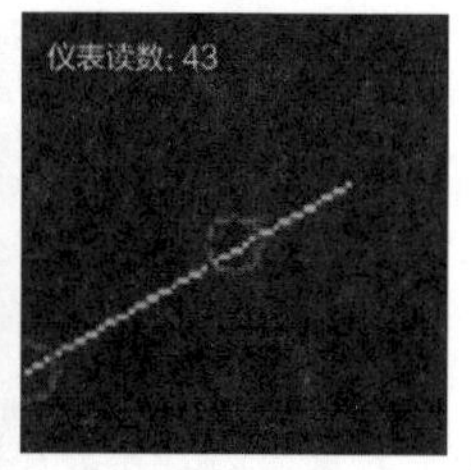

图 3.5 变电站油位表识别及数值读取处理过程

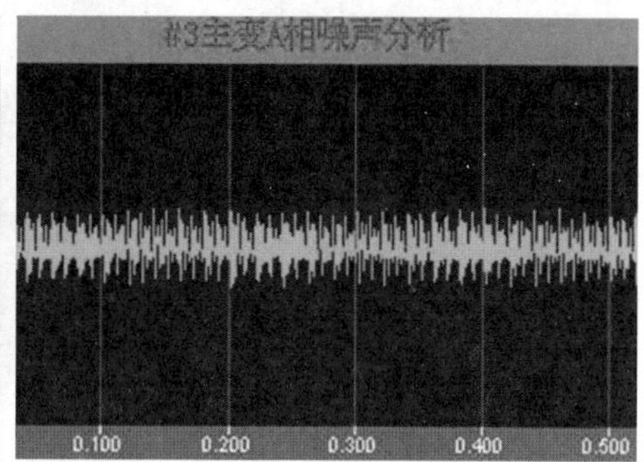

图 3.6 主变噪声分析

任务定制，机器人按照定制任务进行自动巡检。

(2) 定点巡检。

运行人员选择部分设备进行巡检，系统自动生成最佳巡检路线并执行定点任务。

(3) 遥控巡检。

运行人员通过后台手动控制界面，控制机器人执行巡检任务。

3.1.3 特殊巡检举例

在高原、寒冷等地理条件或大风、雾天、冰雪、冰雹、雷雨等恶劣天气条件下，变电站智能巡检机器人可代替或辅助人工完成变电站设备的巡检，有效降低工作人员安全风险，具有不可替代的作用与价值。如图 3.7 和图 3.8 所示。

图 3.7　雷雨、雾天条件下智能巡检机器人工作

图 3.8　高寒、冰雪条件下智能巡检机器人工作

3.1.4 变电站巡检机器人功能

(1) 远方确认异常。

机器人巡检模式下，运维人员在获得各类生产系统、辅助系统的告警后，可以在第一时间调用机器人快速到达指定设备，及时查看并核实告警信息，以便迅速制定应对策略。

(2) 安防联动告警。

机器人后台系统通过与变电站安防系统的联动，实时收取无人变电站的安防告警信号，自动判别告警信号类型，启动相应安防巡视任务。运维人员可通过机器人视角第一时间了解现场状况，迅速做出最佳应对策略，最大程度保障人身、设备、财产安全。

(3) 远方状态识别。

机器人巡检后，能准确判断设备分合闸状态，及时反馈设备信息，快速呈现设备的运行状态，辅助运维人员在倒闸操作过程中对远方设备的查看。

(4) 缺陷定点跟踪。

巡检机器人可对缺陷设备进行自动跟踪、实时监控。运维人员远方通过客户端选择相应设备，设置缺陷跟踪任务，选择相应周期进行跟踪重复巡视；或控制机器人定点全天监视，来实现缺陷设备的数据实时采集，减轻运维人员工作量。

机器人还可保存设备数据，跟踪数据变化，上传数据报表，如果设备缺陷有发展，及时告警。

运维人员在运维主站根据机器人自动生成上传的缺陷报表就可掌握缺陷设备运行状况，并根据机器人的告警信息，及时查看核对设备状态并汇报调度处理。

(5) 协助应急处理。

运维站接收到无人值守变电站事故信息后，可通过机器人客户端导航图点选指定设备建立特巡任务，并发送指令，机器人第一时间深入事故现场，到达指定位置后，将机器人切换至手动遥控模式，遥控调整车身位置，旋转云台方向，快速定位故障区域，并实时录制和读取现场数据，查看相邻设备，利用机器人视频传输和信息交互快速向运维站传送现场信息，运维人员在远方即可快速了解现场情况、掌握现场动态，及时确定处理方案，保障运维人员人身安全。

利用机器人作为移动实时监控平台，巡检人员无须到达现场就能辅助现场人员做好专业判断，为电网的安全运行及供电可靠性提供技术支撑。有利于组建远程网络专家联合分析队伍，加强设备疑难缺陷分析的实时性，提高事故处理时现场专业结论的高效性与科学性。

(6) 数据自动分析。

巡检机器人在巡检过程中,会自动将巡检数据通过无线加密网络传输到系统后台计算机,通过后台软件进行分析处理后得到直观的巡检结果。机器人巡检后台接入PMS2.0系统后,可以按照系统的标准格式和传输协议自动将巡检数据上传,运维人员可直接在PMS2.0系统中查看、汇总设备信息。

(7) 设备操控与站内监控系统协同联动。

变电站智能巡检机器人的巡检系统可提供与站内监控系统和信息一体化平台接口,能够实现与监控系统的协同联动,在设备操控和事故处理时,通过最优路径规划自动移至目标位置,实时显示被操作对象的图像信息,进一步保证整个过程的可靠实施,减轻工作人员劳动强度。

在进行一键式顺控操作时,机器人可通过模式识别技术,对开关位置进行自动识别,实现被控设备控前及控后位置的自动校核。如图3.9所示。

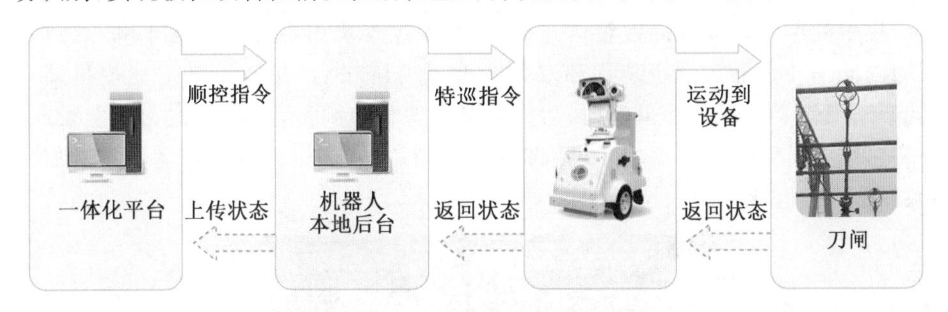

图3.9　顺控操作示意图

(8) 可就地对远程视频巡检及远程视频工作进行指导。

变电站智能巡检机器人的巡检系统可通过视频远传、远程控制功能,实现变电站巡检的远程可视化;当变电站进行现场作业时,机器人可灵活移至作业位置,借助该系统的双向语音对讲功能,实现变电站远程视频工作监护及指导。如图3.10所示。

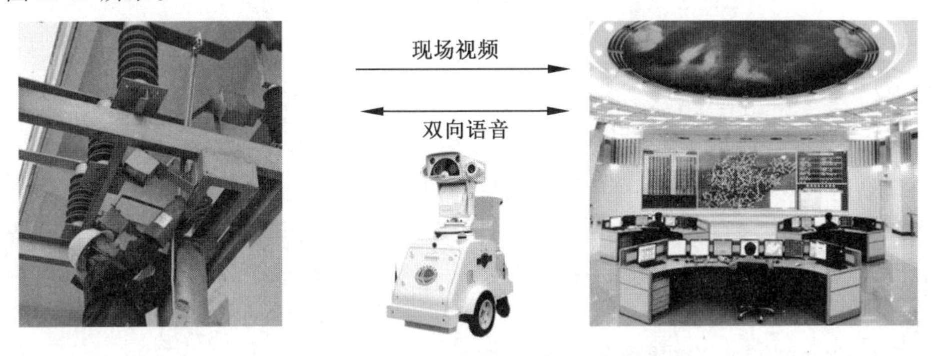

图3.10　机器人巡检系统远程通信示意图

(9) 支持集控管理模式。

变电站智能巡检机器人集控管理系统采用“分级部署、多级应用”的管理方式,将变电站现场环境信息、机器人巡检数据和异常报警信息等实时远传至运维班驻地、省检修公司和省局调度中心,实现了广域范围内多个变电站机器人巡检系统的统一协调和集中控制,提高了变电站巡检运营效率,为变电站无人值守模式的推广打下了坚实的基础。

(10) 设备缺陷管理。

① 自动生成设备红外测温或外观异常报表,并自动将巡检数据(温度、分合状态、仪表读数等)和缺陷报警信息上传至其他信息管理系统。

② 按设备类型提供设备红外图像库、设备缺陷或故障原因分析及处理方案,协助运行人员积累运行经验,提高设备缺陷识别和处理能力。

(11) 集中使用型机器人高效转运方案。

集中使用型机器人高效转运方案,是基于运维班组现有的转运车辆,通过在车厢内部加装机器人固定装置和双臂折叠式升降平台,单人可独立完成机器人装卸和转运,具有操作简单快捷、运行效率高等优点,可有效降低人力资源投入,减轻运维人员的工作负担,是一种高效、便利的智能巡检机器人转运方案。如图3.11至图3.13所示。

图3.11　巡检机器人专业转运工具,实现任意位置自动上下车

(12) 变电站智能巡检机器人巡检系统功能。

① 智能性。通过自动充电、最优路径规划和自主导航定位实现巡检任务的全自动运行,无须人工干预;采用模式识别技术,进行设备外观异常检测、刀闸分合状态识别、仪表读取、设备噪声的采集与分析;采用温升分析、同类或三相设备温升对比、历史趋势分析等手段,对设备温度数据进行智能分析和诊断,实现对设备故障的判别和自动报警,并为今后实现变电站寿命周期管理和故障信息综合分析决策提供必要的数据和技术支撑。

② 客观性。传统的人工巡检方式因巡检人员的不同而巡检效果各异,采用

图 3.12　移动平台设置挡板，防止机器人跌落

图 3.13　车内采取固定措施，避免运输过程中机器人碰撞损毁

机器人巡检不但提高了工作效率，解决了巡检质量分散、手段单一等问题，而且机器人每次巡检定时、定点、定角度的程序化作业也保证了巡检到位率和及时性，大大提高了巡检的客观性。

③ 灵活性。相对于固定视频监控系统，机器人可根据需要灵活移动至任意检测区域，进行设备检测和远程视频工作指导，真正实现变电站全方位监测。系统配置和任务设置灵活，巡检任务可根据时间、内容、路径等进行随意配置。

④ 开放性和互动性。系统可提供站内监控系统、远方监控中心、MIS 等系统接口，实现与站内监控系统、远方监控中心以及与其他系统的联动。系统还可以作为移动无线通信中继，采用开放和标准协议，通过短距离无线通信方式，与站内各种在线监测设备和传感器进行通信，作为信息收集终端，构建起设备与设备之间的信息联络和共享平台。为无线传感测控网络和战域物联网的实现提供一种简单、灵活的技术手段和工具。

⑤ 集成度高，检测手段多样。相比于其他解决方案，变电站智能巡检机器人巡检系统基于一套检测设备，实现全站视频、红外、声音采集与监测，实现了检测手段和工具的集成化和多样化。

(13) 巡检机器人监控后台的功能。

巡检机器人监控后台是变电站巡检机器人与站内工作人员的主要交互平台，并具备相应的专家诊断系统，可分为本地巡检后台和远方监控后台。其中本地巡检后台主要作为变电站巡检机器人系统的就地指挥、控制和监视中心，对变电站巡检机器人前方采集的设备可见光图像、红外图像、视频及机器人运行状态进行实时监视，并通过任务管理和遥控等手段对机器人实施实时控制和任务管理，提供巡检报表的生成、打印功能，实时数据存储、历史视觉查询以及基于巡检数据的智能分析诊断功能及相应的结果展示，同时具备与站内监控系统和远方监控中心的接口。远方监控后台，又称集控站，同时具备单个巡检后台的功能，还可以实现跨地域远程监视、控制、指挥一个或多个变电站巡检机器人，为多个站区设备及机器人的集中远程检测和集中管理提供了有效的辅助手段。

(14) 电源管理模块的功能。

电源管理模块常用的保护功能包括过压保护、过流保护、反接保护等。这些功能通过实时判断电路中的电压电流信号，以及控制中心对继电器组开关的控制状态的切换来实现。同时在电源管理硬件设计时也应当对电源系统做适当的保护。主要包括以下两种功能。

① 电源管理模块的控制功能。包括对电池放电过程的控制和对电池充电过程的控制。对电池放电过程的控制是指当电池容量不足时，控制机器人停止当前的巡检任务，并迅速返回充电位置进行充电；当电池容量过低时，切断机器人电源，防止电池过放电对电池造成永久性损坏。对于充电过程的控制，主要分为手动充电方式控制和自动充电方式控制，控制中心通过是否有充电机构伸出和是否有充电电流的方式判断系统处于何种充电方式，手动充电时，控制继电器组关闭控制系统，连接手动充电接口与电池，启动充电过程，电源控制模块全权处理充电过程，充电完成后，切断充电继电器，等待人工开机命令。自动充电过程，控制系统需处于开机状态，电源管理模块接受来自控制系统的命令，并对充电信息进行反馈，完成充电过程。

② 电源管理模块的监测功能。包括电压监测、电流监测、电池容量监测、温度监测，控制中心利用监测模块提供的信息对系统状态进行判断并及时做出响应。

电源管理模块的显示报警功能提供外界判断电源状态的信息，方便工作人员及时了解电源状态和危险处理。电源管理模块电源转换功能主要实现为不同的机器人模块提供不同的电压，以及遵从控制系统命令切断或开启机器人模块的电源。

3.2 变电站设备水冲洗机器人

变电站带电水冲洗机器人是共性的关键技术和专用技术，变电站水冲洗机器人系统，满足220 kV及以下的支柱绝缘子等设备外绝缘部分带电水冲洗作业的特殊环境需求。

本节研究旨在解决变电站设备带电水冲洗机器人系统的若干关键技术问题，主要功能如下。

(1) 变电站设备带电水冲洗机器人能够进行220 kV及以下的支柱绝缘子、避雷器、变电站PT/CT绝缘套管外绝缘部分带电水冲洗作业。由于变电站PT/CT绝缘套管等设备的安装位置、外形尺寸等均有所不同，机器人进行水冲洗作业时，机器人本体具有足够的活动自由度，可以保证机器人现场喷水技术要求。

(2) 采取遥控＋自主的控制方式，当机器人喷水机构离作业目标较远时，利用遥控方式，当机器人喷水机构靠近作业目标时，启动自主模式，通过机器人视觉测量、激光、超声等多传感器信息融合，实现机器人水冲洗过程的自主控制。

(3) 在变电站水冲洗机器人冲洗过程中，绝缘安全十分重要。变电站水冲洗机器人采用组合绝缘方式，机器人升降机构采用的绝缘臂起到主绝缘作用，机器人喷射的高绝缘阻率纯净水柱为辅助绝缘。绝缘臂绝缘为硬绝缘，在水冲洗过程中，其变化性不大；绝缘水柱绝缘为软绝缘，其绝缘性能与水的电阻率、水柱的长度、喷嘴的口径等都有关系，通过改变水柱的长度来提高绝缘水柱的绝缘性能。

(4) 安装于绝缘升降机构的喷水枪是在高空中作业，由于距离远、物体小，通过视频难以看清水枪与绝缘子是否瞄准，也难以判定水枪平台与高压输电线路是否处于安全距离范围，若冲洗作业水枪未调整到正确位置，不仅会造成大量绝缘水浪费，而且易发生碰撞事故，通过提出的视频监控中心带红色十字的标志方法，使水枪喷嘴与绝缘子实现快速的精确对准。

针对变电站220 kV设备现场作业环境要求，变电站水冲洗作业机器人系统主要开展以下技术研究。

(1) 适合220 kV变电站复杂路况的履带式移动升降平台实用化研究。

变电站设备区内设备林立、空间狭小、地面情况复杂，大型设备无法进入设备区。针对该问题，本节拟开展变电站设备区复杂环境的机器人移动升降平台工程化、轻型化、灵活化研究，探索变电站设备带电水冲洗机器人移动升降平台实用化架构，使其具备跨越沟道、电缆沟盖板、路牙台阶等越障能力，克服因变电站站内设备密集、设备区地形复杂、地面平整度差等非结构化环境影响所带来的问题，实现机器人在变电站室外道路和设备区内无障碍、自动化移动作业。

(2) 高纯水制备和高压喷水设备研究。

水冲洗机器人的作业过程对纯水的电阻率和压力有较高的要求，为此，项目拟开展高纯水制备和高压喷水设备研究。纯水制备系统可为机器人水冲洗系统提供水电阻率不低于1 MΩ·cm的纯水；高压喷水设备可为机器人喷水系统提供不低于4 MPa的喷水压力；同时还要考虑水冲洗机器人喷枪口径、喷水压力和距离等因素对水冲洗效果的影响，制定出符合行业要求的机器人水冲洗作业导则。

(3) 基于高绝缘水阻率、压力、安全距离的水冲洗机器人自动控制技术研究。

针对变电站设备带电水冲洗人工作业劳动强度大、危险性高的实际问题，项目拟开展多种传感器信息融合技术的机器人自动控制技术研究，并基于实时现场总线技术的控制方式，保证冲洗效果，简化操作人员工作，提高冲洗安全性和冲洗效率。

(4) 基于图像特征的变电站设备外绝缘表面污秽及憎水性检测技术研究。

支柱绝缘子优异的防污闪性能来源于其外绝缘材料良好的憎水性和独特的憎水迁移性。变电站带电水冲洗机器人在冲洗前和冲洗后，对支柱绝缘子憎水性进行检测，可以对冲洗效果进行更加有效的评价，这对水冲洗机器人的推广应用具有重要的意义。因此，开展基于图像特征的绝缘子憎水性检测算法研究，并设计一种结构简单，操作方便，判断准确，适合于带电检测220 kV及以下电压等级的变电站绝缘子的憎水性状况的绝缘子憎水性检测装置是十分必要的。

(5) 基于组合绝缘方式的水冲洗机器人绝缘安全防护系统研究。

变电(流)站设备比较密集，机器人作业时不但要保证作业目标的绝缘安全，同时也要保证机器人与相邻设备之间有足够的安全距离。绝缘安全是机器人作业时首先要保证的条件之一，为此，对于机器人绝缘性能技术的研究，必须考虑采取组合绝缘措施来保证机器人作业的设备安全。

变电站室外设备区带电水冲洗机器人作业现场如图3.14所示。

图 3.14　变电站室外设备区带电水冲洗机器人作业现场

3.3　架空输电线路机器人

架空输电线路机器人是以移动机器人为载体，携带检测仪器或作业工具，沿架空输电线路的地线或导线运动，对线路进行检测、维护等作业。架空输电线路机器人按作业功能及结构特点可分为线路辅助作业机器人、线路巡检机器人和线路带电检修机器人[15]。

线路辅助作业机器人主要针对线路作业中作业危险性高、作业难度大的作业项目，利用机器人技术代替或辅助线路工人完成某一特定线路作业，以降低作业危险，提高作业效率，提升作业质量等，如线路除冰、异物清理、视频检测、防振锤拖回、航标球装卸等[16]。

3.3.1　线路除冰机器人

为了减轻冰雪灾害对输电线路造成的不利影响，国内外进行了各种除冰技术研究工作。目前，已应用和正在研制的除冰技术有 40 余种，按照原理可分为热力除冰、机械除冰、自然被动除冰以及其他除冰方法。利用机器人清除线路覆冰可以降低人工作业的危险和输电线路倒塌的风险，提高除冰效率，保障电网系统的可靠运行，已成为目前输电线路除冰技术的一个发展趋势。

架空输电线路除冰机器人应用于架空输电线路，采用遥控的方式，沿一档内单股线路往复移动，代替人工进行除冰(除冰直径 50 mm、爬坡角度 30°)，能够以较高的效率清除线路覆冰，并能及时发现输电线路表面的机械损伤或热损伤等。该系统具备机器人救援功能，当一台机器人发生故障时，通过在另一台机器人上安装拖回机构还可以将故障机器人拖回，并具备抗强电磁干扰能力，通过了 550 kV、1 000 A 的电磁环境测试。

输电线路除冰机器人(图 3.15)主要由移动机构、除冰机构、电源系统和控制系统组成,可以通过遥控的方式沿架空输电线路移动,利用撞击力清除线路覆冰,保证架空输电线路持续、安全、稳定地运行。除冰机器人通过安装在移动机构前端的除冰刀具清除架空地线上的覆冰。当除冰刀具接触到线路上的覆冰时,依靠刀刃的切削作用和刀具自身的动能使覆冰受到撞击而脱离线路。

图 3.15　线路除冰机器人

3.3.2　线路检测机器人

架空输电线路的金具、导线和地线、杆塔和基础、线路走廊等都需要定期巡视或特殊巡视,根据巡视内容的不同,需要的检测手段也多种多样。传统的人工巡检、无人机巡检等均以走廊巡检为主,巡检精度有限。利用架空输电线路检测机器人能够实现更加精细化、更加全面的检测作业,如可以准确查找发现雷击点,可以准确检测压接管的导通电阻等。

架空输电线路检测机器人(图 3.16)主要由移动机构、检测系统、电源系统和控制系统组成。

图 3.16　线路检测机器人

该机器人检测系统由多种模块化的、可更换的检测工具组成,针对不同的检测内容可更换相应的检测工具，例如螺栓的松动通过可见光视频检测，接头的过热通过红外视频检测，压接管的故障通过电阻测量判断等，相应的检测数据也需要可靠地存储、传输和分析。

机器人在山东电力 500 kV 济长 Ⅱ 号带电线路 162 号杆塔至 163 号杆塔进行了两台机器人的运行实验。该段线路档距约 500 m，高差约 30 m。结果表明，检测机器人可见光图像质量稳定，能够准确地获知运行线路表面的状况，如是否有断股、锈蚀等破损情况。巡检机器人红外图像清晰，对不同温度的物体（如带电运行中的导、地线和地面）有较高的分辨能力。

3.3.3　线路清障机器人

架空线路长期在野外运行，受大自然气候的影响，在春秋大风天气时，经常发生风筝、遮阳网或大棚的塑料薄膜搭挂在架空高压输电线路上的情况，若处理不及时则会引起电力故障。目前处理这种架空高压输电线路悬挂异物的情况时，通常需要进行临时停电，这样就可能造成设备非计划停运，降低供电可靠性，导致很大的经济损失。

架空输电线路清障机器人可以在运行中的超高压输电线路上进行四分裂导线等电位作业，自动跨越四分裂导线间隔棒、直线塔，完成线路上一个耐张段的异物清除作业，并具有无线视频监视功能。

线路清障机器人（图 3.17）系统主要包括机械机构、控制系统、动力装置及清障工具等部分。机器人行走机构采用特殊的星轮结构，在遥控方式下能翻越防振锤、隔离棒、直线串，自带的切割刀具在遥控器的控制下能做绕轴 270° 的摆动，刀具切割方向能任意控制，切割器可换装砂轮片或锯片。三自由度机械臂作为辅助设备，具有手臂旋转、伸缩和腕部旋转的功能，机械夹钳能夹住小型物品，必要时可换装剪刀。

清障机器人可跨越架空线路上的间隔棒和防振锤，能轻松穿过直线杆塔，可在架空线路上巡视及清除线路上的障碍物，全替代人工进行清障工作，具有安全高效的特点。在悬挂时，它的跨越障碍支架和机械手臂均可折叠收入机器人壳体内，使机器人外部除行走轮和摄像头外几乎没有分支机构，而行走轮和摄像头在悬挂过程中均高于所有架空线路，不会发生缠绕，有效防止机器人的跨越障碍支架和机械手臂与线路缠绕。在机器人悬挂完成后，机器人可自行展开，以便在线路上稳定行走。

架空线路清障检测机器人能够在超高压线路等电位的情况下清除导线异物和巡检输电导线。该机器人能够代替作业人员进行等电位清障，成功拆除悬挂在运行中的超高压输电线路上的异物。

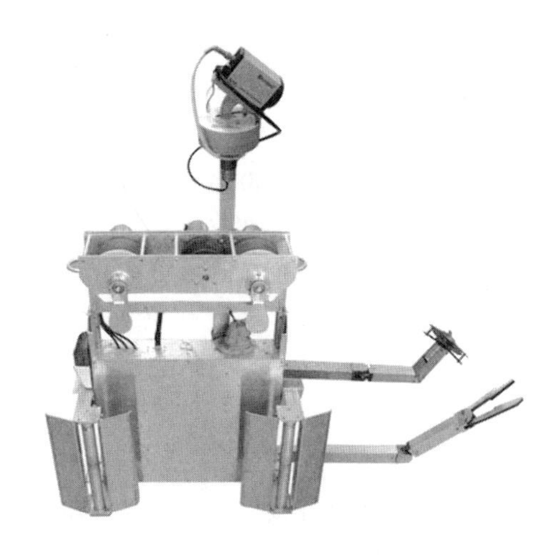

图 3.17　线路清障机器人

3.3.4　航标球装卸机器人

对于架空的输电线，尤其是超高压输电缆线、跨江输电缆线，应在线路上设置形状醒目的航空标志球（航空警示球，简称航标球），以提供警示标志。一般情况下航标球安装在架空地线或 OPGW 线缆上，目前国内普遍采用人工安装方式，多采用螺栓固定方式，安装困难。航标球装卸机器人可辅助人工作业，在线路工人无须出线的情况下完成航标球的安装和拆除作业。

为适合机器人自动装卸，航标球安装部分改为通过一个旋转动作将球体锁紧在输电线缆上。航标球装卸机器人沿地线稳定行走，具备视频监控系统，与航标球机构对接完成自动装卸航标球。航标球装卸机器人（图 3.18）主要由移动本体、装卸机构和图传系统组成。

图 3.18　航标球装卸机器人

3.3.5　线路巡检机器人

近年来，我国电网规模急剧增加，自动化程度提高，电网结构升级、超特高压发展，电网运行环境更趋复杂，巡视难度加大。目前，我国电网输电线路巡检方式主要为人工巡视和有人直升机巡视，前者受环境条件影响大、工作效率低、劳动强度大，后者一次性投资大、巡视成本高、存在人身安全隐患、受空域管理制约。新兴的无人机巡视技术，小型无人机受限于自身载荷及性能，仅适合超短距巡视，大型无人机则由于技术门槛较高，仍未实用化。开展输电线路机器人巡视，能够有效克服巡视盲区，提高巡视效率，缩短设备巡视周期，提高设备运行可靠性，其费用低廉、可重复性高，尤其适用于跨越大山、森林和大江大河等人工不能到达的、有人机与无人机因未知局部微气候而存在风险的区域进行线路巡视。线路巡检机器人已经成为输电线路智能机巡视技术一个新的技术及应用研究方向。

架空输电线路巡检机器人是以移动机器人为载体，搭载任务设备(如可见光摄像机、红外、激光扫描系统等)，以输电线路导、地线为行走通道，采用地面遥控或机器人本体自主工作方式，对输电线路进行近距离高精度巡视。

架空输电线路巡检机器人(图3.19)由机器人移动越障机构、检测系统及控制系统等组成。机器人可跨越间隔棒、防振锤、悬垂线夹等线路障碍物，连续实现一个直线段内的线路巡检作业。

图3.19　架空输电线路巡检机器人

机器人采用轮臂复合机构，具有3个并排分布的轮臂，每个轮臂的机械结构相同，具有3个自由度，机械结构相同有利于轮臂的互换，近似于模块化设计；机器人前后各设置保护装置，防止线路跌落。每个轮臂包含驱动机构、升降关节和导槽机构。驱动机构作为机器人的主要动力来源，带动机器人在导线上平稳前进，具有足够的爬坡能力。在遇到障碍物需要进行跨越障碍时，升降关节关联驱动机构，在其作用下使驱动轮垂直升起，脱离导线。驱动轮上升到一定高度，在导槽机构的作用下，轮臂复合机构将沿导槽设定轨道向导线外侧旋转，从而摆开导线。通过升降关节与导槽机构配合，利用一台电机实现了轮臂机构升降和摆开两个动作，简化了机械结构，同时简化了越障动作。

控制系统包括多个传感器、照相机和通信设备。控制系统包括多部高分辨率照相机（前视照相机、后视照相机和俯视照相机），用于巡检线路走廊、导体、绝缘体和塔架。照相机具有自动曝光控制和自动对焦功能。光源也被设置用于前视照相机、后视照相机和俯视照相机，还包括多部短焦距照相机（前视照相机、后视照相机）用于通航净空。俯视照相机提供线路走廊巡检和相导体巡检，还可以使用红外俯视照相机。

控制系统内还包括多个其他的传感器和设备以向设施提供准确和最新的信息。例如，设有用于测量外部空气温度、相对湿度和风速的气象传感器；用于测量机器人内温度的机器人内部温度传感器；用于测量机器人和屏蔽线倾斜或竖直偏斜并识别屏蔽线所有的主要振动模式的三维加速计；用于从沿导体、绝缘体、塔架或其他传输线部件设置的分布式传感器读取数据的无线传感器读取装置；用于识别机器人的位置和速度的全球定位传感器（GPS）；用于感知物体接近程度的接近度传感器；由内存管理器管理以用于存储数据，如映射数据、巡检数据、报警数据、健康度数据等的非易失性存储器，以及具有本地无线调制解调器和卫星无线调制解调器的通信系统。

通信系统通过本地无线调制解调器或卫星无线调制解调器向系统操作人员发送关键信息并提供控制选择。机器人被设计为在预先编程设定的路径上自主行进并向系统操作人员无线地送回关于线路和机器人状况的数据。机器人收集数据和就地处理数据，并随后仅将关键结果送回给操作人员。操作人员可以通过向机器人发出请求而下载更为详细的数据。机器人还允许远程操作人员给它指令以移动到特定的场所或位置，采用特定的动作例如前后移动，以及获取特定图像等。本地无线调制解调器还允许进行本地通信以允许在机器人短距离内的用户来控制主要功能、请求机器人的状态、初始化配置以及从无线设备如手机下载传感器数据。利用机载 GPS 系统来确定机器人的位置和速度。

该机器人携带高清摄像机和红外热像仪，通过先进图像处理算法，可检测线路走廊和线路金具。摄像机可以将线路金具的当前图像与过去图像相比较，以识别出线路隐患或故障。机器人还可以安装激光雷达，用以测量线路及其附近植被、建筑等的位置关系。

机器人还具备以下功能：可以通过 GPS 传感器将当前位置和速度等信息发送给地面人员；可以收集安装在线路上的固定设备的检测数据；可以通过安装的电磁传感器识别出电晕、电弧等线路异常放电的位置。

该机器人沿线路运行，可以与安装在架空线路上的各种 RF 传感器相配合，提供绝缘子、导线、压接管等的实时状态评价，如地震区的闪电传感器、强风区的振动传感器、沿海地区的泄漏电流传感器等。

3.3.6　线路带电检修机器人

输变电设备的分布点多面广，且处在远离城镇、地形复杂、环境恶劣的自然环境中，检修是一项艰苦而重要的工作。人工检修受到多种因素的制约，在一定程度上影响输变电设备的及时维护，给输变电设备带来了安全隐患。急需结合新技术研究可靠、简便、实用化的自动化带电作业检修设备。

架空输电线路带电检修机器人同样以移动机器人为载体，以输电线路导、地线为行走通道，采用地面遥控或机器人本体自主工作方式。架空输电线路带电检修机器人还搭载多自由度带电作业机械臂及多种带电作业工具，对地线、单导线、分裂导线进行断股修补、螺栓紧固、异物清理等带电作业。

架空输电线路带电检修机器人（图 3.20）由移动越障机构、本体控制系统、作业臂及作业工具及地面操控系统组成。该机器人可沿地线、单导线、分裂导线运行，可以跨越悬垂线夹、间隔棒、防振锤、压接管、航标球、均压环等线路金具，到达线路工人难以到达的作业区域。通过可见光摄像机，机器人可以在带电情况下完成更加精细化的线路检测。模块化可更换式作业工具在作业臂配合下可以完成多种带电作业项目。

图 3.20　线路带电检修机器人

架空输电线路带电检修机器人由 3 个独立的模块组成：驱动装置、中心越障装置和越障辅助臂装置；除此之外还包括监控装置、作业机械臂及作业工具等。驱动装置主要由两个橡胶驱动轮机构组成；越障辅助臂由升降装置和越障机械手组成；中心越障装置连接驱动装置和越障辅助臂装置，可带动两者实现平移和旋转。

架空输电线路带电检修机器人将多种作业工具集成在一个机械臂上，采用同一个移动越障平台就可以实现上述的若干种作业功能。机械臂可以沿自身轴线旋转，具有2个作业端，其中一个作业端连接了云台和摄像机，用于观察线路状况以及初步确定作业位置；另一个作业端可以连接断股修补装置、螺栓紧固、压接管电阻测量等工具，当其从事作业时，摄像机在另一个位置实时监控作业状态，确保作业可靠进行。此外，利用该机械臂还可以进行其他带电作业项目的扩展设计，如航空标志球内部检测、防绕击避雷针安装等。带电作业机械臂具有3个自由度，设置在架空输电线路带电作业机器人最前端，有利于保障机械臂的作业空间。

机器人本体采用基于RS485总线的分布式控制结构，各控制单元均由相对独立运行的控制板进行驱动控制，通过带地址的远程RS485协议指令实现对各控制板的访问控制，从而实现对机器人本体各功能单元的协调控制。

地面监控部分是用于实现机器人本体远程遥控操作的地面操作平台，它为用户远程操作提供了友好的人机交互环境，同时作为一个系统开发平台，为系统开发提供必要的反馈信息和应用接口。

3.4 绝缘子串检测机器人

绝缘子串检测机器人能够自动实现在绝缘子上的攀爬和自主定位，能够克服重力、摩擦力等外力的影响，实现在绝缘子上的自主移动、精确定位及位置锁定，能够自动检测极限位置及防脱落；可以在带电或停电的情况下，通过设定的检测方法，辨别临界损坏的绝缘子，给予报警或检测数据警示，通过无线通信技术监控前端绝缘子检测机器人运行情况，并将检测机器人返回的数据实时传输至远程监控中心[17]。

绝缘子串检测机器人由检测机器人本体、手持终端、地面控制箱等组成。机器人本体负责检测绝缘子串数据并传递回检测信息，地面控制箱为无线信号发射器，手持终端为控制端，负责机器人检测功能实现。

3.4.1 电阻测量

电阻测量方法是对被测绝缘子施加直流高电压，采集流经被测绝缘子的泄漏电流，根据施加的直流高电压和采集到的泄漏电流，结合伏安法计算出被测绝缘子的绝缘电阻，检测装置实现原理如图3.21所示。检测装置主要由中央处理单元、电源管理单元及检测探针组成。电源管理单元包括输出电源、升压电路和旁路电容。在中央处理单元的触发下，输出电源提供电压经由升压电路转换成2 500 V以上的直流高压，并施加在检测探针上，将检测探针接触被测绝缘子的上下金具，绝缘子在直流高压的作用下将产生一个检测电流，然后通过检测探针将该检测电流经由采集电路传送到中央处理单元的采集端，通过中央处理单元的处理、分析和计算可得出该绝缘子的绝缘阻值。装置中同时采用了大容量旁路电容，以吸收掉绝缘子自身存在的交流电压。

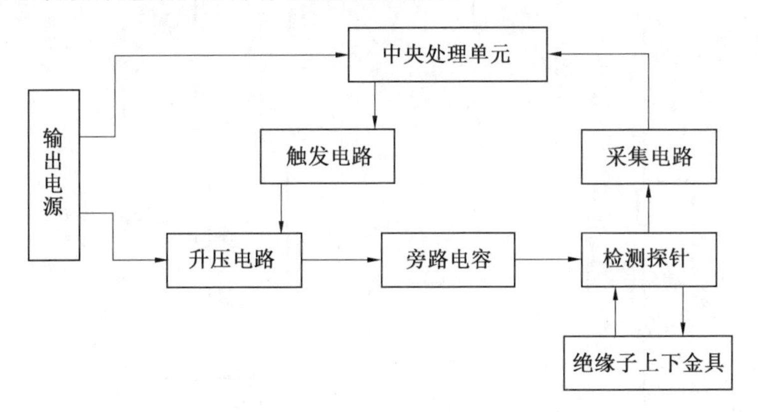

图 3.21　电阻测量检测装置原理图

升压电路包括输入电源、振荡器、变压器、倍压整流电路以及输出电路，主要电路如图 3.22 所示。中央处理器通过 P0.1 触发升压电路。输入电源通过稳压模块 MCT7805 CT 提供给振荡器，由此产生交流信号发送到变压器，进行变压升压，升压后的信号经过倍压整流电路进行整流并加倍增压，最后通过输出电路施加直流高压在检测探针上。因为该装置需要最终产生 2 500 V 左右的直流检测高压，而从变压器次级回路输出的电压仅为 1 000 V 左右，并且为交流电压，所以还需要一个倍压整流电路进行调理。倍压整流就是利用滤波电路的存储作用，由多个二极管和电容（D_2、D_3、D_4、D_5、C_{13}、C_{20}）可以获得几倍于变压器副边电压的输出电路。在检测过程中，如果检测装置的绝缘强度和安全爬距不够就会导致检测装置损坏，还可能造成闪络等事故，所以在设计检测装置的时候充分考虑了这一点，在检测装置内部串联了大容量电阻（R_6、R_7、R_8、R_9），使检测装置本身也可以相当于一个绝缘子，保证了检测装置自身的电气绝缘。在带电情况下，绝缘子自身带有交流电压，以常规的检测方式难以规避该交流电压的干扰，造成检测困难，为此增加了旁路电容 C_{21}、C_{22}，可以将绝缘子自身所加的交流电压吸收掉。

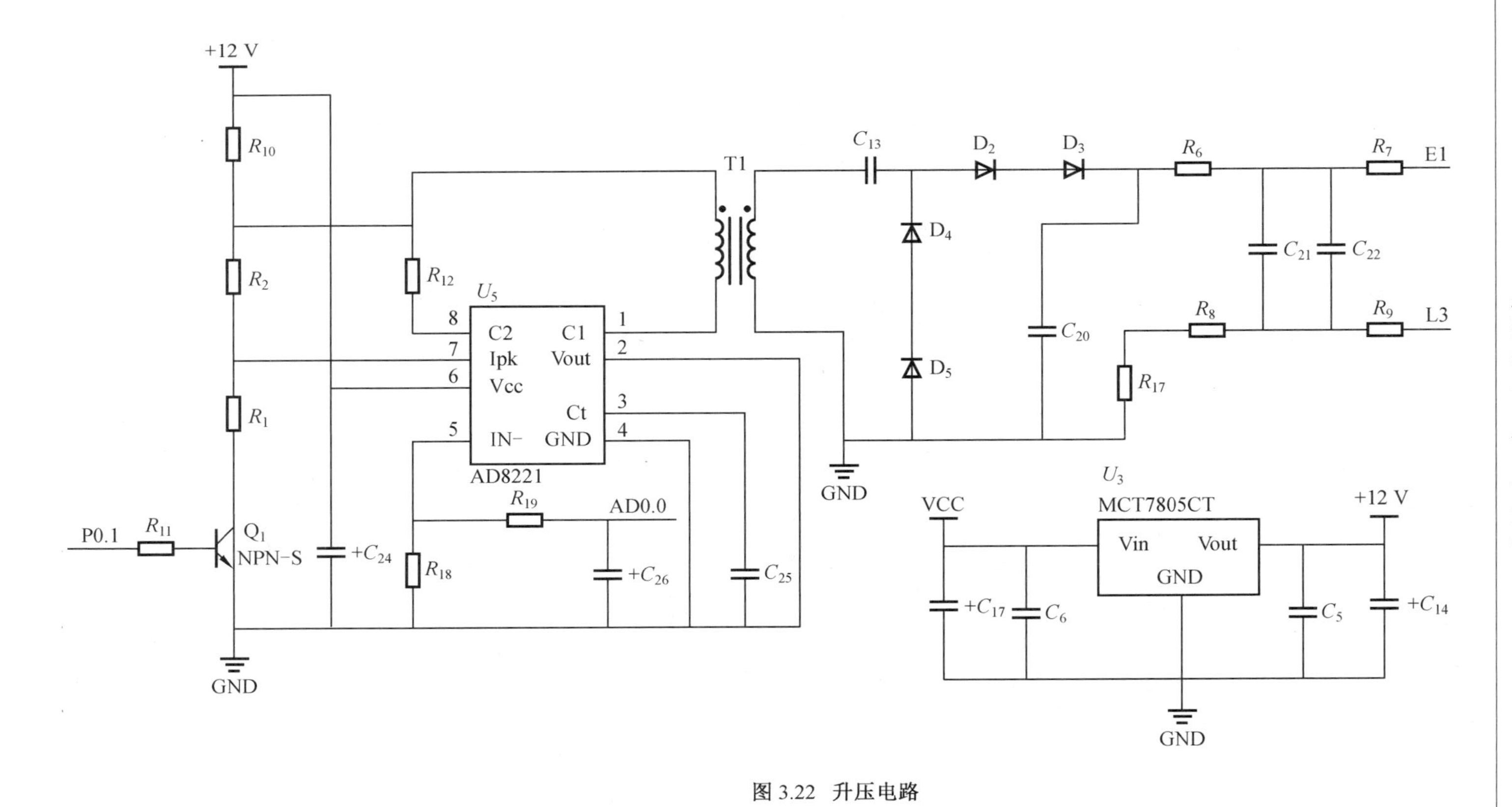
+12 V
R10
R2
R1
P0.1
R11
Q1
NPN-S
GND
+C24
R12
U5
8
7
6
5
C2
Ipk
Vcc
IN−
C1
Vout
Ct
GND
1
2
3
4
AD8221
R19
AD0.0
R18
+C26
C25
T1
C13
D2
D3
R6
R7
E1
D4
D5
C20
C21
C22
R8
R9
L3
R17
GND
U3
MCT7805CT
VCC
+12 V
Vin
Vout
GND
+C17
C6
C5
+C14
GND

图 3.22 升压电路

采集电路用于采集检测电压和泄漏电流，电路原理如图3.23所示。采集电路包括由R_{15}和R_{16}组成的采集电阻，由LM358D及周围电路组成的电压跟随器，数据输出端分别连接到中央处理单元的对应采集端AD0.0和AD0.1，AD0.0和AD0.1分别为电压采集端和电流采集端。其中电压跟随器用于隔离和缓冲采集信号，使单片机采集到的信号不受采集端的干扰。由于升压电路输出的是2 500 V以上的直流高压，为保证安全，同时也为了节省电能，中央处理单元提供了一个感应和触发电路，使得升压电路在临近被测绝缘子后才开始工作，避免检测探针在接近被测绝缘子的过程中产生威胁人身安全或者线路安全的事故。采集电路反馈的信号经由单片机的AD0.0和AD0.1端口进行感应，当检测装置临近绝缘子时，可以由单片机感应到工频电压加载模拟输入端口，从而发出检测指令，即单片机通过P0.1输出低电平，触发升压电路工作；当检测装置尚未临近绝缘子时，单片机P0.1输出高电平，升压电路停止工作。

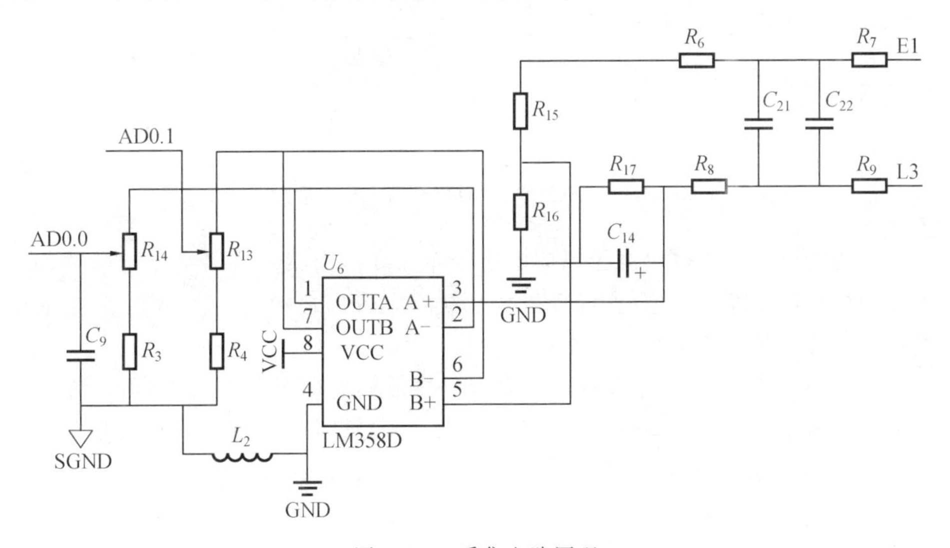

图3.23　采集电路原理

中央处理单元采用单片机MEGA128，其主要功能包括工频电压感应、升压电路触发、模拟信号采集、数据保存、数据发送、控制指令接收与解析，程序流程如图3.24所示。机器人本体上装有行程开关，每滑过一片绝缘子，行程开关输出高电平。机器人主控制器在行程开关有效时控制检测装置电机，使探头接触绝缘子上下金具，并通过RS232接口向检测装置发送检测指令。检测装置接收到检测指令开始采集数据，计算电阻，并将检测数据通过RS232接口发送到机器人主控制器。机器人主控制器最终将检测结果通过无线数据传输系统发送到地面接收装置。

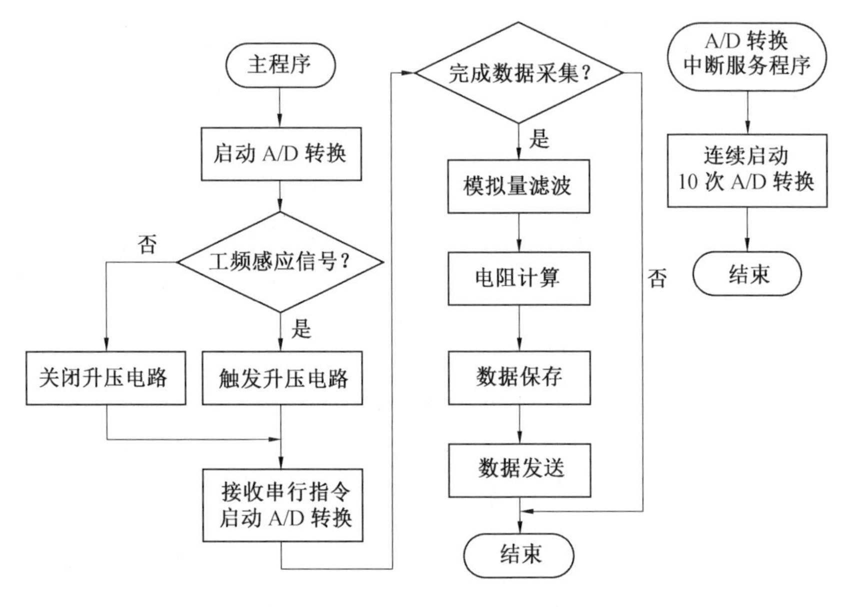

图 3.24 电阻检测程序流程图

3.4.2 电场测量

电场测量法是根据绝缘子纵向电场分布曲线的形状来判断绝缘子故障的。当瓷绝缘子串中存在零值时,纵向电场在缺陷处会出现畸变,因此必须分析输电线路瓷绝缘子的纵向电场的分布情况。

绝缘子的金属部分与接地铁塔或带电导体间有电容存在,使得沿绝缘子串的电压分布不均匀。设绝缘子本身的电容为 C,若只考虑对地电容 C_E,则等值电路如图 3.25 所示。因流过 C_E 的电流是由绝缘子串分流出去的,使靠近导线的绝缘子流过的电流最多,电压降 ΔU 也最大。若只考虑对导线电容 C_L,则等值电路如图 3.26 所示。同样可知,靠近铁塔的绝缘子电压降最大。实际上 C_E 和 C_L 两种杂散电容同时存在,其等值电路如图 3.27 所示。电压分布呈 U 形。

根据图 3.27 所示的等值电路,可以计算各种串长和各种电压等级的绝缘子串的电压分布。一般 C 为 30 ~ 60 pF,C_E 为 4 ~ 5 pF,C_L 只有 0.5 ~ 1 pF。C_E 的影响比 C_L 要大,所以绝缘子串中靠近导线的绝缘子的电压降最大,离导线远的绝缘子电压降逐渐减小,当靠近铁塔横担时 C_L 作用显著,电压降又有些升高。理论计算和实测均表明交流作用下沿良好瓷绝缘子电压曲线是光滑的,呈 U 形,其分布特点是:靠近高压金具端电压最高,随着向接地端移动电压迅速降低,在接近接地金具端又有所提高。绝缘子串越长,串联绝缘子片数越多,电压分布越不均匀。绝缘子本身电容大,则对地和对导线电容的影响要小一些,绝缘子串的

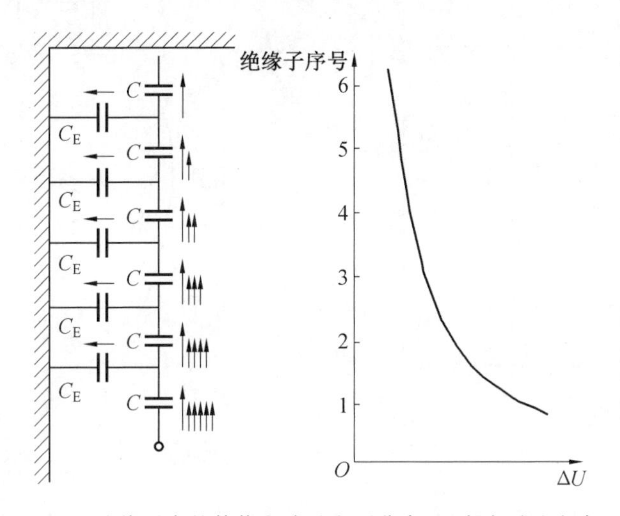

图 3.25　绝缘子串的等值电路及电压分布(只考虑对地电容)

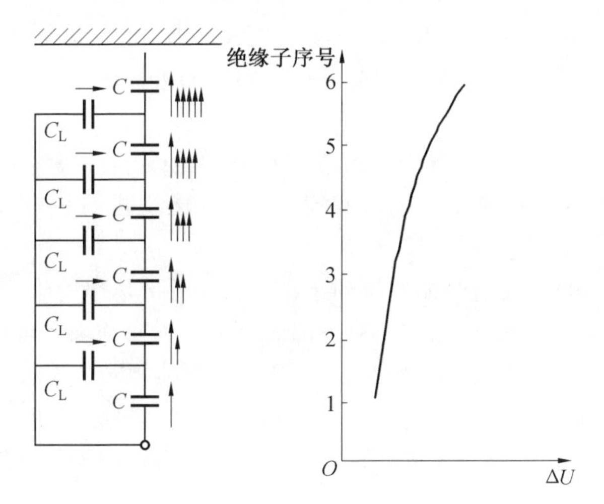

图 3.26　绝缘子串的等值电路及电压分布(只考虑对导线的电容)

电压分布也就比较均匀。当绝缘子串中第 i 片绝缘子(或者更多)是零值绝缘子时,相对应有 $C_i=0$,该片绝缘子此时所承受的电压较良好时要低得多,做出的电压曲线不再光滑。

根据前文分析,在 50 Hz 工频电压作用下,绝缘子分布电压呈 U 形分布,即靠近导线的绝缘子承担的电压较大,靠近杆塔的绝缘子承担的电压较小。因此,每片绝缘子串轴线上的平均电场强度(等于绝缘子承担的电压与绝缘子高度之比)也具有相同的分布规律。这种沿绝缘子串轴线方向的电场强度被称为纵向场强或轴向场强。因此,良好绝缘子串的纵向场强也呈 U 形分布,劣质绝缘子的存在也同样会引起纵向电场分布曲线的畸变。

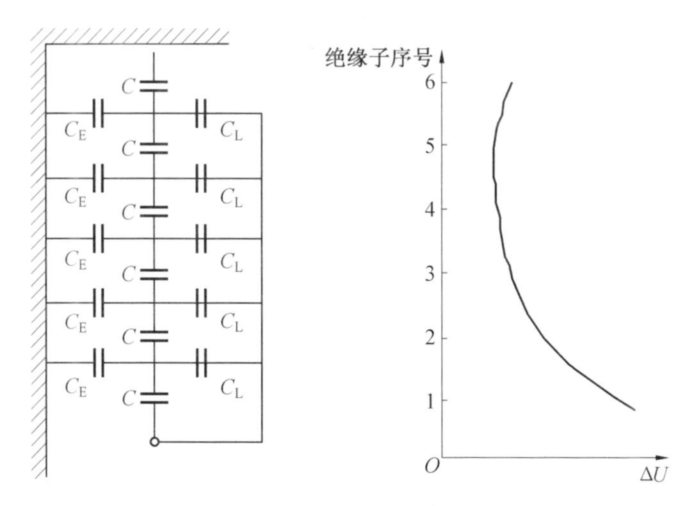

图 3.27　绝缘子串的等值电路及电压分布(同时考虑对地及导线的电容)

在实际测量中,绝缘子周围的电场沿绝缘子轴对称分布,电场的轴向分量最能反映绝缘子的导通性缺陷。因此平板电容器的极板应与绝缘子轴垂直放置。由于电容器的介入会改变原电场的分布,因此要求平板电容器的尺寸尽量小。由于是根据绝缘子电场分布曲线的形状来寻找绝缘子的缺陷,因此各伞裙处电场的绝对值大小的准确性不是很有意义,而电场场强的相对大小却是至关重要的。

但是,电场检测装置只能测量到绝缘子直径外部场强的纵向分量,而不能测到轴线上的纵向电场。绝缘子直径外部的纵向场强与绝缘子轴线上的纵向场强在数值及分布上将有所不同,如图 3.28 所示。其主要特点是靠近高压导线的绝缘子外围附近总电场的方向与绝缘子串轴线方向之间的夹角很大,导致该处纵向电场可能小于中间绝缘子外围的纵向电场,因此绝缘子外围纵向电场分布曲

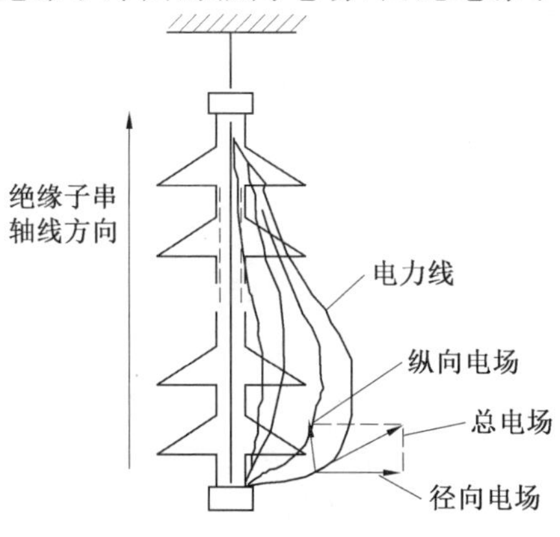

图 3.28　纵向电场示意图

线不再是单纯的 U 形分布。但是，劣质绝缘子的存在仍将使该曲线发生畸变。

1. 有限元分析仿真

将绝缘子串和机器人利用 Solidwoks 建模，将简化过的模型导入 ANSYS 软件，进行电场的模拟和仿真，通过观察电场强度沿绝缘子串轴向方向分量的变化情况，总结出机器人进行电场检测的规律。

(1) 仿真 1：良好绝缘子，无机器人。如图 3.29 所示。

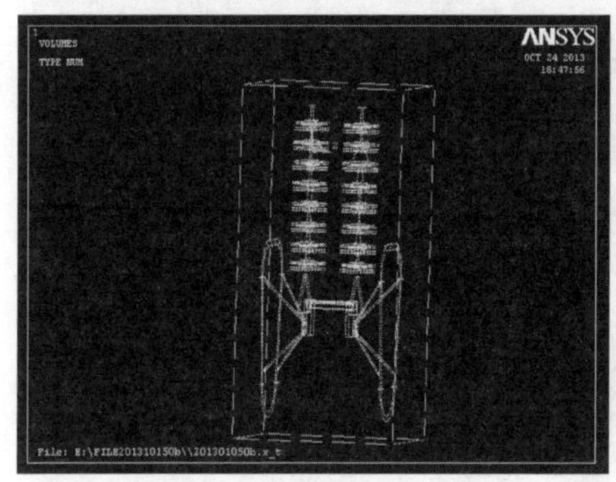

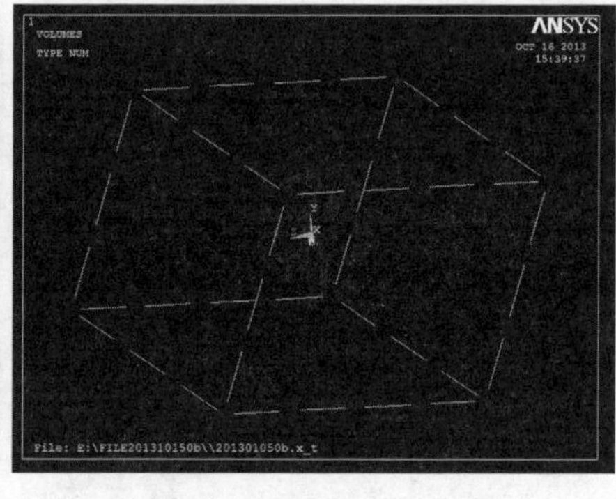

图 3.29　仿真 1：良好绝缘子串建模及边界（无机器人）

经过对各个部分划分网格之后，对绝缘子的均压环和连杆部分载入高压，对模拟的无穷大边界载入零电位，提取出电场强度沿绝缘子轴向分量变化的矢量（图 3.30）。

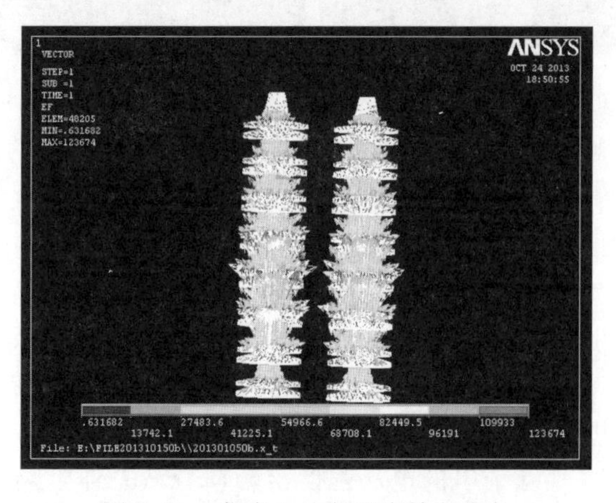

图 3.30　仿真 1：电场强度轴向分布

从图 3.30 中可以看出，离底端均压环越近的电场强度沿绝缘子的轴向分量越大，在最接近均压环部分的绝缘子串上，电场强度方向和绝缘子串轴向方向夹角接近直角，导致轴向分量较小。选取沿绝缘子串轴向方向的路径，测出沿绝缘子串轴向方向的电场强度分量变化曲线如图 3.31 所示，可以看出良好绝缘子串的电场强度沿轴向分量总体上离高压侧(均压环)越远越小。

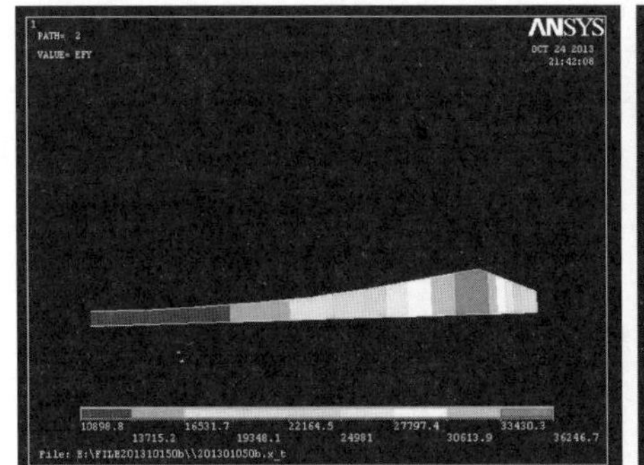

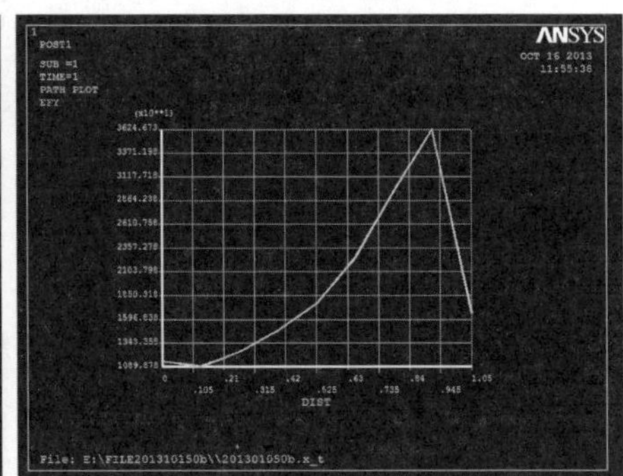

图 3.31　仿真 1:电场强度轴向分布变化曲线

(2) 仿真 2:良好绝缘子,有机器人。如图 3.32 所示。

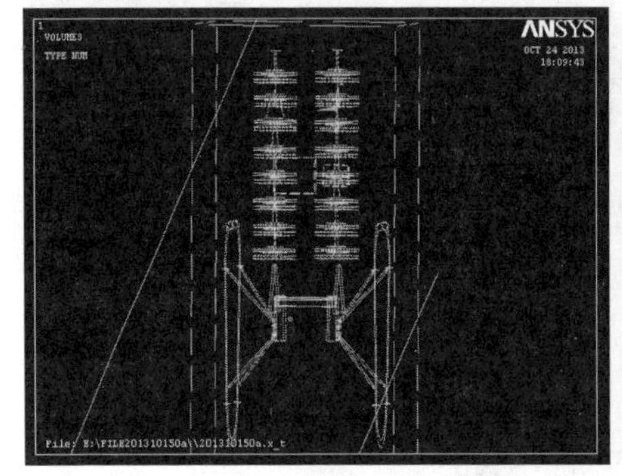

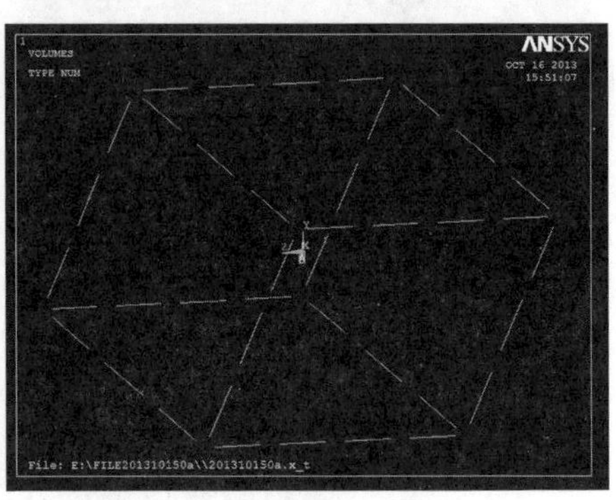

图 3.32　仿真 2:良好绝缘子串建模及边界(含机器人)

经过对各个部分划分网格之后,对绝缘子的均压环和连杆部分载入高压,对模拟的无穷大边界载入零电位,提取出电场强度沿绝缘子轴向分量变化的矢量(图 3.33)。

从图 3.33 中可以看出,离底端均压环越近的电场强度沿绝缘子的轴向分量越大,在最接近均压环部分的绝缘子串上,电场强度方向和绝缘子串轴向方向夹角接近直角,导致轴向分量较小。选取沿绝缘子串轴向方向的路径,测出沿绝缘子串轴向方向的电场强度分布变化曲线,如图 3.34 所示。

可以看出,良好绝缘子串的电场强度沿轴向分量总体上离高压侧(均压环)越远越小,且机器人对电场分布的影响并不明显。

(3) 仿真 3:有零值绝缘子(等效模型为两片绝缘子直接由导体连通),无机器人。如图 3.35 所示。

经过对各个部分划分网格之后,对绝缘子的均压环和连杆部分载入高压,对模拟的无穷大外边界载入零电位,提取出电场强度沿绝缘子轴向分量变化的矢量(图 3.36)。

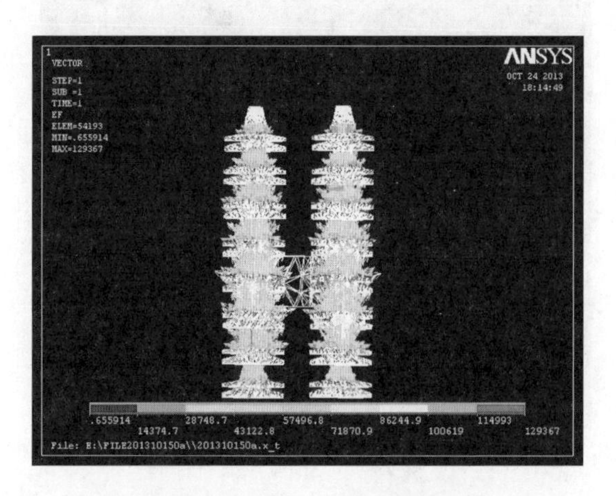

图 3.33　仿真 2:电场强度轴向分布

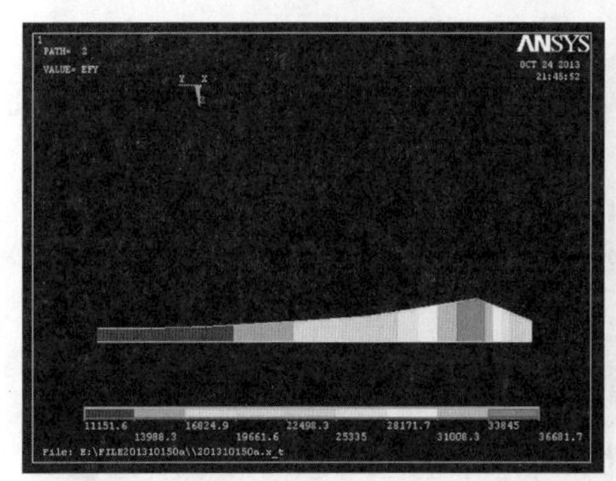

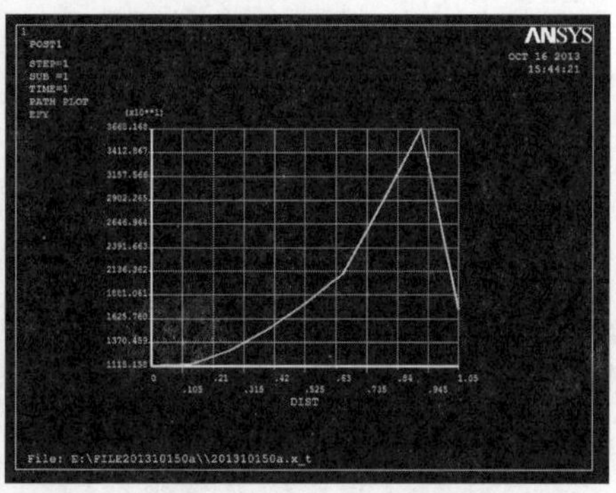

图 3.34　仿真 2:电场强度轴向分布变化曲线

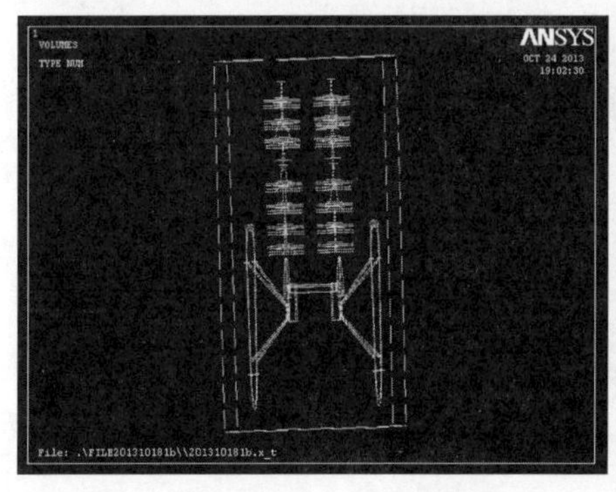

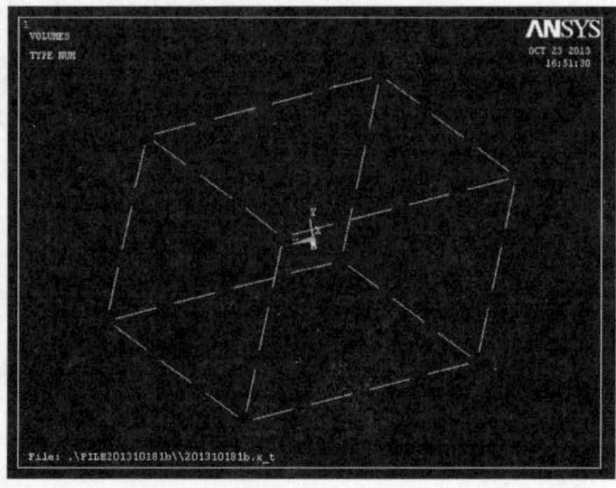

图 3.35　仿真 3:劣化绝缘子串建模及边界(无机器人)

从图 3.36 中可以看出,离底端均压环越近的电场强度沿绝缘子的轴向分量越大,在最接近均压环部分的绝缘子串上，电场强度方向和绝缘子串轴向方向夹

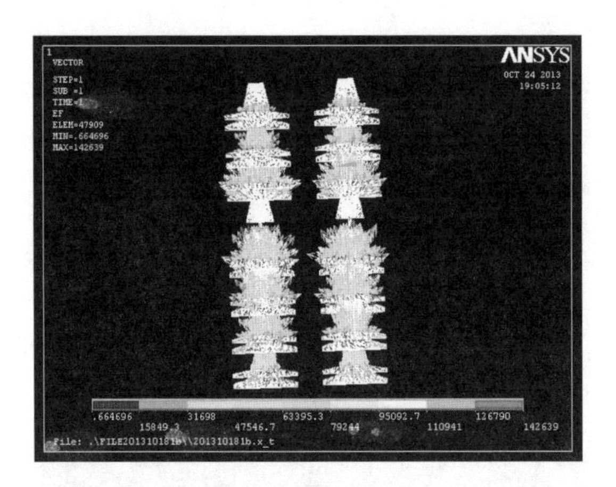

图 3.36　仿真 3:电场强度轴向分布

角接近直角,导致轴向分量较小。选取沿绝缘子串轴向方向的路径,测出沿绝缘子串轴向方向的电场强度分量变化曲线,如图 3.37 所示。

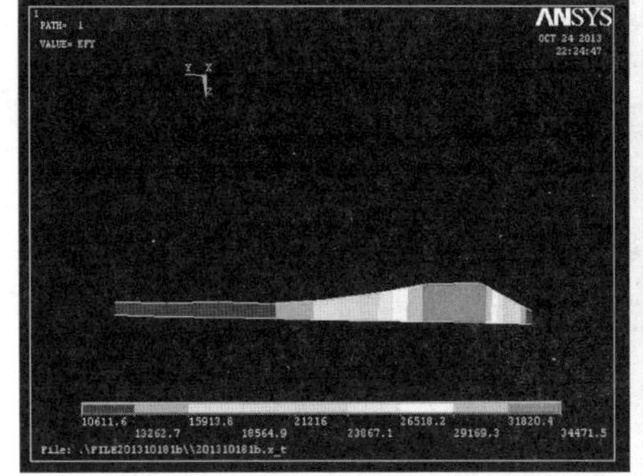

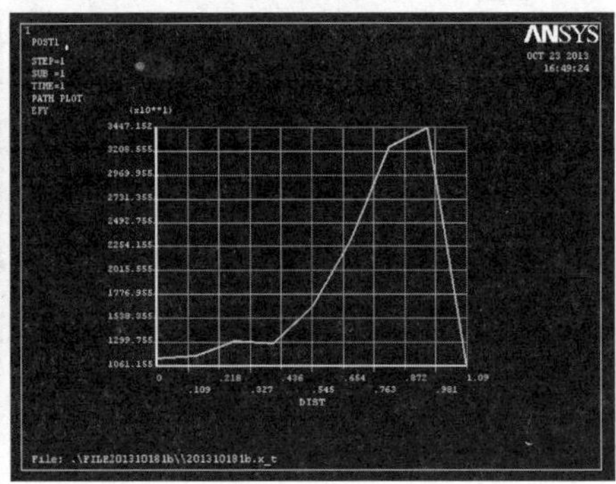

图 3.37　仿真 3:电场强度轴向分布变化曲线

可以看出,绝缘子串的电场强度沿轴向分量总体上离高压侧(均压环)越远越小。在零值绝缘子出现的位置,轴向分量有明显的下降,在图上呈凹陷的形状。

(4) 仿真 4:有零值绝缘子(等效模型为两片绝缘子直接由导体连通),有机器人。如图 3.38 所示。

经过对各个部分划分网格之后,对绝缘子的均压环和连杆部分载入高压,对模拟的无穷大外边界载入零电位,提取出电场强度沿绝缘子轴向分量变化的矢量(图 3.39)。

从图 3.39 中可以看出,离底端均压环越近的电场强度沿绝缘子的轴向分量越大,在最接近均压环部分的绝缘子串上,电场强度方向和绝缘子串轴向方向夹角接近直角,导致轴向分量较小。选取沿绝缘子串轴向方向的路径,测出沿绝缘

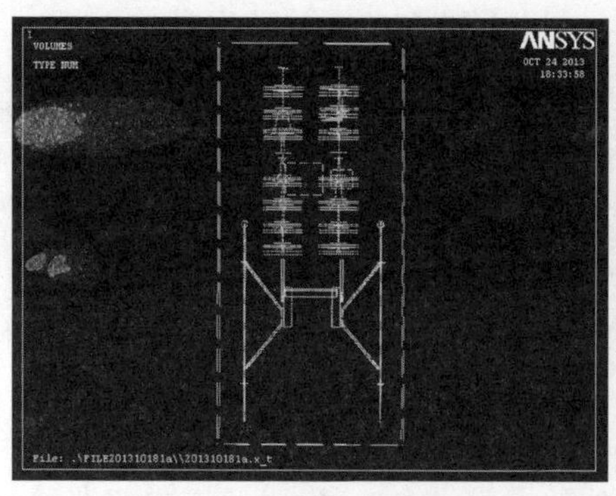

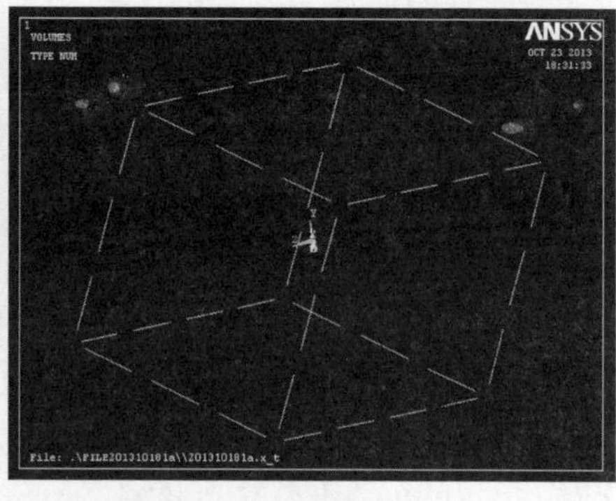

图 3.38　仿真 4:劣化绝缘子串建模及边界(含机器人)

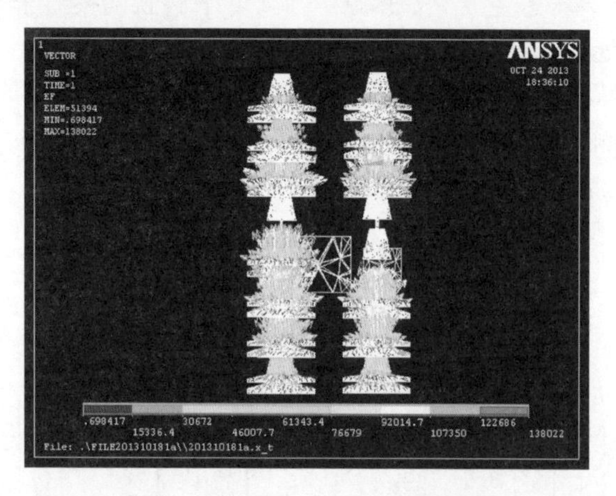

图 3.39　仿真 4:电场强度轴向分布

子串轴向方向的电场强度分量变化曲线,如图 3.40 所示。

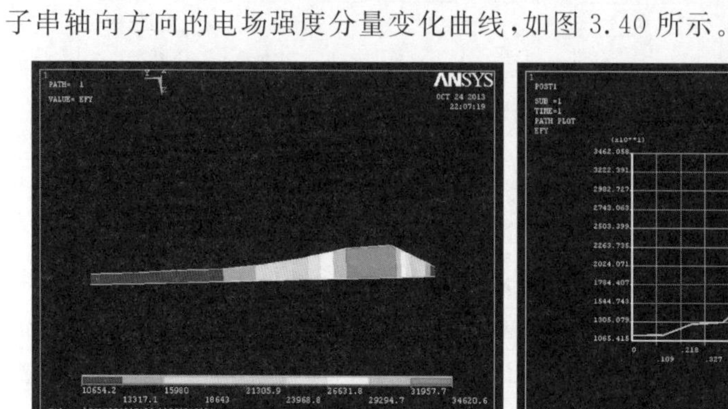

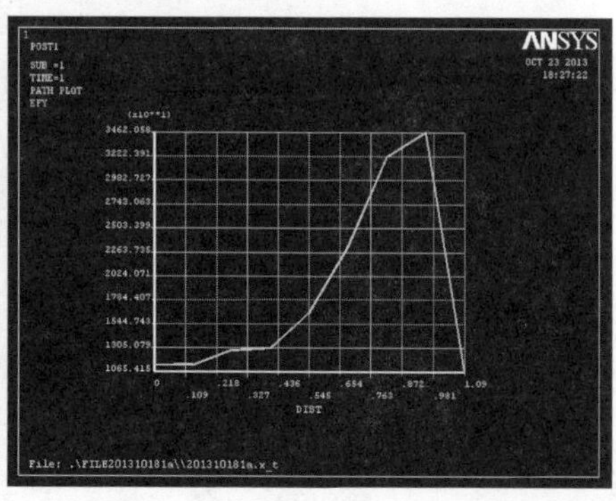

图 3.40　仿真 4:电场强度轴向分布变化曲线

可以看出,绝缘子串的电场强度沿轴向分量总体上离高压侧(均压环)越远越小,在零值绝缘子出现的位置,轴向分量有明显的下降,在图上呈凹陷的形状。与无机器人时的电场曲线对比,机器人对电场分布的影响并不明显。

2.绝缘子串电场检测装置

电场测量装置采用电容式电场探头,内含单片机数据采集及存储电路,并且具有记录伞片位置的光电管触发电路和与机器人本体通信的RS485接口,可以记录各片伞裙处的相对电场强度。分析软件可以把探头中的数据展示成电场沿绝缘子轴线的分布曲线,并通过对此曲线观察和比较来分析绝缘子的缺陷情况。

图3.41给出了电场检测技术示意图。当机器人携带的电场检测装置紧贴绝缘子串运动时,测量电容感应绝缘子伞裙处的空间纵向电场,由此在电容器两极间产生电压差,此电压差经放大、滤波、整流、电平转换后变成直流电压信号(其幅值与机器人所处位置的纵向电场强度瞬时值成正比),再用单片机对此直流电压进行A/D采样,将原来的电压幅值转换为数值后保存下来并存储。接近开关检测电路用来检测绝缘子伞裙,触发电场测量。逻辑电路包括按钮、指示灯和蜂鸣器,用来控制测量过程。

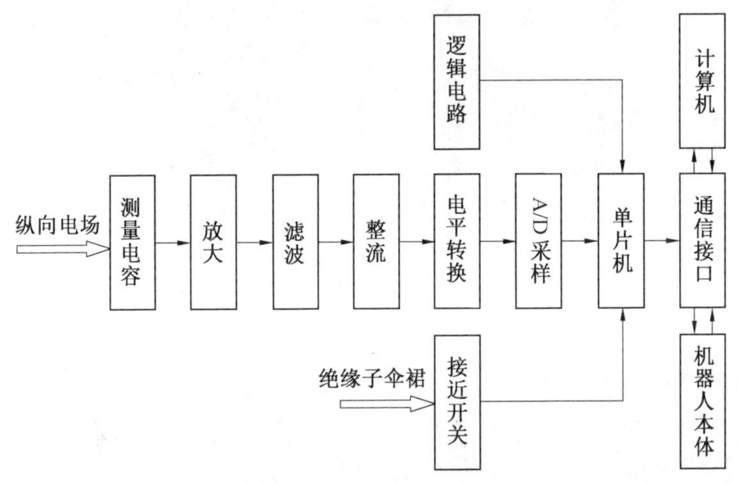

图3.41　电场检测技术示意图

为了从各个硬件环节滤除随机干扰和其他干扰,在硬件电路上采用了整体硬件滤波技术,该技术的主体是电容,包括电源滤波和信号滤波等。整个电路都采取了周全的滤波措施。测量电路在设计上采用了整体硬件抗干扰技术,通过合理布局、分离模拟电路与数字电路、隔离灵敏元件、合理布线、增宽地线等措施提高了电路的抗干扰能力。

为了使数据更加客观准确,在软件程序上采用了平均去噪技术。该技术通过将几个工频周期里的数据进行平均处理,来达到进一步消除随机干扰和不确定因素的目的。线路电压的随机波动造成的影响被降到最低。

分析软件所要实现的基本功能是接收来自电场测量探头的数据并以曲线的形式显示出来。从功能上分为数据传输、图形处理、数据显示和自动判断等模块。

3.4.3　分布电压测量

1. 分布电压测量法分析

分布电压测定法是目前在悬式绝缘子的零值检测中较为常用的一种方法。在工频电压作用下，正常绝缘子串上的电压分布受绝缘子对地电容及对导线电容的影响，每片绝缘子分担的电压是不相等的。当仅考虑对地电容的影响时，越靠近导线的绝缘子中通过的电流越大，因而分担的电压越高。当仅考虑对导线电容的影响时，越靠近接地端的绝缘子分担的电压越高。同时考虑两种电容的影响，则越靠近绝缘子串两端的绝缘子所分担的电压越高。导线的类型、分裂导线的组合形式以及是否采用均压环等因素都会对导线电容产生影响，因而也影响绝缘子串的电压分布。当上述各因素确定之后，正常的绝缘子串的电压分布，即各片分担的电压大致是一个确定的值。

当绝缘子串中有不良绝缘子，且不良绝缘子的绝缘电阻小于 300 MΩ 时，将明显影响绝缘子串的电压分布。其表现是不良绝缘子的分担电压明显下降，低于正常分担电压值，也低于相邻良好绝缘子的分担电压。

（1）当不良绝缘子的电阻为某一定值时，不管它处于绝缘子串的什么位置，其分担电压与相应位置正常分担电压是不相同的。当该比值为 50% 及以下时，即为劣质绝缘子。

（2）根据对 500 kV 耐张绝缘子串的实测，有资料认为不良绝缘子与相邻良好绝缘子分担电压的比值会大大下降，低于正常时的值。而且，不良绝缘子的绝缘电阻越低，上述比值也越低。当相邻绝缘子分担电压比值小于 50% 时，分担电压低的即为不良绝缘子。此外，也可以根据相邻绝缘子分担电压的实际差值大小来判断不良绝缘子。

综上所述，利用测定电压分布的方法检出劣质绝缘子，必须与相应电压等级下良好绝缘子串的标准分布电压值作比较。此外还应注意，测量电压分布与测量绝缘电阻一样，应在干燥良好的大气环境下进行，即应在空气的相对湿度低于 80% 时，且绝缘子表面无凝露的条件下测量。否则，潮湿的绝缘子串的电压分布要改变，特别是绝缘子表面具有污秽且又潮湿的情况下，绝缘子串上的电压分布将不按电容分布，而按电阻分布。在形成干带以前，污染与潮湿度越均匀，绝缘子串上的电压分布也越均匀。劣质绝缘子的特征是绝缘能力降低，分担电压低，甚至为零。利用这一特征和良好绝缘子串的标准电压分布相比较，可以检测出劣质绝缘子。该方法需带电测量,35 ～ 220 kV 输电线路上常用的工具有短路叉、电阻分压杆和火花间隙操作杆等,均属接触式测量。该方法与测量绝缘电阻一样,需在良好的天气下进行。

根据绝缘子串的分布电压,产生了几种主要的低零值绝缘子判断方法。

(1) 门限电压法。

根据绝缘子串分布电压规律设定一个电压数值作为基准,分布电压低于此值的绝缘子称为低零值绝缘子;反之为良好绝缘子。正常串的电压分布两头高,中间低,靠近接地侧有一电压最小值,为 U 形曲线。当有劣质绝缘子存在时,由于绝缘子绝缘电阻变低,分布电压大幅下降,远低于正常值,可用火花间隙法判断。但是不同线路、不同电压等级绝缘子串的最小电压差别较大,使得火花间隙的门限电压变化较大,从而会出现漏检现象。

(2) 相邻比值法。

将相邻两片绝缘子分布电压的比值作为判断依据,检出低零值绝缘子。此法一定程度上消除了电场的复杂性对分布电压的影响。虽不同情况的绝缘子串分布电压最小值有很大差别,但是 U 形曲线的分布规律一样。若某片绝缘子电压比相邻的都要低,且比相邻两片中小的还低 $K\%$(日本取 70,我国取 50),则判断此片为低零值绝缘子。相邻比值法虽然可能会造成对阻值较高的低值绝缘子的漏判,但是相比门限电压法误检率已大大降低,近导线端的低值绝缘子已能很好检测出来。

(3) 与前次所测分布电压相比。

绝缘子分布电压受外界环境影响的主要因素是污秽受潮。海拔、气温及地理环境对绝缘子串分布电压影响较小,一般性的湿污对其影响也不大。因此通过和前次测量结果比较,可判断有无低零值绝缘子的存在。

从以上 3 种方法可以看出,前两种方法可以实时检测和分析,其中,相邻比值法是较为精确的方法。所以绝缘子串的低零值绝缘子的精确定位一般都使用相邻比值法。

《劣化悬式绝缘子检测规程》(DL/T 626—2015) 中对悬式绝缘子测量电压分布的判断标准如下。

(1) 被测绝缘子电压值低于标准规定值的 50%,判为劣化绝缘子。

(2) 在规定火花间隙和放电电压下未放电判为劣化绝缘子。

2. 分布电压设计原理

根据理论计算和现场的测量,由于对地和对导线杂散电容的存在,绝缘子串的电压并不是严格均匀分布的,而是呈 U 形,靠近导线端的电压最大。当绝缘子串上有不良绝缘子,由于不良绝缘子自身承担的电压严重下降,会引起绝缘子串电压分布的改变，造成其他绝缘子分布电压升高。不良绝缘子所在的位置不同时，对绝缘子串电压分布的改变是不同的。

对于不同电压等级的输电线路，绝缘子串中均存在最敏感的绝缘子，其上面的电压变化能够反映出整串绝缘子中不良绝缘子的有无及其大概的位置。所以，可以通过比较A、B、C三相绝缘子中敏感绝缘子分布电压的变化，通过算法判断该绝缘子串上是否存在不良绝缘子。

设绝缘子串上的绝缘子片数为N，绝缘子本身电容为C，对导线电容C_L、对地电容C_E，分别取值30～60 pF、4～5 pF、0.15～1 pF，如果绝缘子串上有不良绝缘子，由于其自身承担的电压严重下降，会引起整个绝缘子串电压分布发生改变。不良绝缘子所在的位置不同，对绝缘子串电压分布的改变也是不同的，也就是说，绝缘子串不同位置的不良绝缘子敏感度不一样，理论分析和实验结果表明，对于不同电压等级的输电线路，绝缘子串中均存在最敏感的绝缘子，其电压变化能够反映出整串绝缘子中不良绝缘子的有无及其大概的位置。由于不良绝缘子的占有量很低，三相同时有不良绝缘子的概率接近零，所以，可以通过比较A、B、C三相绝缘子中敏感绝缘子分布电压的变化来综合判断绝缘子串中是否存在不良绝缘子。应用此方法时，只需在检测判断出绝缘子串上有不良绝缘子时，才逐片检测该串绝缘子的分布电压，这样可以大大节省检测工作量。

为实现上述测量原理，通过电压分压器测量敏感绝缘子分布电压，然后将测量的信号分成两路，一路信号通过调理电路调理后，直接送入单片机采样；另一路信号通过放大后经过信号调理送入单片机另一通道采样。三相测量完毕后，数据通过无线通信传送到控制端，并用分析软件给出是否有不良绝缘子的结论。若判断出某相存在不良绝缘子时，则通过测量端按片检测该串绝缘子分布电压，然后通过相邻比值法判断出不良绝缘子的具体位置。若判断不存在不良绝缘子，则可以跳过此绝缘子串，进行下一串绝缘子的检测。这样设计出来的系统与过去使用的普通的检测装置相比，节省了检测的工作量，并且可以大大提高检测的准确率。

3. 分布电压系统设计

此检测系统是基于电压分布法原理设计的，采用敏感绝缘子法对劣质绝缘子进行检零，高压测量端只需先测量绝缘子串三相的敏感绝缘子的电压，将电压值通过无线方式发回手持控制器进行判断，当判断出存在不良绝缘子后，再逐片检测该串绝缘子的分布电压，与过去使用的普通的检测装置相比，大大节省了检测工作量并且提高了检零的准确率。

此系统由高压测量端和手持控制端两部分组成。测量端在控制端的命令下测量绝缘子的电压，进行电压校准，然后在测量值达到稳定判据的条件下，将测量数据通过无线方式发送给控制端。手持控制端的主要功能是控制测量端的动作,接收测量端的分布电压数据,实时显示数据和波形,并且对低零值绝缘子位置做出判断,然后进行相关数据的存储。分布电压系统原理框图如图 3.42 所示。

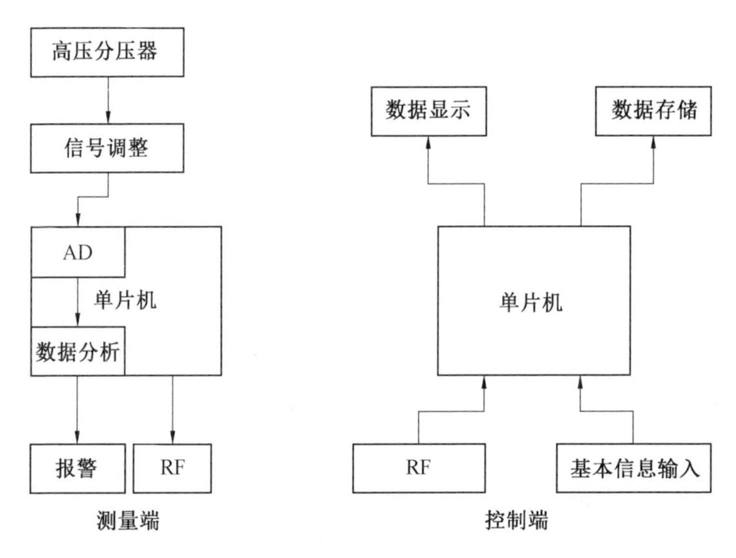

图 3.42　分布电压系统原理框图

系统在检零过程中,需要保证测量数据的有效性和准确性,同时数据要能够可靠地传回控制器,另外,因绝缘子的检零需要操作人员登塔操作,上下杆塔不方便,系统能够长时间地连续工作也很重要,因此在系统的软件设计过程中应尽可能地省电,使得系统可以在不更换电池的条件下长时间地稳定工作。测量端软件流程图如图 3.43 所示。

测量端开机后自检,如果电池电量不足,或者通信不正常,则系统自动关机,提示操作人员更换电池,排除故障。在正常测量情况下,为了节电,系统采取定时开机巡检的方式,来识别巡检控制器的测量命令。开机 2 s 之后,如果没有收到测量命令,测量端 MCU 转入休眠状态,信号调理电路和无线模块的电源全部关闭。若收到测量命令,则测量端通过语音电路报警提示,操作人员举杆将探头接触绝缘子金具两端,并且保持稳定,不晃动,然后等待测量端感应产生的电压触发信号,只有测量端 MCU 检测到触发信号才开启信号调理电路电源,开始电压数据的采样、采样数据计算和电压数据的发送等,这个过程通常在 3～5 s 内可以完成。这样就可以做到最大限度地节省电池电量,同时保证测量系统的正常、高速运行。

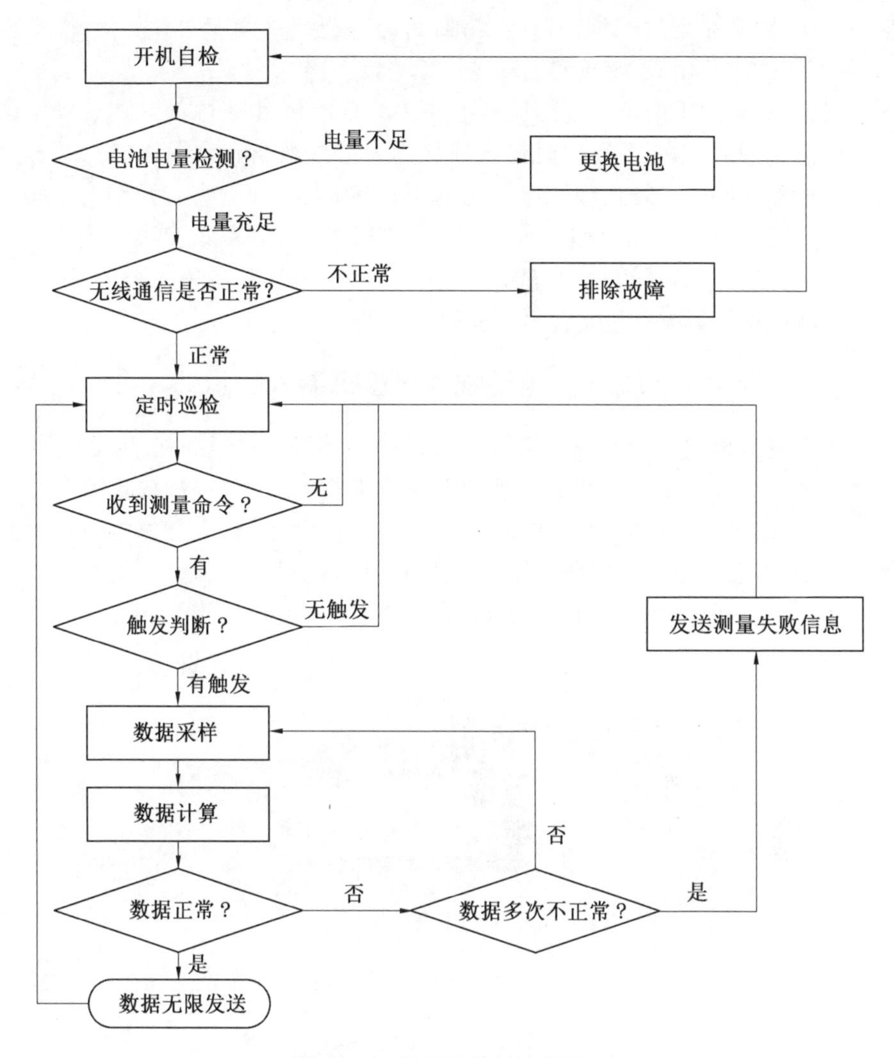

图 3.43　测量端软件流程图

3.5　电缆隧道巡检机器人

随着城市现代化建设速度的加快，对有限的土地利用和城市美化的要求也越来越高。城市现代化的发展助推了地下电缆隧道的建设步伐，地下配电网络已经趋于完善，一些大中型城市也在加快电缆隧道的建设进度。目前，电缆隧道特点主要是距离长、地形复杂、温度高、潮湿、电缆种类多、相互纵横交错。由于隧道中环境复杂，电缆也时常因自然老化、腐蚀或小动物的噬咬而引起隧道火灾。电缆需要长期安全运行，如果不能及早发现安全隐患并采取措施，一旦电缆发生火灾，势必蔓延快、火势猛、抢救难，将会引起严重的停电事故，后果十分严重，修复工作也很困难，直接和间接经济损失巨大[18]。

目前，对隧道中的电缆进行检测还多以人工为主，由于电缆工作过程中会产生大量热量，并且发生阴燃的时候会释放出大量浓烟及有害气体；另外，由于自然灾害的破坏，一些隧道会发生渗水现象，这些都极大地危害着操作人员的安全和健康状况。因此，人工检测隧道电缆的危险系数高、效率低、可操作性差。

综上所述，随着城市地下电网的逐渐普及，电缆故障将进入高发期，从而对电缆隧道巡检机器人的研制提出了迫切需求。

3.5.1　电缆隧道巡检机器人展示

电缆隧道智能机器人巡检系统，是为适应一般隧道环境，对隧道进行巡检、监控和消防的一体化巡检系统。系统以巡检机器人为核心，搭载各类声光传感器、化学传感器及灭火器设备等，对隧道设备进行全方位、全自主监测和智能诊断，实现隧道设备隐患的前期预警及后期设备的状态评估，保障隧道设备的安全稳定运行[19]。目前存在的电缆隧道检测机器人，主要展示如图 3.44 ～ 3.48 所示。

图 3.44　轻便型导轨式电缆隧道检测机器人

图 3.45　导轨式电缆隧道检测机器人

图3.46　履带式电缆隧道检测机器人

图3.47　轻便型轮式电缆隧道检测机器人

图3.48　轮式电缆隧道检测机器人

3.5.2　电缆隧道巡检机器人系统组成

隧道智能机器人巡检系统是基于电缆网综合智能数据管理平台，由轨道总成、供电总成、通信总成及智能巡检机器人组成的。电缆隧道巡检机器人系统组成结构示意图如图3.49所示。

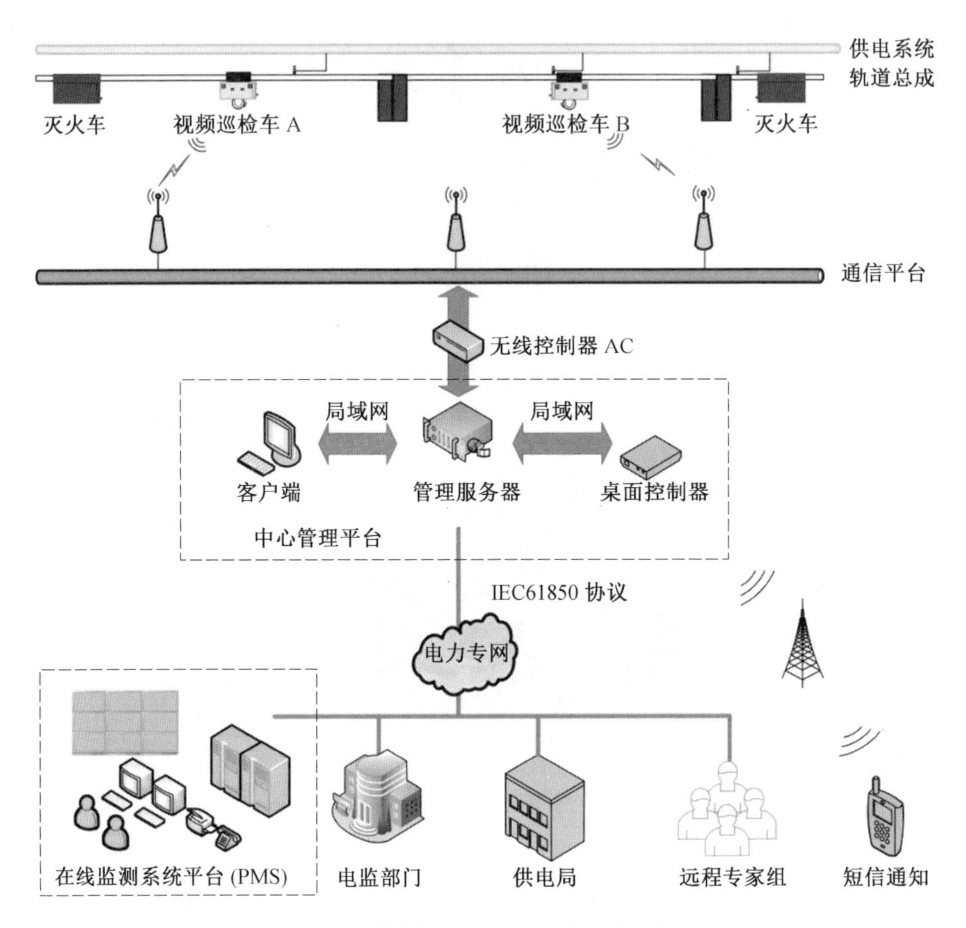

图 3.49　电缆隧道巡检机器人系统组成结构示意图

3.5.3　电缆隧道巡检机器人系统特点

(1) 检测全面化。

智能运动控制方式，对隧道的全方位巡检、多角度观测可弥补监控死角。

(2) 巡检高效化。

实现智能运动控制，事故现场高速到达、灭火弹发射以及等距离跟踪运动等。

(3) 功能多样化。

红外、可见光、局放检测，温湿度、有毒气体超限报警，功能多样化。

(4) 检测方式多样化。

可根据巡检时间、周期、任务等灵活定制巡检任务，实现自主、遥控巡检。

3.5.4　电缆隧道巡检机器人运动方式

隧道机器人常见的运动方式有轮式、履带式、导轨式、多足式等。其中除多足式机器人主要用于狭窄沟道内的攀爬行进以外，其他几种机器人都可以在理想的隧道环境内正常工作。它们之间的区别主要表现在各自有不同的适用隧道环境。

3.5.5　电缆隧道巡检机器人运动模块

运动模块从结构上是由动力源和传动装置组成的，它的主要功能是为机器人在隧道中的巡检提供动力，与此同时也作为对机器人控制的执行机构。因此运动模块中的动力源需要基于机器人的需求来选择。机器人的运动需求是根据实际运行环境而改变的，但是结合对实际电缆隧道的考察，机器人的运动特征可总结归纳为以下4条。

(1) 机器人必须具备前进、后退和停止的能力，并且能实现调速。

(2) 机器人在停止时，应当具备制动能力。

(3) 机器人运行速度较慢，动力源须在低速段依然工作良好。

(4) 机器人在面对斜坡时应具备爬坡能力。

常见的微电机有步进电机、直流电机、伺服电机等。由于步进电机在低速运行段容易因结构问题发生振动甚至欠步，而且由于步进电机属于开环系统，电机自身无法检测失步情况，不利于精确的位置控制，所以步进电机无法满足机器人的动力源需求。

直流电机虽然通过驱动控制，能够满足机器人的上述需求，但是另一方面，直流电机也带来难以解决的问题。直流电机最大的特点就是其转速同时受到负荷和驱动电压的影响，考虑到现实环境里机器人行进时必然会遭遇不同的状况，导致负荷的临时波动，由于这些临时波动无法预测，无法对机器人精确调速，最终将导致机器人主体的晃动。

相对以上两者而言，伺服电机同时具备步进电机输出力矩大的特点，又便于对转速进行精确控制，充分满足了上述运动特征。因此最后选择伺服电机作为机器人的动力源。

运动模块的核心部件是伺服电机。伺服电机的外壳以及机器人的悬挂臂通过螺丝与轴承外圈紧密相连，电机的转动轴则通过连接件，经轴承内圈与机器人的驱动轮相连。使用这种结构设计的优点在于使电机避免承受径向负荷，不仅提高了电机运行过程中的稳定性和精确性，同时也延长了电机的寿命。同时，轴承一般具有较大的额定径向载荷，也为机器人的后续开发和进一步升级提供了空间。

3.5.6 电缆隧道巡检机器人电量监控及充电控制

电缆隧道巡检机器人整体采用电驱动，在隧道内运行，通过各模块来完成巡检任务，需要电源的支持。由于电缆隧道普遍距离较长，机器人在电缆隧道内巡检时会产生火花，因此也不适宜在电缆隧道内使用。因此最后决定采用电池供电、固定距离充电站充电的形式作为机器人的电源。

由于使用电池为机器人供电，机器人有必要随时注意电池的电量，并在电池电量消耗完之前主动寻找充电站。因此设计了机器人的电源管理模块，其核心功能就是完成电池电量监控及充电控制。

电源管理模块的核心是额定电压 24 V 的磷酸铁锂蓄电池，其电压直接对伺服电机供电，并经过稳压器，分别为控制模块和摄像机供电。在电源管理模块中，通过电阻分压等方法，将电池两端的电压、电流经过模数转换模块传输至主控模块，并由主控模块判定电池当前剩余电量。当电池电量过低，表现在电压低于阈值时，由主控模块发出指令，机器人进入低耗能模式，并就近寻找充电站进行充电。

机器人在隧道内实际运行时，不可避免地会面对需要中途充电的情况。由于机器人是通过导轨运动的，因此将充电电源设置于导轨上。考虑到电缆隧道有严格的安防要求，特别设计了触点充电模块以及几套安全充电流程，以确保在充电过程中触点处不会产生火花，减少安全隐患。

3.5.7 电缆隧道巡检机器人定位方式

隧道巡检机器人定位系统用于机器人执行巡检任务过程中，以获得巡检机器人当前位置。对于隧道自动巡检机器人来说，一套快速、精确的定位系统是极为重要的。因为当机器人在巡检过程中发现隧道内出现异常状况时，通过定位系统，控制站可以迅速确定异常状况所在位置，并派遣工作人员前往予以排除。

由于隧道的环境特殊，卫星信号无法覆盖隧道内部，因此隧道内的定位不能采用工程上广泛使用的卫星定位法。目前常用的隧道机器人定位方法有激光 / 红外遮拦定位以及陀螺仪惯性定位。

激光 / 红外遮拦定位实际就是通过在隧道内按一定间隔距离设置激光 / 红外光耦组。当机器人经过发射头时，遮挡了光信号，从而在光耦接收端获得机器人通过的信号。这种定位方案的优势在于其定位精度取决于单位距离内设置的光耦数。但是一方面，当隧道距离较长时，遮拦定位的成本会随之增大。另一方面，安装大量的光耦也会在电缆隧道内引入过多的电源和接地，造成安全隐患。

陀螺仪惯性定位则是通过测量机器人当前的移动速度、加速度等运动信息，通过积分手段获得机器人与初始位置的相对距离。这种定位方法相对于遮拦定位法有着显著的优势:陀螺仪具有结构简单、安装方便的特点,只需要将陀螺仪安装在机器人上,并辅以距离计算程序就可以完成。但是由于陀螺仪测量的是机器人的速度和加速度,对于速度的测量误差在积分过程中会不断累积。当机器人运行一段时间之后,定位误差将累积到一个不可忽视的程度。此外,陀螺仪惯性定位获得的仅是机器人的相对运动距离,而无法获得当前的绝对位置。

由于任何测量方式都存在误差,因此仅仅使用某一种定位方法时,总是不可避免地会产生定位误差。因此在电缆隧道巡检机器人的定位系统设计中,将综合伺服电机惯性定位、RFID定位以及漏泄电缆场强分布定位这 3 种定位方式,组成机器人的定位系统,达到对机器人进行精确定位的目的。

3.5.8　射频识别技术

射频识别技术(radio frequency identification,RFID),又称电子标签或无线射频识别技术,可以通过无线电信号识别特定目标并读写相关数据,并且无须识别系统与特定目标之间建立的机械或光学接触。它能够实现快速的读写、非可视的识别、移动识别、多目标的识别、定位以及长期的跟踪管理,识别工作不受恶劣环境的影响,而且读取速度快,读取信息安全可靠。

射频识别系统主要包括电子标签、阅读器、天线以及应用软件 4 部分。以下是该系统的结构框图,如图 3.50 所示。

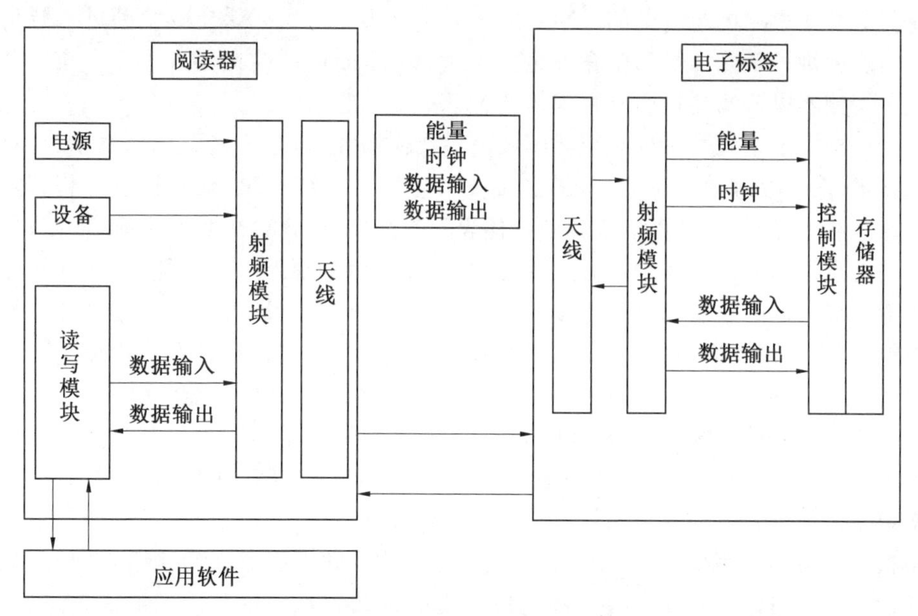

图 3.50　射频识别系统结构框图

从图 3.50 可以看出,在阅读器与电子标签的模块中均有数据的输入与输出,并且两大模块中传输的还有能量与时钟。

(1) 阅读器。

读取(或写入) 标签信息的设备。

(2) 天线。

在标签和读取器间传递射频的信号。

(3) 标签。

标签由耦合元件以及芯片组成,每个标签具有唯一的一个电子编码,附着在物体上用来标识目标对象。

3.5.9 电缆隧道环境状态和设备故障检测技术

在电缆隧道内建设可视化移动监控系统,它集合了声、光、气体、温湿度等环境监控传感器,相较以往的人工检测方式和已建立的监控系统,智能检测机器人系统更有灵活性、可靠性,检测范围更加广泛。其中机器人携带最主要的两种检测设备为红外热像仪和高清 CCD 摄像机,通过两种设备可以有效地对电缆隧道环境和设备故障进行实时的监测。

电缆隧道内有时会由于内部绝缘材料老化,从而产生有害气体、不良沉积物变质,产生挥发气体或外界有害气体侵入并聚集,这些气体会导致空气内含氧量的异常、有害气体(包括易燃易爆气体、有毒气体和腐蚀性气体) 在隧道内聚集,不但会直接影响电缆设备的安全, 提高隧道火灾的风险, 更会威胁到进入隧道进行巡视维护工作人员的生命安全。 因此,电缆隧道巡检机器人平台上应安装气体探测器以监测隧道内有害气体的含量及空气的品质。

红外测温系统是一种在线监测式高科技检测技术,它集光电成像技术、计算机技术、图像处理技术于一身,通过接收物体发出的红外线(红外辐射),将其热像显示在荧光屏上,从而准确判断物体表面的温度分布情况,具有准确、实时、快速等优点。物体由于其自身分子的运动,不停地向外辐射红外热能,从而在物体表面形成一定的温度场,俗称"热像"。红外诊断技术正是通过吸收这种红外辐射能量,测出设备表面的温度,从而判断设备发热情况。由于其在线检测方式对设备正常运行无影响,因此在电力设备状态检测领域得到广泛推广和应用。

基于图像的电缆隧道环境状态和设备状态检测技术研究主要基于实时拍摄的可见光成像信息,通过图像处理技术、模式识别技术、人工智能等领域的研究,实现基于图像分析的环境和设备状态自动在线检测。图像识别技术的研究目标是根据采集到的图像,对其中的目标分辨其类别,做出有意义的判断,即利用现代信息处理与计算技术来模拟和完成人类的认知和理解过程。一般而言,一个图像识别系统主要由 3 部分组成,分别是图像预处理、目标提取和目标分类识别。

3.5.10　隧道环境及电缆设备状态综合监测与分析功能

在环境相对复杂的隧道中，电力隧道内部的运行环境常面临各种客观因素的影响，如地面施工、液体渗漏、通风不佳等。电缆长期运行，时常出现老化、断股、磨损、腐蚀或小动物噬咬等问题，如不及时采取措施，极有可能酿成火灾事故。另外，由于内部绝缘材料老化产生的有害气体或外界有害气体侵入并聚集的现象，不仅直接影响电缆设备的安全，提高隧道火灾的风险程度，更会威胁到进入隧道进行作业的工作人员的生命安全。因此，本书集成了红外热像仪、CCD图像传感器、可燃气体检测传感器、烟雾传感器、温湿度采集设备等多传感器，搭建一套基于移动机器人平台使用的具有智能化检测分析系统的信息采集与分析系统。

(1) 基于多传感器的隧道环境及设备检测系统研究。

在线式的监测传感器是整个智能巡检机器人系统的核心组成部分，是机器人完成监测任务的关键。监测传感器主要包括：红外热像仪、高清 CCD 图像传感器、可燃气体检测传感器、烟雾传感器、温湿度传感器等。由于各种传感器复杂多样，需要针对现场监测需求和机器人结构，选择和设计合理的传感器安装在机器人平台上，要求传感器体积小，质量轻，能够车载使用，并且具有较高的监测灵敏度和较好的抗干扰能力。

为了实现红外热像仪和高清 CCD 摄像机对电缆隧道内设备的全方位检测，云台处于承上启下的位置，云台的性能直接影响到巡检机器人完成巡检任务的质量，这就要求云台具有控制灵活、适应性强、预置位数量大、便于集成等特点。云台本体将采用模块化设计，结构紧凑，并采用优化的电路设计及合理抗干扰措施，保证其能在恶劣的环境中长期稳定运行。

根据电缆隧道内设备温度检测和外观故障检测实际需求，调研具有良好性能的红外测温传感器和高清 CCD 摄像机。研究红外温度精确测量技术及热成像技术，获取设备外形基本信息；基于不同时间、相关联设备间的温度变化统计信息，给出温度变化曲线及趋势分析，构建温度分析系统，实现温度异常自动报警系统。电缆隧道内使用红外测温的设备主要针对电缆设备，包括电缆是否出现断股、接头是否松动等。当电缆出现断股或接头松动等故障时，故障点附近会出现局部升温，改变热辐射分布，红外摄像仪可以摄取表面温度超过周围环境温度的异常升温点，也可以采取基于同类设备对比、红外热图特征提取等方法，提取同类设备间的温度差异以及特定设备的高温点在设备的具体位置，从而实现基于红外测温的自动分析报警系统。

研究基于图像的电缆设备外观异常检测，目前主要的故障检测方法包括：基于图像灰度、形态和纹理特征的方法，图像分割，小波变换和神经网络。电缆设备的破损和老化等故障检测是机器人携带高清CCD摄像机完成的主要任务。本书研究结合数字图像技术和色度学相关原理，针对电缆腐蚀老化过程中涂层表面出现的色彩变化，建立基于颜色特征的电缆表面老化检测方法，对不同时期的电缆颜色特征进行提取，实现对电缆不同老化程度的计算判别。特征提取与选择在图像模式识别中具有十分重要的作用。在人的视觉感知、识别和理解中，形状是一个重要参数。在二维情况下，形状可定义为在二维范围内一条简单连接曲线位置和方向的函数，因此形状的描述涉及对一条封闭边界的描述。图像经过边缘提取或阈值分割等处理，得到目标封闭的轮廓线或轮廓线所包围的区域等形状。当电缆发生破损时，电缆封闭的轮廓线将发生明显的变化，通过对比正常及破损的电缆轮廓信息，建立电缆破损图像检测模型，实现电缆破损故障的自动识别。

(2) 电缆隧道检测机器人检测数据管理及智能分析系统研究。

为满足电缆隧道检测机器人检测数据管理及智能分析系统的当前及未来延伸需求，要求综合管理和分析系统必须具有先进的体系结构和开发模式、灵活的扩展能力和需求应变能力以保证系统具有强大的技术生命力，适应未来技术的革新与进步。

电缆隧道检测机器人检测数据管理和分析系统可以采用多层分布式体系结构，系统按环境层、数据库层、技术组件层、业务领域层和应用层进行设计与开发，层与层之间既独立又相互关联。系统总体架构如图 3.51 所示。

电缆隧道检测机器人检测数据管理和分析系统主要分以下几层实现。

(1) 环境层。

环境层是系统运行的软、硬件基础环境，包括网络设备、服务器和操作系统等。

(2) 数据库层。

数据库层存储基础数据和检测业务数据，可以从传感器监测数据类型上分为5类数据集：气体检测数据、温湿度监测数据、烟雾检测数据和红外探测数据及可见光图像数据。

(3) 技术组件层。

技术组件层采用目前主流的 Java EE 架构和工作流(Workflow) 技术，其中数据分析处理在服务器端进行。

(4) 业务领域层。

业务领域层封装各个业务的模块，以组件的方式供上层应用调用。按检测业务的不同内容可以分为有害气体检测、温湿度环境监测、火警预报、电缆设备故障检测。

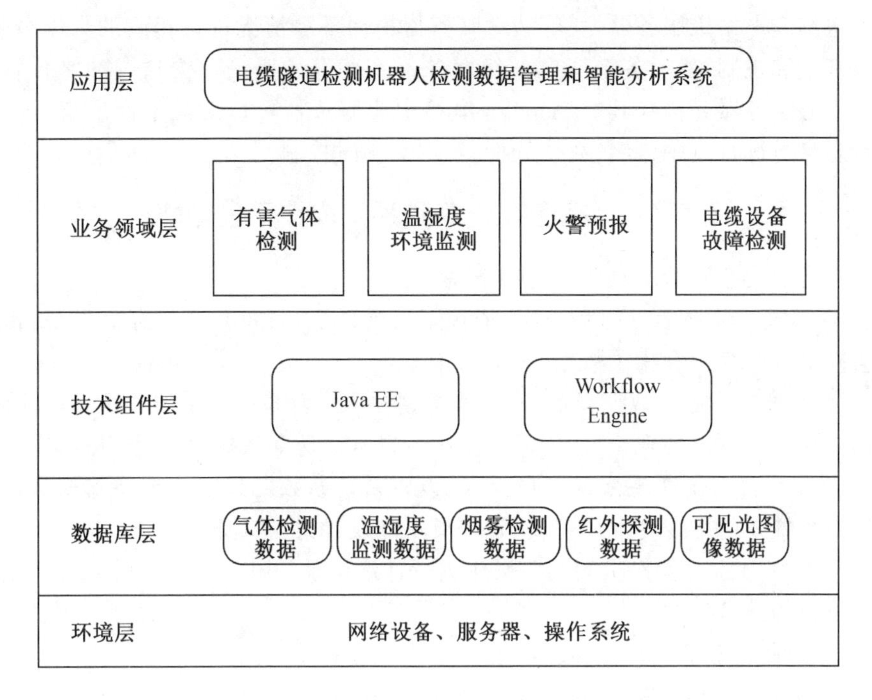

图 3.51　系统总体架构

(5) 应用层。

应用层是系统分析显示的入口，方便直接地展示检测数据的超限、报警和分析结果等。

系统从数据、应用和分析等几个层面进行标准化和规范化，各检测业务应用均架构在统一的监测架构平台上，各应用系统相互关联，对信息进行综合利用和分析处理，实现数据接入、存储、统计、GIS 定位、检测数据的融合，更加有效直观地实现电缆隧道检测机器人检测数据的管理和分析。

3.5.11　多状态在线监测功能

轨道式电缆隧道检测机器人具有电力电缆多状态在线监测系统，主要对电缆局部放电、温度、接地电流、有害气体及井盖水位进行在线监测，将监测信号上传至工业服务器进行处理存储，可实现对各技术监测量进行界面显示、谱图分析、报表打印、数据查询、报警等功能。

电缆线路在线监测系统主要由集控中心服务器、变电站级服务器、远程监控终端、各种信号监测器、各种控制器及其监测设备构成。通过监测护层电流和电缆表面温度来监测电缆的运行状态，通过基于行波传输理论的测距方法实现输电电缆的故障点监测定位。采用现场总线或网络通信协议以光缆方式将监测数据发送给变电站级服务器，变电站级服务器根据现场情况进行相应的数据分析、故障判断和控制，然后各个变电站级服务器将所有的监测数据通过网络传输到集控中心服务器并接受其控制指令，集控中心服务器可以对其下面所属的电缆多状态参量进行集中监测、数据分析、管理和实时控制。

3.5.12 综合在线监测系统软件平台功能

综合在线监测系统软件具有如下特点。

① 系统为独立运行的系统，不依赖于后台系统，具备独立的存储设备，能按照监控要求留存所有相关数据。

② 系统按照输电数据规范，直接将数据写入后台系统指定的数据库，并开放数据库接口及页面展现接口，使后台系统可以直接访问数据、直接调用页面。

③ 在后台系统实现配置用户权限、设置系统参数。权限管理要求权限设置必须由被授权的系统管理员完成，管理员不能设置大于自身的权限。

④ 操作日志对操作员的重要操作进行详细记录，并提供统计查询功能，记录所有设备的报警日志。

⑤ 具有自诊断功能、故障自动重启、远程桌面管理功能。页面使用Browser/Server（浏览器 / 服务器）结构供输电线路状态监控系统调用。提供数据备份导出、恢复功能，做出方案及使用说明。

⑥ 前端各监测设备通过 IP 网络与后台系统进行通信。能在输电线路状态监控中心大屏幕显示、操作。

3.5.13 电缆运行状态参数监控功能

轨道式电缆隧道检测机器人具有光纤测温监测子系统，可监控电缆实时运行状态，其特点如下。

(1) 测温性能先进。

测量距离远，可以实现 15 km 的远程温度实时监测。

(2) 多通道测量。

有 10 个测温通道，单通道测量性能不因通道数量增加而降低。

(3) 采用模块系统结构，便于系统扩容。

该系统采用模块化的系统结构，支持 TCP/IP 网络协议，用户可以根据实际需求配置系统设备，如增加测温光纤，增加测温设备，以扩大系统规模，组建电缆温度监测网，实现更大范围的电缆温度监测的要求。

3.5.14 轨道式电缆隧道检测机器人移动本体控制系统

机器人移动本体包括移动平台和检测平台两部分，其中移动平台用于搭载机器人电源、检测传感器、导航定位等各个模块，驱动机器人沿导轨运动。检测平台具有多个自由度和标准化接口，用于搭载各种检测传感器，实现对电缆隧道的检测。机器人移动本体的运动、定位，检测系统的控制、与上位机的通信以及电源管理等均需要通过控制系统实现，控制系统结构图如图3.52所示。

机器人移动平台采用导轨式结构，因此其运动是一维的，机器人被限制在导轨上运动，对机器人运动方向的控制要求比较简单。同时借助导轨的路线规划，机器人也可以实现简单的避障。机器人移动平台的运动通过一个直流伺服电机驱动，通过增量式编码器作为电机的主反馈信号，用于实现移动平台的速度控制和辅助定位。电机驱动模块选用ECMO公司的驱动器，该驱动器最大输出功率为720 W。主控系统通过CAN总线与驱动器连接，通过CANopen协议实现对电机的控制。

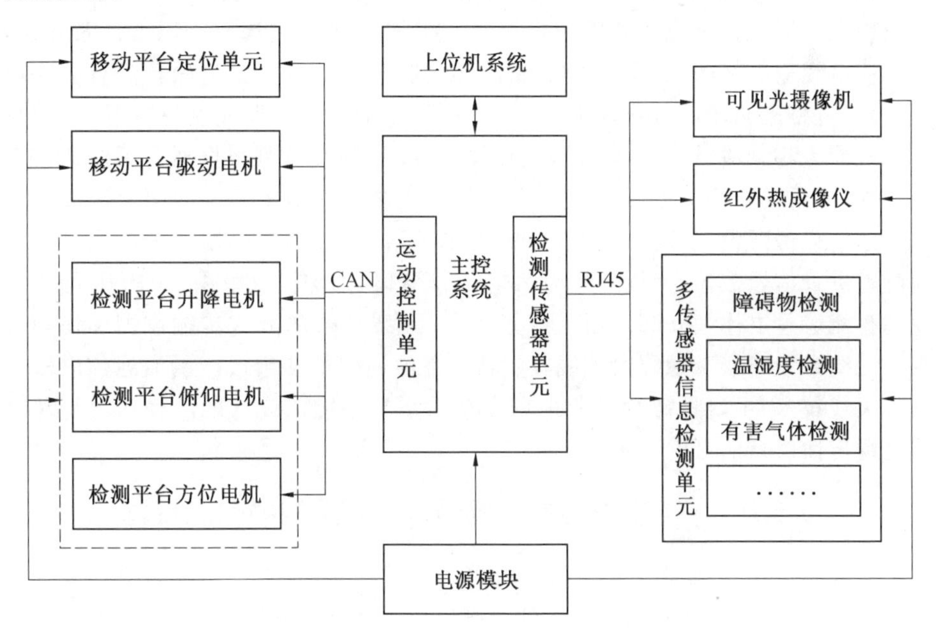

图3.52　控制系统结构图

多自由度的检测平台用于实现对不同高度电缆的全方位检测，该平台应当至少具有升降、俯仰、水平方位旋转3个自由度的功能。由于电缆隧道内空间狭小，为了机器人结构的紧凑，检测平台的升降通过剪叉式结构实现，水平和俯仰两个自由度通过轻型云台实现。检测平台各个自由度采用电机驱动，为了标准化系统接口，各个电机驱动系统采用CAN总线通信，通过CANopen协议实现对电机的控制。检测平台可以搭载可见光摄像机、红外热成像仪以及温湿度检测、有害气体检测、移动物体检测等多种传感器，主控系统通过网络接口与各个传感器通信，可以方便地实现不同传感器的组合配置和即插即用功能。考虑到温湿度检测、有害气体检测等传感器可能为其他协议的接口，因此设计多传感器信息检测单元，用于连接不同接口形式的传感器，并转换为网络协议与主控系统进行通信。

机器人采用轨道式结构，其供电与通信方法是必须研究的课题。由于电缆隧道内可能存在易燃气体，采用接触式取电或充电方法，在接触点接触或插拔过程中可能产生电弧从而造成危险，因而应当采用非接触取电或者充电方式。而如果采用非接触充电方式，机器人必须安装电池，造成机器人的体积和质量较大，因而优先选用非接触感应取电方式。

供电部分基于 CPS 非接触式电磁感应供电的动力驱动系统，主要由初级电控柜、感应电缆和感应取电单元组成。初级电控柜主要由输入滤波装置、整流装置、初级变频器、隔离变压器、电容补偿器等部分组成。电感能量的转移基于变压器原理。通过初级电控柜将主电源（AC380 V）进行过滤、变频、变压及补偿，由感应电缆输出 20 kHz 的高频电流。感应取电单元对高频电磁场进行感应取电，再经过整流调压后可获取 DC24 ～ 288 V 的直流电供监控设备使用。

机器人移动本体与上位机系统传输视频、控制及监测数据通过无线通信系统实现，该系统主要由光纤通信子系统与无线微波通信子系统两部分组成。首先由通信机房敷设光纤到中轴隧道的无线基站，通过漏波电缆作为天线沿巡检段隧道进行信号覆盖，无线信号为 2.4 GHz 频段，通信协议采用 TCP/IP 网络协议。智能巡检本体上安装无线接入设备，以无线信号的方式传输监测和视频数据。无线微波通信子系统由无线收发器与漏波通信电缆组成。漏波通信电缆是一种天线技术，主要是针对工业现场复杂的空间环境而设计的一种通过特殊馈线电缆传播射频信号的技术。

3.5.15 电缆隧道巡检机器人控制及视频信息传输

电缆隧道巡检机器人的检测模块遵从需求的原则，根据实际需要搭载各类检测工具。在初始条件下，机器人的检测模块由两部摄像机、一套六轴电子陀螺和一套温湿度传感器组成，能够完成机器人周围环境温度、机器人运行姿态及方向的检测，还能完成机器人前后左右 4 个方向的拍摄工作。其中左右摄像机可以完成仰角 ±60° 和水平 360° 内的拍摄工作，两部摄像机所拍摄的数据经过两画面分割器合并为一路数据流，通过通信模块中的视频信息发送系统上传至控制站。

机器人在巡检过程中的通信内容分为两部分，一部分是控制信息，机器人需要接收控制站的工作指令并给出相应的反馈信息；另一部分则是视频信息，机器人需要持续将通过摄像机拍摄到的隧道内实况传送回控制站。这两部分的最大区别在于，控制信息的发送、接收，只在有控制指令的时候才会发生，并且是双向通信;而视频信息则自机器人启动运行后就一直持续,且只有机器人上传至控制站一个方向,为单向通信。

基于以上原因,本设计中,机器人的通信系统使用两个频段、两套设备。其中一套用于收发机器人的控制信息,选取 415 MHz 作为其载波频段。另一套设备仅用于发送机器人的视频信息,其特点是随着机器人的启动而全程开启,并选取了 2.4 GHz 作为其载波频段。

在机器人的通信模块设计中,除了使用两套无线通信设备完成机器人与控制站间数据通信之外,还有一套系统用于和机器人的运行轨道进行“互动”。这就是机器人的射频识别定位模块。

对于在电缆隧道内执行巡检任务的机器人,要能够实现自主充电续航,除了需要具备充电模块外,还必须知道充电节点的具体位置,以及自己与充电节点的距离等信息。而射频识别定位模块便是设计用于提供轨道充电节点等信息。射频识别定位模块使用的是通用的无线射频识别(RFID) 技术。RFID 系统由阅读器、应答器以及天线组成。应答器又称电子标签,其本身没有电源。每当阅读器发出阅读信号时,应答器从接收到的感应电流中获得能量,然后将事先储存好的信息通过天线发送出去,被阅读器接收。由于电子标签的无源、结构简单等特点,我们可以将大量经过编号的电子标签布置在机器人运行轨道上,由机器人携带阅读器,将读到的标签编号发送至控制站。控制站则根据获得的标签编号,与轨道电子标签编号表比对,即可获得机器人的位置信息,并以此发送控制指令。

3.5.16　电缆隧道巡检机器人设计原则

电缆隧道巡检机器人的设计是和电缆隧道环境紧密相关的。与普通开放场所和普通交通隧道相比,电缆隧道具有以下特点。

(1) 电缆隧道内空间狭小。

普通交通隧道内空间通常和通行能力有关,根据国家建委(现住房和城乡建设部) 颁发的《城市规划定额指标暂行规定》,即使是最低级的公路,其道路总宽度也为 16 ～ 30 m,高度约为 4.8 m。而电缆隧道根据《输变电工程初步设计内容深度规定 第 3 部分:电力电缆线路》(Q/GDW 10166.3—2016) 标准,隧道宽度为两侧电缆支架宽度加上 1.5 m 的行走宽度,高度则不得低于 1.9 m。即隧道内可移动空间宽度约为 1.5 m,隧道直径通常在 3 m 左右。

(2) 电缆隧道内环境复杂。

区别于开放场所和交通隧道,电缆隧道内通常装设有大量的构造物。这些构造物除了进一步限制了机器人的运动空间之外,还给机器人的检测提出了更高的要求。

(3) 电缆隧道内通信环境恶劣。

隧道通常构建于地下，无法通过地面无线通信基站建立通信环境。因此必须为隧道引入专用的通信系统。此外，无线信号在隧道内衰减较开放场所更迅速，信号中继站也是通信环境建设的重点。

(4) 电缆隧道内定位困难。

机器人在隧道内执行自动巡检任务时，需要向控制站反馈当前位置信息。然而受限于通信环境，隧道内机器人无法通过传统的方式定位，必须为其设计特殊的定位系统。

(5) 电缆隧道有严格的安全要求。

由于隧道属于高度封闭的环境，尤其是电缆隧道，装设有大量构造物以及电缆等，因此对于隧道内环境参数如温度、湿度、有害气体等更为敏感。在引入机器人自动巡检系统时需注意尽可能减少额外的故障点。

电缆隧道是一种特殊环境，因此要实现机器人完全代替人类实现隧道巡检，必须解决一系列关键技术问题。从工作环境上，电缆隧道巡检机器人需要对各类电缆隧道具有通用性。同时要保证机器人的巡检工作不会对电缆隧道带来安全隐患。从功能上，机器人需要在自动状态下能够按照预先的设置完成巡检路段的巡检工作，并可以随时切换到遥控状态。机器人要与控制站随时保持联系，可以实时将隧道内的环境参数和视频数据上传至控制站。电缆隧道巡检机器人设计时，应遵循以下原则。

① 隧道巡检机器人及其附属设施应遵循电缆隧道内构造物安装与安全相关规定。

② 在不违反安全规定的前提下，隧道巡检机器人的工程施工应采用对现有隧道影响最小的方案进行设计。

③ 机器人应具备在电缆隧道内全自动运行的能力，并随时可以经过控制站命令切换至遥控模式。

④ 机器人应具备在隧道内完成能源补给能力。

⑤ 隧道巡检机器人运动系统应具备爬坡能力，以应对隧道内出现高低落差时所需进行的爬坡动作。

⑥ 机器人的检测能力应覆盖电缆隧道主要部分，并可根据需要进行扩展。

3.6 海底电缆智能巡检机器人

随着全球能源互联网概念的提出，大容量远距离电力输送的需求不断增长。海缆路由超百公里的远距离跨海直流海底电缆输电势必成为跨海区域电力能源互联的主要方式。同时直流电网是解决可再生能源接纳、远距离大范围电能输送和输电走廊紧缺等问题的有效技术手段，是未来电网的基本形态。随着国家电网公司提出全球能源互联网计划，发展 ±500 kV 乃至更高电压等级的直流海缆是实现跨海洲际互联的关键一环。相比于国内近海海底电缆输电系统及陆地电缆输电系统，跨海高压直流海底电缆输电系统具有更高的专业性和技术性。首先，跨海高压直流海底电缆输电系统具有故障成本高的特点，要求海底电缆系统在生产后及安装后均应具备良好性能。其次，跨海海底电缆输电系统将面临长路由、复杂海底地貌环境、复杂海底已有设施、复杂的渔业船运行为以及不同国家之间电力行为的差异等不利因素，导致目前国内现存的近海海缆输电系统运维体系不再适用；同时，跨海输电系统往往存在深海路段，海底电缆水下巡检技术亦成为亟待解决的技术问题。

海底电缆敷设是世界公认极具难度的大型工程，投资规模大、施工难度高、敷设距离长，因此需要在施工前进行细致的海底勘察，以便为海缆敷设提供施工依据和技术支持。其中包括对敷设路线路由的地形地貌、海底面状况（海底障碍物及已建其他管线）以及潜在的灾害性地质现象（滑坡、冲刷等）等情况进行勘察。传统的海底电缆施工勘察通常通过海面作业船只携带声呐等探测设备对海底区域进行勘测，这种勘察方式费用高、效率低，且受航道管制、海域气候、海洋水文等客观因素影响。另外，如遇到作业船只锚体拉拽导致海底电缆断裂等类似事故，虽然海缆远距离监测系统可能检测出海缆故障原因且能提供大致故障位置，但不能对电缆故障位置（断裂处可能发生移位）进行精确定位，更无法对故障现场进行细致探测，这会严重影响故障电缆的维修作业。目前，海底电缆故障探测以人工潜水目视观察为主，这种方式不但作业可靠性差，而且危险性高且不适用于深海作业。近年来，随着水下机器人的可靠性、稳定性和安全性不断提高，使用无人水下机器人进行海底电缆敷设施工地貌勘察及运行故障探测成为国内外学者的研究热点。海底电缆巡检机器人也被称作无人水下航行器，是一种工作于水下进行极限作业的无人机器人系统，可在高度危险环境、被污染环境以及零可见度的水域代替人工在水下长时间作业。无人水下机器人通常分为有缆遥控水下机器人（remote operated vehicle，ROV）和自主式水下机器人（autonomous underwater vehicle，AUV）两大类。它们最大的区别是 ROV 通过脐带电缆与辅助母船连接，操作者通过监视器可以看到水下情况并实时操纵机器人的水中运动和机载设备的数据采集，但其受到脐带电缆限制，通常作业范围有限且运动灵活度差。而 AUV 则完全脱离母船支持，具有能源独立、机动灵活等优点，能够实现自主能源供给、自主决策导航、自主信息感知、作业规划等特殊功能。其作业范围和领域比 ROV 更远、更广，智能化水平也更高，可在远海大水深区域持续作业，自主地执行预定任务。自主式水下机器人（AUV）的上述特点正好符合海底电缆施工勘察和故障探测的严格要求，因此，无人水下机器人可为海底电缆的高效运行提供强有力的技术支持，提高海底电缆输电的安全性。

3.6.1 海底电缆巡检机器人分类

海底电缆巡检机器人按排水量分类可分为微小型、小型、中型和大型。

① 微小型排水量 300 kg 以下。

② 小型排水量 300 kg ～ 3 t。

③ 中型排水量 3 ～ 8 t。

④ 大型排水量 8 ～ 15 t。

海底电缆巡检机器人按外形分类主要分为圆柱构型和扁平构型，如图 3.53 所示。

(a) 圆柱构型

(b) 扁平构型

图 3.53　海底电缆巡检机器人外形

3.6.2 海底电缆巡检机器人组成

海底电缆巡检机器人一般由机器人和水面辅助设施构成，机器人又包含机器人平台和任务载荷，海底电缆巡检机器人的组成架构如图 3.54 所示。

机器人平台包括载体构型与结构、能供与电气系统、推进和操纵系统、控制系统、导航与通信设备和应急安全系统。

任务载荷包括声学载荷、光学载荷和磁学载荷。

水面辅助设施包括水面监控系统、吊放吊具、拖绞式收放装置、能源补给维护装置和信息处理系统。

1. 机器人平台总体组成

(1) 载体结构。

对于扁平构型机器人，其载体结构主要由艇体主结构和耐压舱等构成，构成艇体主结构的材料一般为高强度复合材料和浮力材料，耐压舱采用锻铝或钛合金的成熟制作工艺，锻铝合金材料制作的耐压舱先做表面阳极化处理，再在外表

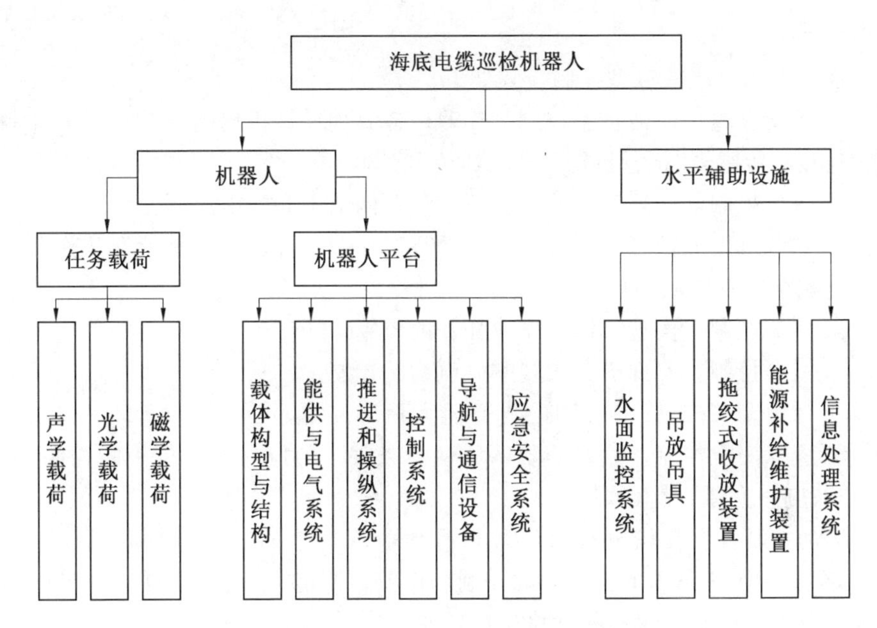

图 3.54　海底电缆巡检机器人的组成架构

面喷涂底漆和面漆进行防护；对于圆柱构型机器人，其载体结构主要为锻铝或钛合金材料。

（2）能供与电气系统。

机器人能供与电气系统主要满足机器人航行动力和仪表供电、通信的要求；机器人能供系统通常选用可充电锂电池，根据机器人设备 / 传感器分布和不同的电制要求设计能供供电电路、配套电缆及水密穿舱件，机器人电气系统满足不同任务需求下对不同设备组合进行通电或断电，控制不同设备之间的通信。

（3）推进和操纵系统。

推进与操纵系统能够满足海底电缆巡检机器人的航行和作业时空间机动操控的要求，主要用于保持或变更机器人的纵移、横移、升沉、艏向、纵倾等自由度运动状态，实现机器人前进后退、左移右移、上浮下潜、航向保持、航向变更、潜浮攻角改变以及悬停定位等空间机动功能。一般包含主推进器、槽道推进器、升降舵和方向舵[20]。

（4）控制系统。

控制系统分为任务控制和运动控制，任务控制具有使命任务规划和重规划能力、路径规划能力、行为仲裁能力、自主避障能力和自主故障检测、诊断及失效处理能力；具有工作海域内作业规划的能力；具有对任务载荷中各种功能所对应设备或传感器进行有效操作和控制的能力；具有按照约定和临机处置条件控制通信设备使用的能力；具有对能供与电气系统、导航与通信设备等系统的供电控制能力。

任务控制系统的典型控制模式如下。

① 系统自检。使命自主控制与作业任务管理计算机启动后对与任务控制系统相连接的传感器、执行机构等进行检查和诊断。

② 供电控制。实现对机器人上所有设备的上电和断电控制。

③ 航渡及返航控制。实现机器人航行至作业任务区域或航行器从作业任务区域返航至回收区域的控制。

④ 作业控制。实现机器人作业任务的控制。

⑤ 避碰控制。实现机器人规避碍航物的控制。

⑥ 浮力调节控制。实现机器人的浮力调节控制。

⑦ 应急安全控制。实现机器人在应急条件下的应急安全行为的控制，如紧急停车、应急上浮、应急抛载等。

运动控制具有在较复杂海洋环境和作业环境下的安全航行和机动控制能力；具有复杂作业条件下特殊机动控制和作业控制能力；具有惯性组合导航和航位推算能力。机器人运动控制典型模式如下。

① 系统自检。制导与控制计算机启动后对与平台控制系统相连的导航和运动传感器、推进与操纵系统进行检查和诊断。

② 定速控制。保持机器人的前向速度为一个设定值。

③ 变速控制。机器人的航行速度由一个设定值改变到另一个设定值。

④ 定向控制。维持机器人的艏向角稳定在一个设定值上。

⑤ 变向控制。机器人的艏向角由一个设定点改变到另一个设定点的过程。

⑥ 定深控制。机器人的航行在距海面给定的深度上。

⑦ 变深控制。机器人距海面的深度由一个值改变到另一个值。

⑧ 定高控制。机器人航行在距海底给定的高度上。

⑨ 变高控制。机器人距海底的高度由一个值改变到另一个值。

⑩ 纵倾控制。通过升降舵、垂直推进器来控制机器人的纵倾角。

■ 避碰响应。机器人航行时遇到障碍物时对任务控制系统的避碰指令的动作响应。

■ 横移控制。机器人在横向按给定的位置运动。

■ 应急行为。根据系统故障或控制指令做出应急响应。

(5) 导航与通信设备。

导航设备一般由捷联惯性导航仪、多普勒计程仪、测高声呐、深度计、卫星定位接收机(GPS/北斗)、温盐深测量仪等传感器构成，实现对机器人的安全导航和高精度定位，为机器人提供位置、速度、姿态和时间信息。当航行器在水面航行时，可利用GPS/北斗进行位置校正。

通信设备一般由数传电台、无线AP、卫星通信模块和水声MODEM组成，其功能是机器人处于水面状态进行任务接收、布放回收时，采用近距无线电、无线网络或远距卫星通信，实现机器人与岸基或工作母船信息交互，如任务计划制订、航行器位姿健康状态上报、布放协助、回收操作等；机器人处于水下时，利用水声MODEM实现机器人和工作母船之间的基本信息交互，如机器人位姿健康状态上报、应急指令下达等。

(6) 应急安全装置。

应急安全装置主要包括应急抛载设备与应急保护设备，在机器人布放回收和任务实施过程中，当机器人遭遇不可预测的部分结构或设备的破坏或故障，出现机器人漏水、破损、设备异常、瞬间快速下沉等涉及航行器安全的情况，保证机器人能够尽快上浮出水面，实施自救或等待援救，应急安全系统是机器人航行、作业安全的保证。

应急安全系统主要由抛载装置和超深保护设备等部分组成，全部安装在机器人的湿端，要求承受海水压力并耐腐蚀。

抛载装置作为实现机器人一定的自救和自保能力手段之一，由抛载电磁铁机构和抛载重块组成。

超深保护设备由电子式压力开关和应急电池等组成，为独立模块，在机器人故障下沉到设定的水深阈值时自动触发该设备实现抛载，保证机器人安全上浮至水面等待救援。

2. 探测任务载荷

海底电缆巡检机器人一般搭载声光磁探测任务载荷，声学载荷主要包括侧扫声呐或合成孔径声呐、多波束测深仪，光学载荷主要为光学摄像机，磁学载荷为探测仪。

(1) 声学任务载荷。

① 侧扫声呐。侧扫声呐由Side-Scan Sonar一词意译而来，国内也称为旁扫声呐、旁视声呐。国外从20世纪50年代起开始应用，到20世纪70年代已在海洋开发等方面得到了广泛的使用，我国从20世纪70年代开始组织研制侧扫声呐，经历了单侧悬挂式、双侧单频拖曳式、双侧双频拖曳式等发展过程。

侧扫声呐有许多种类型，根据发射频率的不同，可以分为高频、中频和低频侧扫声呐；根据发射信号形式的不同，可以分为CW脉冲和调频脉冲侧扫声呐；另外，还可以划分为舷挂式和拖曳式侧扫声呐(海底电缆巡检机器人搭载的为舷挂式)，单频和双频侧扫声呐，单波束和多波束等。

侧扫声呐的工作频率通常为几十千赫到几百千赫，声脉冲持续时间小于1 ms，声呐的作用斜距单侧一般为300～600 m。侧扫声呐近程探测时仪器的分辨率很高,能发现机器人两侧 150 m 远处直径 5 cm 的电缆。

侧扫声呐的主要性能指标包括工作频率、最大作用距离、波束开角、脉冲宽度及分辨率等,这些指标都不是独立的,它们之间相互都有联系。侧扫声呐的工作频率基本上决定了最大作用距离,在相同的工作频率情况下,最大作用距离越远,其一次扫测覆盖的范围就越大,扫测的效率就越高。脉冲宽度直接影响了分辨率,一般来说,宽度越小,其距离分辨率就越高。水平波束开角直接影响水平分辨率,垂直波束开角影响侧扫声呐的覆盖宽度,开角越大,覆盖范围就越大,在声呐正下方的盲区就越小。

② 合成孔径声呐。合成孔径声呐(SAS)具有分辨率高、作用距离远的特点,能够同时采用不同频段对沉底和掩埋目标同时进行探测。合成孔径声呐是一种新型水下成像声呐。其原理是利用运动的基阵构成大的合成孔径,从而得到较高的方位分辨率。合成孔径声呐可以采用较小的基阵获得很高的空间分辨力,而且从理论上来说,这种高分辨力与探测距离无关,因而可以得到空间分辨力均匀的声成像结果,这与侧扫成像声呐是完全不同的。更为重要的是,在一定条件下,合成孔径声呐的空间分辨力与工作频率无关,从而能够根据探测目的选择适当的工作频率。因此,采用合成孔径成像方式,不仅可以在较远的距离上得到高分辨率图像,而且可以采用较低的工作频率,以较高的空间分辨力和有效穿透性实现对掩埋/非掩埋目标的探测。

(2) 光学任务载荷。

海底电缆巡检机器人搭载的光学任务载荷主要为水下微光摄像机,还包括水下照明灯等辅助设备,其作用是对水下目标进行照明,满足水下摄像对光能量的需要。

(3) 磁学任务载荷。

磁学任务载荷一般为磁探仪,磁探的优势在于,它的反应只和被测物体的磁性及其周围介质的磁性差异有关,而与其周围介质的其他物理性质,如电性、密度等无关,在被测物周围是海水等介质时特别重要。目前常用的磁力仪有传统的光学机械式的磁秤、磁通门、质子旋进、光泵、超导等电子式磁力仪及梯度仪。其中磁秤的精度低,操作要一个点一个点地调平、读数工作效率低。质子磁力仪/梯度仪灵敏度可达 0.1 nT。但电路很复杂、耗电较大、维修不便,成本也高。光泵和超导磁力仪灵敏度更高,但相应的维护费用、操作水平要求更高,大面积推广使用目前尚有困难,唯有磁通门磁力梯度仪具有传感器(探头)体积小巧、轻便、电路简单、省电、价格低廉等优点,国内外都很注意发展这项技术。

3.6.3　海底电缆巡检机器人运动控制

1.机器人水平面运动控制

机器人进行海底电缆巡检作业过程中，需要按照电缆路由循迹航行，其艏向不能偏离海底电缆路由太远。当机器人安装的前视声呐探测到未知障碍物时，需要及时、有效地绕开障碍物。因此机器人水平面运动控制可以分解成两个独立的基本行为：趋向目标行为和避障行为。

趋向目标行为如图 3.55 所示，行为的输入量有两个，分别是航行器当前位置，可以通过机器人导航系统提供；目标点位置，由规划出的航渡或地形勘察任务所指定。行为的输出量是目标艏向。

图 3.55　趋向目标行为

避障行为如图 3.56 所示，行为的输入量分别是航行器当前艏向、当前速度，可通过机器人姿态传感器提供；声呐视域信息可通过前视声呐探测后处理结果提供。行为的输出量是避障艏向 ψ_{obs}。

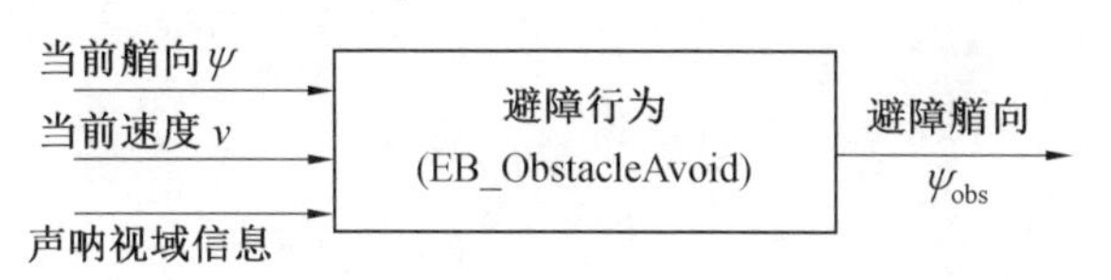

图 3.56　避障行为

2.垂直面基本行为

任务操作模式对机器人的运动有特殊要求，比如多普勒测速仪等对机器人距海底高度的要求，以便于对海底地形进行最佳扫描。惯导及姿态传感器对航行过程中的深度抖动比较敏感，容易产生偏移。而从机器人的自身安全考虑也需要机器人与海底保持一定的高度。因此机器人主要有两个垂直面行为模块：定高航行行为和定深航行行为。

定高航行行为如图 3.57 所示，行为的输入量是机器人当前距离海底高度 h，可通过测高声呐得到。航行时应当保证距离海底的高度，否则有触底危险。另外，如果航行时距离海底太远，声学仪器如 DVL 测速仪就没有足够的能量接收到从海底返回的声波，无法解算出机器人航行速度，甚至不能测量到高度数据。因此定高航行行为的输出值是距底高度的参考值 h_{ref}。

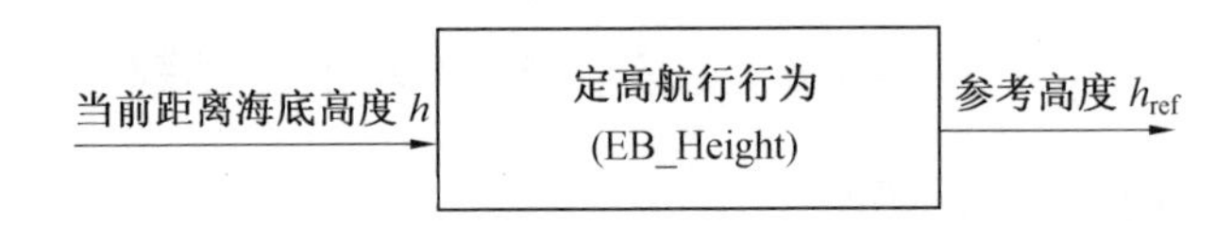

图 3.57　定高航行行为

定深航行行为如图 3.58 所示,行为的输入量是机器人当前航行深度 d,可通过深度计(压力传感器)获得此值。机器人壳体耐压性决定了航行深度不能超过一定的范围;同时如果航行深度过小,则会危害航行的稳定性,增加了机器人出水的可能性,尤其在海面风浪较大的情况下。因此行为的输出是参考深度 d_{ref}。

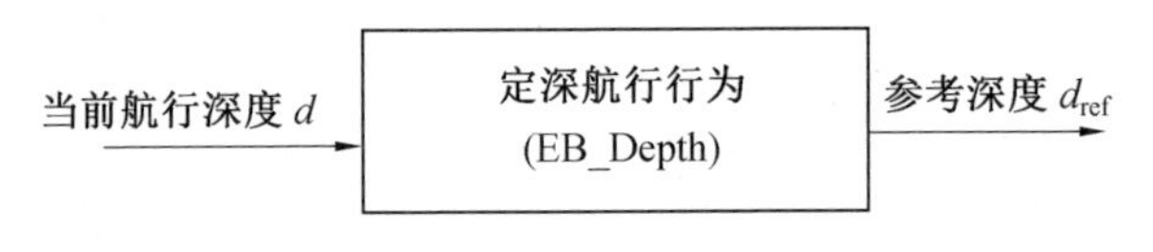

图 3.58　定深航行行为

第4章　电力机器人使用培训

4.1　机器人勘察巡检原理

变电站巡检机器人以移动平台为基础，以集中控制系统为中心，集成运动控制系统、导航定位系统、检测系统、通信系统、电源及其管理系统和安全防护系统等，通过各个系统及模块的相互衔接及配合，最终在变电站内完成巡检任务。

4.1.1　移动平台运动原理

目前在变电站内进行巡检的移动机器人平台主要采用“轮式＋万向轮”的方式，轮式机器人移动平台主要由底盘、驱动轮、万向轮、云台底座支架、云台底座及云台支柱等部分组成。云台底座支架上可以安置工控机等设备，云台支柱用来放置各种云台，云台中配备有摄像机及红外检测等设备[21]。轮式移动机器人底盘上固定有两个独立的直流电机，分别驱动左右两个驱动轮，并通过调整左右两组驱动轮的差速的方式来进行转向。

机器人通过调整左右两轮差速使其沿预定路线运行，两轮的差速控制量由机器人运动控制器生成。机器人运动控制器通过接收左右轮电机编码器反馈，再对反馈脉冲进行计数计算后得到机器人当前运行速度[22]。

4.1.2　变电站巡检机器人定位导航系统控制原理

1. 基于磁轨迹引导机 RFID 定位(图 4.1)

RFID 定位系统的工作原理如下。

① 通过磁传感器采集机器人相对于磁轨迹的偏离信号，为机器人提供引导信息。

② 通过 RFID 读卡器采集 RFID 标签信息，通过通信端口上传至控制系统，控制系统实现机器人在正确的监测点停车进行设备检测或者进行转弯指令等操作。

2. GPS 定位导航(图 4.2)

GPS 定位导航控制原理为：机器人导航控制就可归结为对机器人相对于当

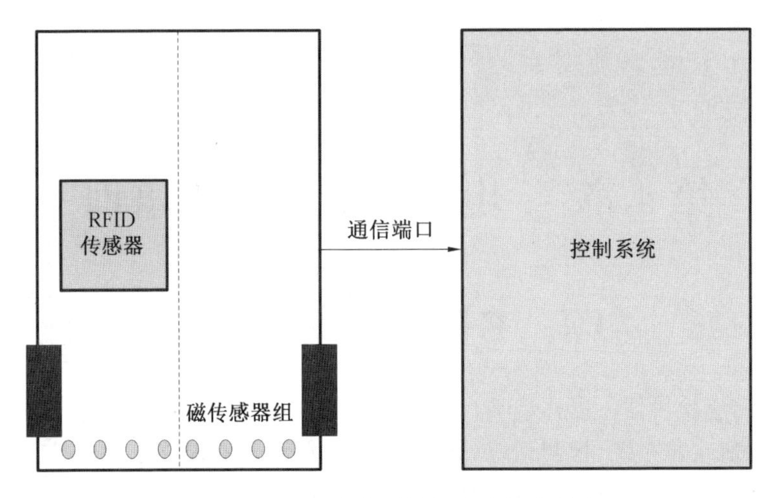

图 4.1 RFID 定位系统组成结构示意图

前运行路径的位置偏差和航向偏差的控制。路径的起点和终点可利用 GPS 移动站的静态测量功能得到，各条路径相互连接就可以确定机器人的运行路线，路径点的顺序不同所定义的机器人的运行路线也就不同，这样机器人的运行路线就可以灵活确定[22-23]。实际导航时，利用 GPS 移动站实时输出的高精度定位数据，由导航控制系统处理闭环控制机器人左右两轮速度，使其始终沿着预先设定的巡检路线运行。

3. **GPS/DR 组合导航定位**

航迹推算(DR-dead reckoning，GPS/DR) 组合导航系统由里程计、陀螺仪和高精度差分 GPS 定位传感器组成，利用联邦卡尔曼滤波器对 GPS 和 DR 数据进行数据融合处理，保证机器人在变电站内实现导航定位的可靠性。

卡尔曼滤波采用了较灵活及适应性较广的状态空间模型的系统分析法，以及递推算法，可适用于时变系统分析，即二阶非平稳的时变数据处理；同时其存储量和计算量均较小，适于实时处理等，在导航定位领域中具有成效颇丰的应用。

4. **激光定位导航**

与其他巡检机器人定位导航方法相比，激光定位导航具有不受外界电磁干扰、可实现精确位置解算、无须预先在地面铺设运行轨迹、路径规划方便等优点。目前，已有两种类型的激光系统在变电站巡检机器人系统中进行了测试和应用。

(1) 基于人工路标的激光定位导航。

激光导航系统由激光扫描器(激光器、扫描旋转装置)、光电信号采集仪器、导航控制计算机和已知位置的反光标志组成。激光扫描器安装在巡检机器人

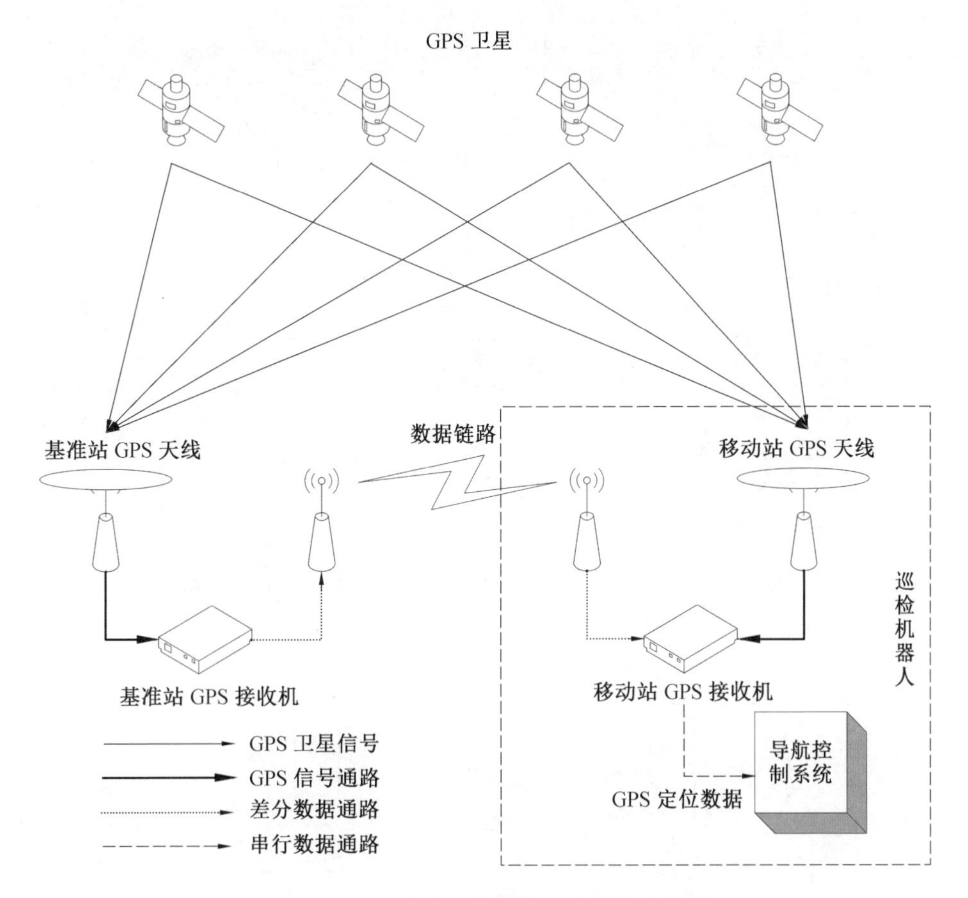

图 4.2　GPS 定位导航系统组成结构示意图

上，反光标志固定在巡检机器人行驶路径的周围。激光导航系统的激光扫描器发射激光束，同时采集由固定反光标志反射回的光束信号，并通过连续的三角几何运算得到机器人的坐标位置。

激光导航的关键是通过激光传感器确定机器人在全局坐标系下的位置。该激光定位是一种基于人工路标（简称路标）的定位方式，一般利用旋转激光传感器检测环境中的路标，检测到至少 3 个路标后，经三角几何计算就可得到传感器在全局坐标系下的位置和方向。激光定位系统通过旋转激光传感器检测周边 360°二维平面内预先设置的路标来计算其在全局坐标系下的位置和方向。如图 4.3 所示。

图 4.4 中巡检机器人驱动方式为差速驱动，机器人通过调整左右两轮差速使其沿预定路线运行，两轮的差速控制量由机器人运动控制器生成。机器人运动控制器首先通过接收左右轮电机驱动器的编码器反馈，对反馈脉冲进行计数后

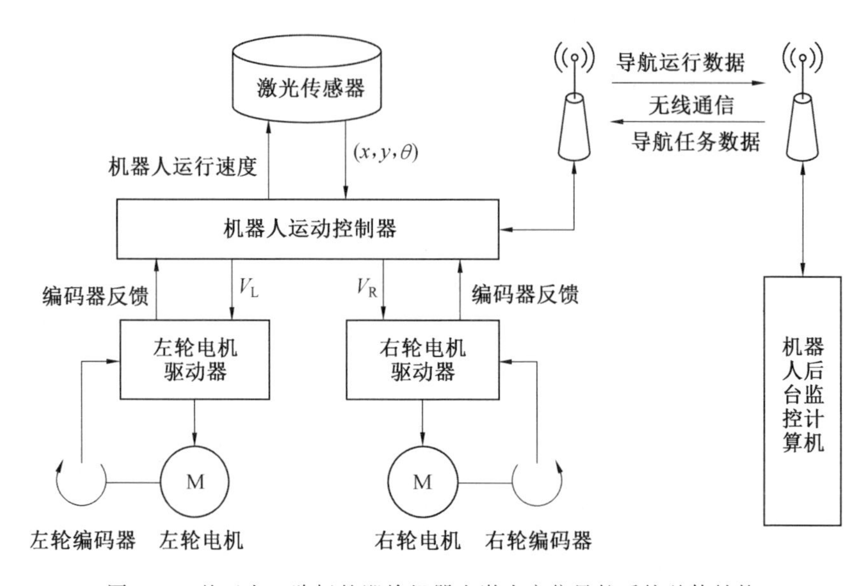

图 4.3　基于人工路标的巡检机器人激光定位导航系统总体结构

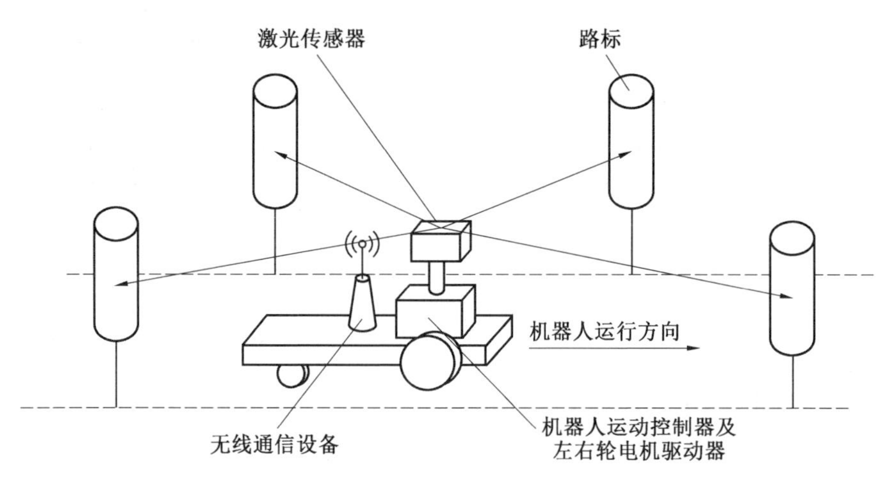

图 4.4　导航运行示意图

计算得到机器人当前运行速度，将机器人当前运行速度数据发送至激光传感器，以供其定位计算使用；之后激光传感器将计算得到的位置方向信息回传至运动控制器，与导航任务中路径数据进行比较，计算得到机器人与路径的偏差并生成差速控制量，最后通过调整左右两轮差速，使机器人沿导航任务设定路线运行。激光导航时机器人定位精度可达 1 cm。

（2）基于环境地图的激光定位导航。

该激光导航系统利用巡检机器人自身携带的激光传感器和里程计建立变电站大范围、特征稀疏环境的二维地图，再利用激光传感器的观测信息与所创建的地图进行匹配并得到机器人的定位信息(定位信息包含位置和航向),最后机器人导航控制系统利用以上定位信息导航机器人到达变电站内的指定位置。巡检机器人激光导航系统的总体结构如图 4.5 所示。

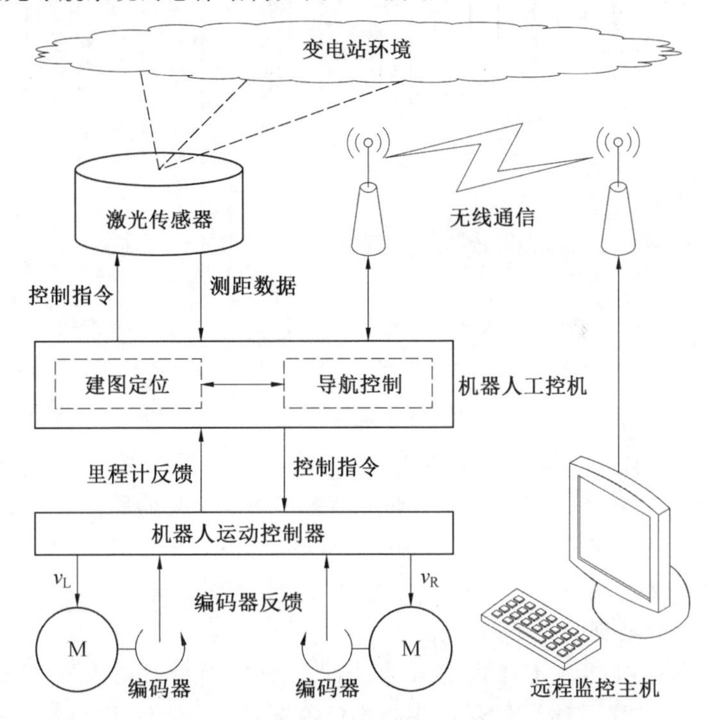

图 4.5　基于环境地图的巡检机器人激光定位导航系统结构

图 4.5 中,激光传感器通过设定后可周期性地将扫描测量到的周边环境测距信息发送至机器人工控机。机器人工控机上安装的建筑物图像定位软件负责将激光测距数据与两轮驱动器反馈的里程计信息进行融合处理从而生成机器人运行环境地图,之后可利用该地图进行机器人的定位解算,解算得到的定位结果被发送至导航控制软件,该软件负责生成机器人运行路径并控制机器人沿路径行走和停靠功能[24]。

4.1.3　变电站巡检机器人检测与通信系统

变电站巡检机器人检测系统是巡检机器人的重要组成部分,通过可见光、红外和声音等传感器采集数据,由机器人智能分析系统对采集到的数据进行自动分析,实现机器人对变电站设备热缺陷及外观异常的检测,如图 4.6 所示。

由于现有的无线通信方式日趋增多,各种各样的背景噪声与同频干扰都会对机器人的控制指令与数据传输造成不利影响,导致信噪比下降,误码率增高,通信可靠性降低,以致通信链路中断,因而对变电站巡检机器人的通信方式与性

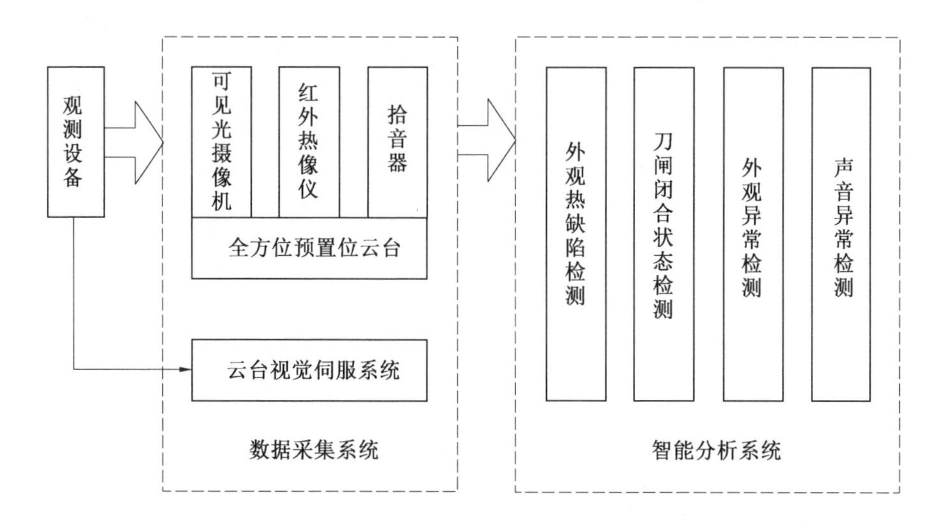

图 4.6　变电站巡检机器人检测系统示意图

能提出了更高的要求。变电站巡检机器人本体是包含嵌入式工控机、电源管理系统、运动控制系统、无线网桥、检测系统等多个功能单元的集合体，其各个模块之间的信息流动构成了一个复杂的通信网络[25]。同时变电站巡检机器人本体与监控后台之间又存在控制信息和机器人的采集信息的传输，需要考虑控制指令的准确性和信号处理的完备性。

变电站巡检机器人本体内部各模块间一般采用工业以太网、CAN 总线、RS485 总线、RS422 总线和 RS232 串行通信等方式进行通信，变电站巡检机器人与监控后台间采用无线通信方式。变电站巡检机器人通信系统示意图如图 4.7 所示。

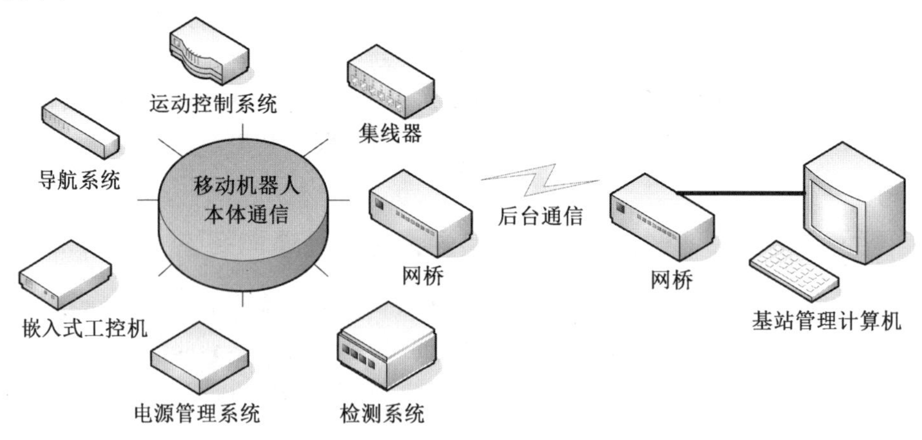

图 4.7　变电站巡检机器人通信系统示意图

4.1.4　巡检机器人监控后台

1. 本地监控后台

本地机器人监控后台实现变电站设备远程视频监控功能；通过任务管理和遥控等手段对机器人实施实时控制和任务管理，巡检任务可分为远程巡视、例行巡视、特殊巡视等；基于巡检数据的智能分析诊断功能包括设备红外普测和精确测温、自动读取表计读数、自动识别开关刀闸分合状态等。

（1）实时监视系统。

对变电站巡检机器人实时采集的可见光视频、红外视频进行了实时显示，工作人员可以通过该视频监控功能，实现远程观测设备状态，代替人工现场观测；右侧较大区域展示了变电站的三维虚拟模型，并实现了对机器人在站内位置、姿态的实时展示，以及实现机器人运行状态的实时反馈。

（2）机器人控制系统。

工作人员可通过监控后台实现对机器人的实时控制和巡检任务设置。其中，机器人实时控制内容包括打开或关闭搭载的照明灯、开启或关闭超声停障功能、开启或关闭自动门等机器人本体相关的基本功能；巡检任务设置则针对机器人巡检任务进行控制，如巡检路径优化、巡检任务下发与查询、巡检内容设置等功能。工作人员通过该系统实现对机器人巡检内容、运行模式、巡检周期的设置，目前巡检内容主要为基于红外的设备热缺陷诊断、设备外观及状态检测、设备运行异常声音检测等，运行模式包括自主模式和遥控模式，自主模式是当前机器人运行的主要模式，可实现全程自主巡检，无须人工参与[26]。该模块是机器人系统控制的基本单元，各种类型的巡检机器人都应具备该功能模块。

（3）分析预警系统。

巡检机器人监控后台除了上述监视模块、机器人控制模块以外，还具备相应的设备状态分析预警系统，该系统可基于上文中给出的基于红外图像、可见光图像的设备状态检测得到的设备图像信息和设备状态结果，实现巡检数据存储、设备状态分析预警等功能。其中，通过数据库开发，实现图像数据的存储、查询、导出等功能；设备状态分析预警，则根据设备状态检测系统得到的设备当前状态信息，如结合历史数据、同类设备状态信息进行分析预警，可代替人工实现如三相对比、设备历史曲线、趋势分析等智能分析功能，自动给出预警信号。设备状态分析预警系统还具备包含巡检数据、检测结果、缺陷报警信息等在内的巡检报表，可实现基于设备类型、巡检数据、缺陷类型的故障原因分析及处理方案，协助运行人员积累经验，提高设备缺陷识别和处理能力。

国内的变电站巡检机器人后台监控系统良莠不齐，部分存在功能相对简单、数据的分析功能不强、检测数据无法有效利用、与运维人员习惯不符、无法实现数据接口兼容等问题，目前只有少数具备与站内生产信息管理系统、辅助监控系统联动的功能，影响了变电站智能巡检机器人的实用化推广应用。随着工程实践检验的不断积累，具有人机交互良好、简单直观的操作界面、具备高级智能分析能力的监控后台是未来智能机器人发展的重要方向。

2. **远程集控后台**

集中控制技术又称中央控制技术，是指通过一定的专用设备，接驳各类终端、系统设备，并根据需要任意定制控制流程和人机交互界面，从而达到控制和操作简单化的目的。

机器人在变电站内的稳定运行，是实现远程集中控制的基础。通过远程集中控制系统，可以实现变电站巡检机器人的远程巡视、远程管理和远程控制，在变电运维工作站远程集控多台机器人，实现机器人集中存储、集中调配、集中使用，为变电站无人值守模式的推广提供充分的技术支撑。变电站巡检机器人集中控制系统结构如图 4.8 所示。目前，变电站巡检机器人集中控制模式处于研究过程，在变电站巡检机器人大范围应用的推动下，其将成为未来智能电网建设不可或缺的组成部分。

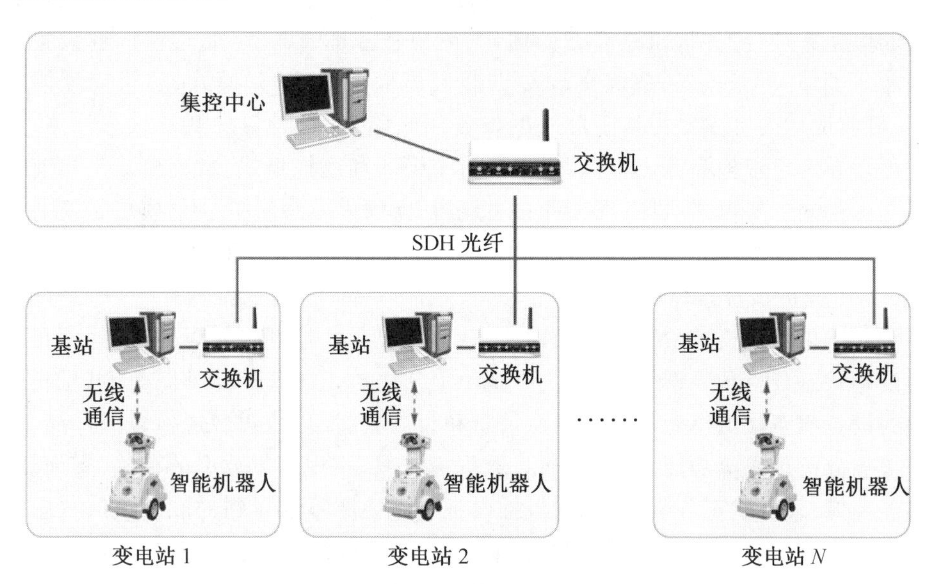

图 4.8　远程集控后台

4.1.5　变电站巡检机器人电源及管理系统

变电站巡检机器人作为移动机器人的一种，其驱动系统、控制系统、检测系统等各类装置，均需要电源提供电能，受巡检机器人机动性、尺寸和重量的限制，通常选择蓄电池作为移动机器人的动力源。

变电站巡检机器人，从电源角度看，可以分为蓄电池充电状态、蓄电池放电状态、蓄电池与设备断开状态，充电状态又可分为手动充电状态和自动充电状态，蓄电池与设备断开状态可分为蓄电池欠电保护状态和机器人关机状态。蓄电池在有些状态下控制系统处于关机状态，使得电源管理模块必须从控制系统中独立出来，从而实现对蓄电池的全天候控制管理。

1. **电源系统组成**

变电站巡检机器人电源系统包括电源管理系统、蓄电池、外置充电装置及充电机构等部分，其结构关系如图 4.9 所示，其中，实线为能量流，虚线为信息流。蓄电池为机器人提供电源，外置充电装置及充电机构实现机器人自主充电，手动充电插头提供人工充电方式，电源管理系统实现电源的监测与管理并在控制系统开机情况下接受命令和反馈状态。

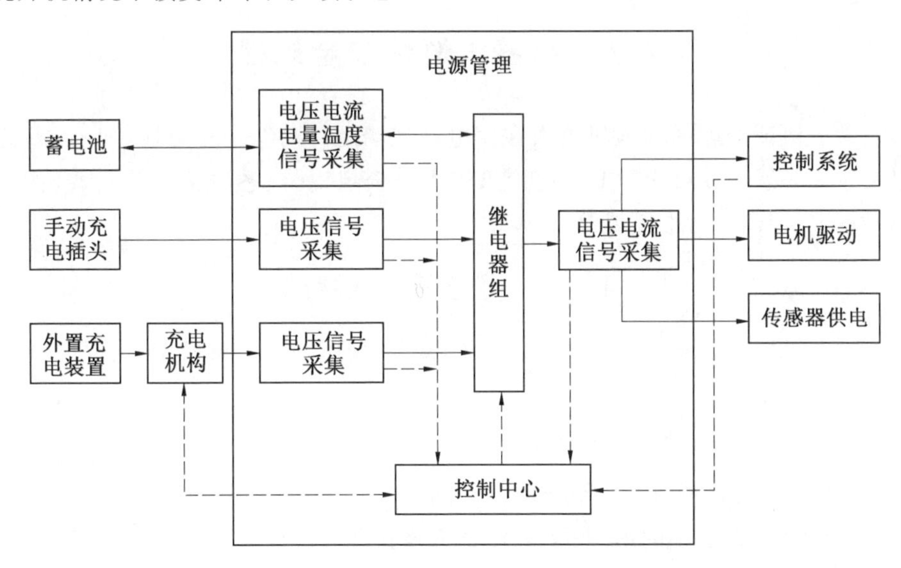

图 4.9　电源管理系统组成

2. **电源管理**

电源管理硬件电路主要由单片机控制中心、继电器组、监测单元、通信单元组成，控制中心是整个电源管理的核心，其职能为控制整个电源管理系统实现电源管理功能。监测单元实时地监测能量流上的电压电流信号以及电源温度和电量,为控制中心提供判断依据。继电器组是系统对电能流向控制的执行者,受控于控制中心。通信模块建立起控制中心与上层的通信联系,接指令并反馈状态。电源管理模块通常需要具有的功能如图4.10所示,包括电源保护模块、电源控制模块、电源监测模块、显示报警模块、电压转换模块。

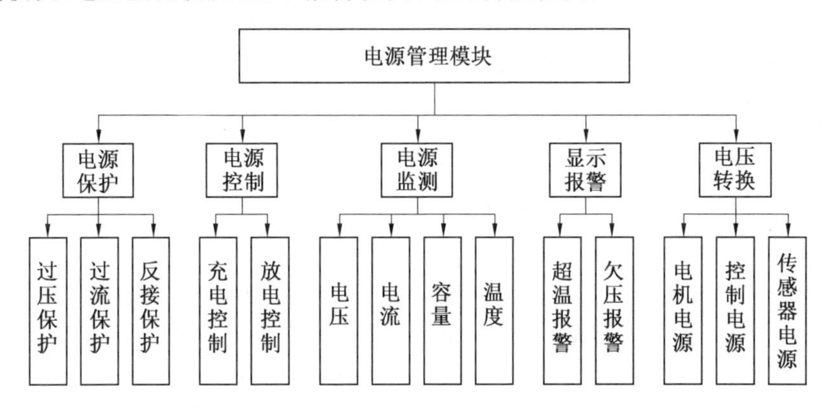

图4.10　电源管理模块功能

4.2　机器人巡检安全规程

为了保证变电站巡检机器人在变电站现场运行的安全稳定性,变电站现场运维人员必须认真阅读变电站巡检机器人安全规程,熟悉巡检机器人系统中各符号标志及其意义,主要规程如下。

4.2.1　检查机器人状态

检查机器人状态是进行其他大部分操作的前置要求,请操作人员掌握后再进行其他操作。

1. 查看机器人的连接状态

本体工作站主界面中的状态栏第一列展示机器人连接状态。

(1) 机器人I 移动站通讯:中断:机器人连接断开。

(2) 机器人I 移动站通讯:正常:机器人连接正常。

2. 查看红外热像仪连接状态

本体工作站主界面中的状态栏第二列展示机器人红外热像仪连接状态。

(1) 机器人I 红外热像仪通讯:中断:红外热像仪连接断开。

(2) 机器人I 红外热像仪通讯:正常:红外热像仪连接正常。

3. **查看数据库连接状态**

本体工作站主界面中的状态栏第六列展示机器人数据库连接状态。

(1) 数据库：192.168.8.62：数据库连接正常。

(2) 数据库：192.168.8.63：数据库连接断开。

4. **查看机器人电量**

本体工作站主界面中的状态栏第五列展示机器人电量状态。

(1) ：未连接机器人或者没有电量。

(2) ：可根据进度条的多少判断机器人剩余电量。也可通过查看本体工作站主界面中公共信息栏中的机器人 I 信息标签页查看，如图 4.11 所示。

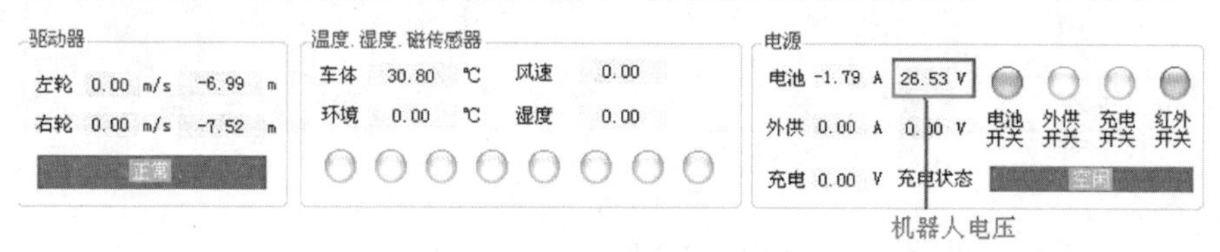

图 4.11　机器人信息界面

可通过电压大小来判断电量剩余情况，机器人电压正常值为 26 ～ 29 V，低于 26 V 时，须及时给机器人充电。

4.2.2　自主巡检

机器人完全自主进行巡检，不需要人为干预。只需要运行前做好任务配置即可，如有遇到特殊情况需要让机器人立即执行巡检任务或停止时，才继续以前启动巡检任务和停止巡检任务的操作。

单击工具栏中的[巡检任务]按钮，弹出巡检任务的界面，如图 4.12 所示。

1. **启动巡检任务**

(1) 执行该操作前先确认：

① 机器人连接状态是否正常？

② 数据库连接状态是否正常？

③ 机器人电量是否充足？

(2) 操作。

① 方式一。选中要执行的巡检任务，点击巡检任务图中的“立即执行”按钮即可。

② 方式二。在图本体工作站主界面的工具栏的下拉列表中选中要执行的任

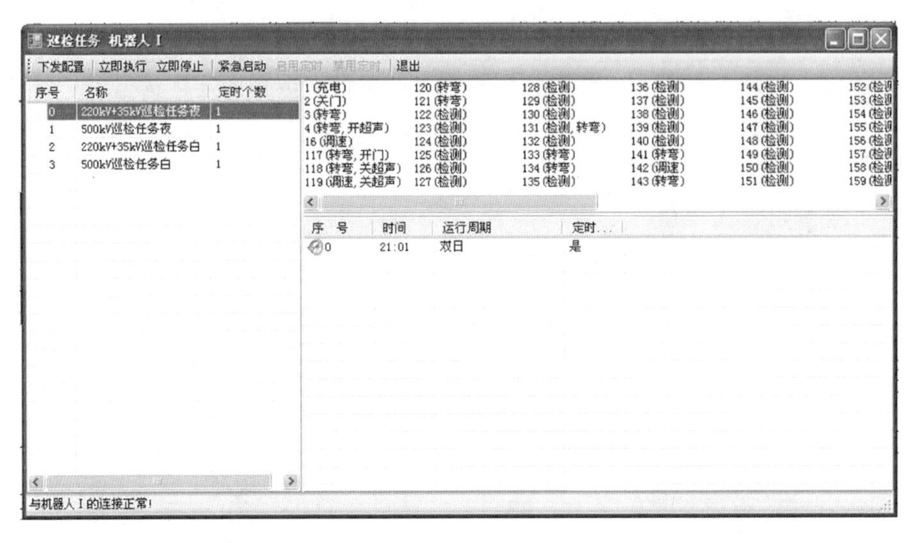

图 4.12　巡检任务图

务,点击列表后面的 < 启动任务 > 按钮即可。

如果机器人处于充电状态,此时需要等待 2 ~ 3 min,机器人收回充电机构,再开始启动运行。

2. 停止巡检任务

(1) 执行该操作前先确认:

① 机器人连接状态是否正常?

② 数据库连接状态是否正常?

(2) 机器人在自动运行时发现前方有不能避越的障碍物或想让机器人停止运行时,需要执行停止巡检任务命令。机器人在运行中需要停止时,有两种操作方法。

① 方法一。机器人需要紧急停止运行时,可直接点击工具栏中的 < 停车 > 按钮 ⊗ 。

② 方法二。机器人需要紧急停止运行时,可先打开"巡检任务"对话框,点击 < 立即停止 > 按钮。机器人必须在充电室时,才能自动启动定时任务,若停在路上,到定时时间后机器人不会自动启动。所以手动操作任务完毕后,如需机器人定时自动启动,务必保证机器人返回充电室执行充电操作。

3. 任务执行反馈信息释义

(1) 事项实时反馈。

事项中会实时展示机器人运行信息,包括机器人运行位置、检测目标、检测结果、告警信息、错误信息等,通过实时事项可了解机器人的当前运行状态。

(2) 视频实时传输。

可见光视频窗口和红外视频窗口展示实时视频。

(3) 地图信息。

地图中机器人图标随机器人运动而运动，表明机器人在地图中的相应位置。当检测到某台设备温度过高时，地图相应区域会闪烁告警。

(4) 声音提示。

机器人遇到障碍停止或者没有磁信号等严重问题时，系统会自动发出声音告警，可根据事项中信息反馈进行相应处理。

(5) 任务报表。

任务检测完成后，系统会自动弹出报表，展示检测信息。如弹出巡检任务报告，如图 4.13 所示。

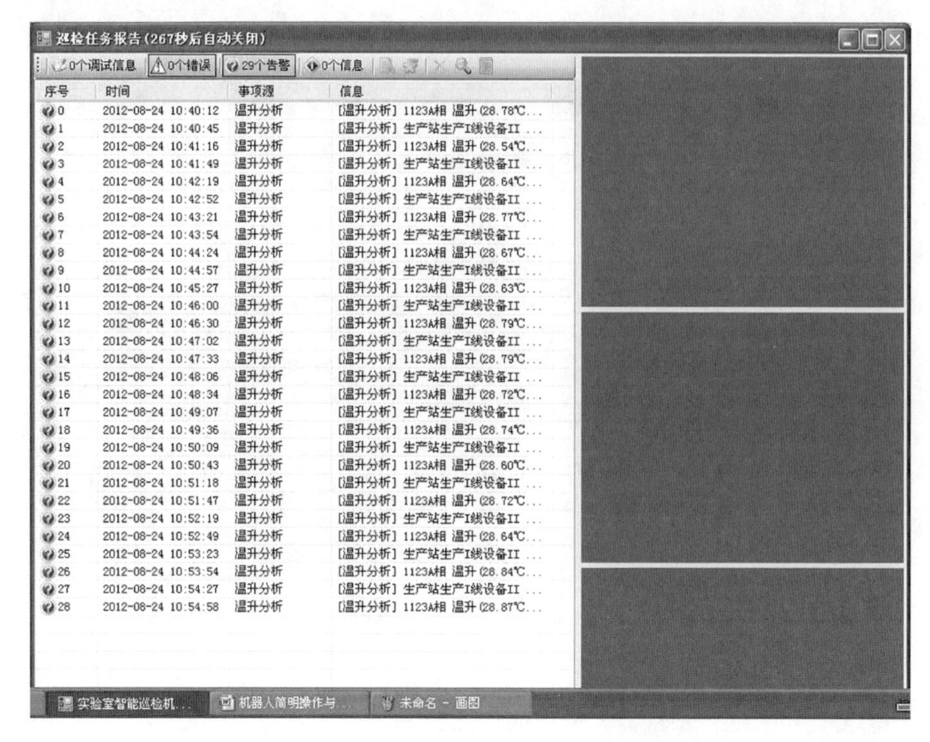

序号	时间	事项源	信息
0	2012-08-24 10:40:12	温升分析	[温升分析] 1123A相 温升 (28.78℃...
1	2012-08-24 10:40:45	温升分析	[温升分析] 生产站生产I线设备II ...
2	2012-08-24 10:41:16	温升分析	[温升分析] 1123A相 温升 (28.54℃...
3	2012-08-24 10:41:49	温升分析	[温升分析] 生产站生产I线设备II ...
4	2012-08-24 10:42:19	温升分析	[温升分析] 1123A相 温升 (28.64℃...
5	2012-08-24 10:42:52	温升分析	[温升分析] 生产站生产I线设备II ...
6	2012-08-24 10:43:21	温升分析	[温升分析] 1123A相 温升 (28.77℃...
7	2012-08-24 10:43:54	温升分析	[温升分析] 生产站生产I线设备II ...
8	2012-08-24 10:44:24	温升分析	[温升分析] 1123A相 温升 (28.67℃...
9	2012-08-24 10:44:57	温升分析	[温升分析] 生产站生产I线设备II ...
10	2012-08-24 10:45:27	温升分析	[温升分析] 1123A相 温升 (28.63℃...
11	2012-08-24 10:46:00	温升分析	[温升分析] 生产站生产I线设备II ...
12	2012-08-24 10:46:30	温升分析	[温升分析] 1123A相 温升 (28.79℃...
13	2012-08-24 10:47:02	温升分析	[温升分析] 生产站生产I线设备II ...
14	2012-08-24 10:47:33	温升分析	[温升分析] 1123A相 温升 (28.79℃...
15	2012-08-24 10:48:06	温升分析	[温升分析] 生产站生产I线设备II ...
16	2012-08-24 10:48:34	温升分析	[温升分析] 1123A相 温升 (28.72℃...
17	2012-08-24 10:49:07	温升分析	[温升分析] 生产站生产I线设备II ...
18	2012-08-24 10:49:36	温升分析	[温升分析] 1123A相 温升 (28.74℃...
19	2012-08-24 10:50:09	温升分析	[温升分析] 生产站生产I线设备II ...
20	2012-08-24 10:50:43	温升分析	[温升分析] 1123A相 温升 (28.60℃...
21	2012-08-24 10:51:18	温升分析	[温升分析] 生产站生产I线设备II ...
22	2012-08-24 10:51:47	温升分析	[温升分析] 1123A相 温升 (28.72℃...
23	2012-08-24 10:52:19	温升分析	[温升分析] 生产站生产I线设备II ...
24	2012-08-24 10:52:49	温升分析	[温升分析] 1123A相 温升 (28.64℃...
25	2012-08-24 10:53:23	温升分析	[温升分析] 生产站生产I线设备II ...
26	2012-08-24 10:53:54	温升分析	[温升分析] 1123A相 温升 (28.84℃...
27	2012-08-24 10:54:27	温升分析	[温升分析] 生产站生产I线设备II ...
28	2012-08-24 10:54:58	温升分析	[温升分析] 1123A相 温升 (28.87℃...

图 4.13　弹出巡检任务报告

4. 清除声光报警

(1) 地图报警。

若设备的温度经计算高于设定的温升值，地图上相关设备处会闪烁报警。点击地图右键菜单[清除所有超温报警]选项，可清除该报警。

(2) 事项报警。

系统根据采集的设备温度自动分析出超温、设备温升等报警信息时，事项中会闪烁显示。点击事项栏中的按钮 确认全部，该事项会停止闪烁。

(3) 声音报警。

机器人遇到超声或者没有磁信号等异常状况时，事项中显示该信息且监控系统会自动发出声音报警，当该异常状况解除时，点击事项栏中的按钮 确认全部，该声音会自动停止。

4.2.3　手动巡检

手动控制的主界面如图 4.14 所示，单击系统界面工具栏中的[控制平台] 按钮 。

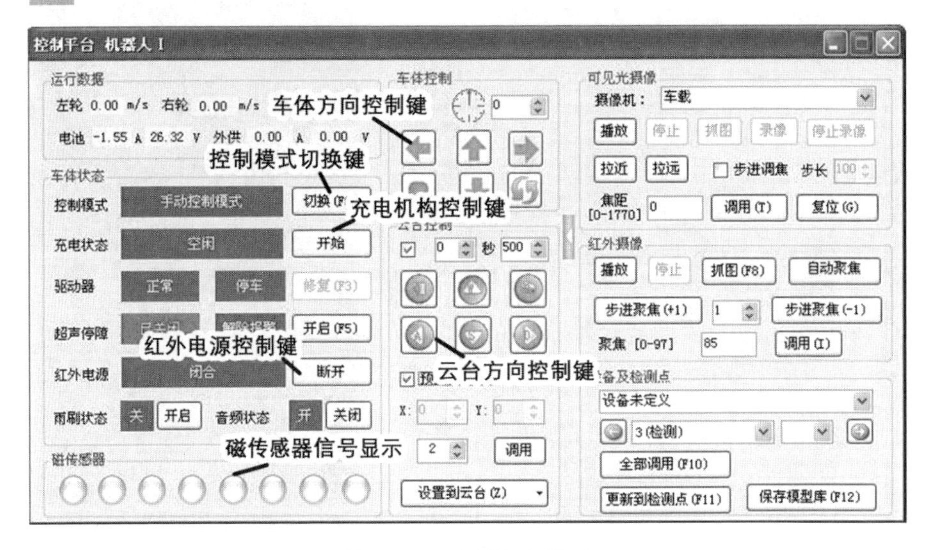

图 4.14　控制平台界面

1. 手动控制车体

需要使用手动控制机器人操作的情况如下。

① 在机器人脱离轨道并希望再次返回轨道时。

② 手动执行巡检任务时。

③ 机器人原地转弯时。

④ 机器人不按预定动作执行而进行特巡等情况时。

手动控制时，由于视频视角窄、通信可能存在延时等原因，须控制机器人低速运行。进行手动巡视时首先查看控制模式，控制平台界面为“自动控制模式”，这种模式是运行自动规划任务的模式。手动控制巡检机器人，须点击控制平台界面中“切换状态”按钮，之后状态变为“手动控制模式”，这时可以通过键盘中的4个方向键，控制车体的前、后、左、右运动，空格键为停车。

操作时，鼠标焦点需要保持在控制平台界面上，否则键盘操作失效。

2. 手动控制云台

打开控制平台界面，直接点击云台控制按钮就可进行控制，或通过快捷键：W、S、A、D、Q、R 键，分别控制上、下、左、右、停止、复位。

3. 可见光拉焦倍数控制

可见光摄像机的拉焦倍数控制，打开控制平台界面，在右上角焦距输入相应的数值后点击“调用”按钮实现可见光摄像机的拉焦，将物体 0 ～ 30 倍地放大。

4. 雨刷控制

单击系统界面工具栏中的[控制平台]按钮，如图 4.15 所示。

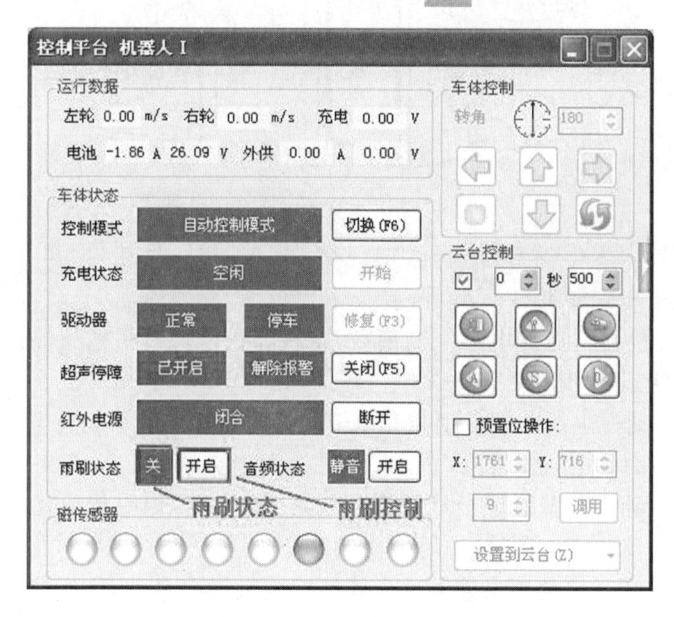

图 4.15　雨刷控制操作

需要开启雨刷时，单击＜开启＞按钮即可，之后＜开启＞自动转变为＜关闭＞，需要关闭雨刷时，单击＜关闭＞按钮即可。

5. 一键返回充电点

① 确认机器人在运行轨道上。

② 确认已配置好路径规划地图。

③ 确认已开启路径规划功能。

④ 选择[控制 / 一键返回充电点]菜单,系统将自动规划最近路径,下发给机器人,机器人自动返回充电室。

6. 手动充电

机器人在运行过程中过度放电,导致机器人不能开机,无法执行自动充电命令,需要采用手动充电的方式给机器人进行充电,如图 4.16 所示。

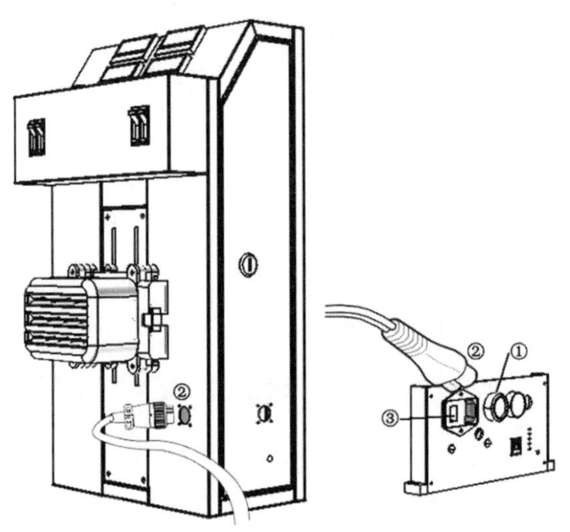

图 4.16　手动充电连接图

① 电源总开关;② 充电箱及充电面板上的手动充电接口;③ 手动充电开关按钮

手动充电步骤如下。

(1) 打开机器人尾部电源控制面板,将机器人电源开关按下亮起,机器人处于开 / 关机状态均可。

(2) 将手动充电线两端分别与充电箱及充电面板上的手动充电接口连接。

(3) 打开手动充电按钮。

此时充电箱上的显示屏会显示充电电流及电压值,说明手动充电成功。

当充电电流小于 4 A 时,关闭手动充电开关,将手动充电线收好,将机器人推到充电箱位置,开机,使用主控室后台软件控制机器人自动充电。手动充电时总电源开关必须开启。

7. 启动与关闭任务定时(下发配置)

(1) 启用定时。

点击主界面工具栏的[巡检任务] 按钮 ,打开任务界面。

点击需要启动定时的任务名称如“220 kV + 35 kV 巡检任务夜”,如图 4.17 所示。

单击右下方“220 kV + 35 kV 巡检任务夜” 的定时时间,这时在工具栏上的

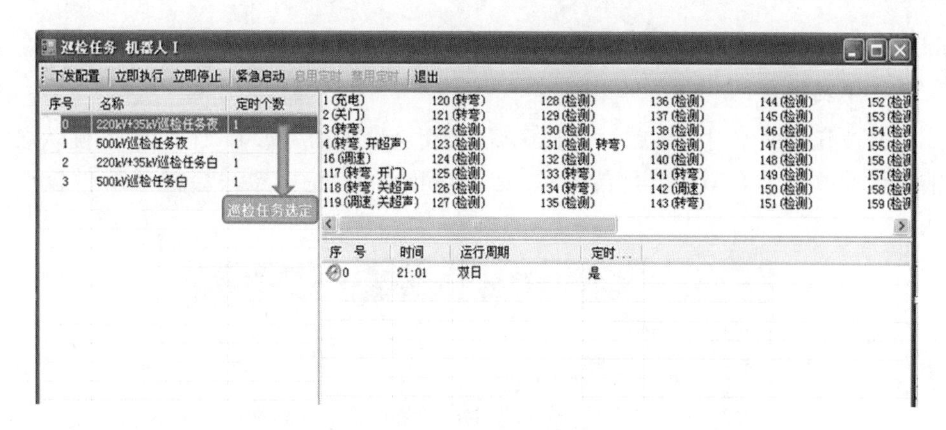

图 4.17　选择定时任务

＜启用定时＞由原来的灰色不可选变成黑色可选的状态，如图 4.18 所示，点击＜启用定时＞即可。

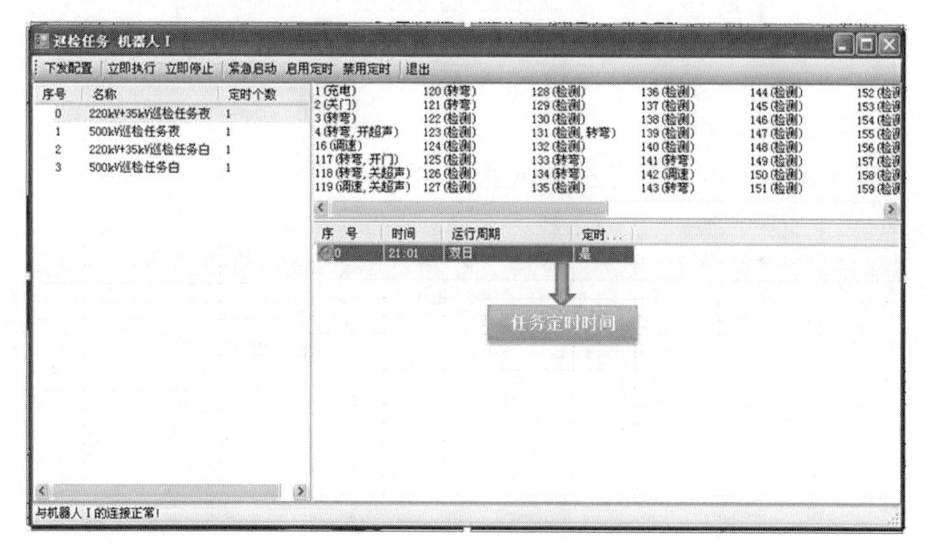

图 4.18　启用定时任务

启用定时后，机器人将会按事先设定的时间启用巡检任务，进行设备的巡检，否则机器人将不会自主进行巡检。

(2) 禁用定时。

禁用定时，顾名思义就是取消定时任务，执行此操作后机器人将不再自主进行该任务的定时设备巡检，“禁用定时”操作与启用定时操作类似，在选中任务及任务的定时时间后，选择＜禁用定时＞即可。

在施工、检修、绿化等原因导致路面有障碍物时需要执行“禁用定时”，否则有可能导致机器人烧坏保险等不可预见事故。禁用定时后机器人将不再进行巡检。在施工结束或道路无障碍时需要再次启用定时。

8. 下发配置

修改任务的定时或者修改其他配置，界面会出现如图4.19所示提示，确认之前所做修改都为有效的，可点击<是>，下发配置，机器人会按照所做修改执行。

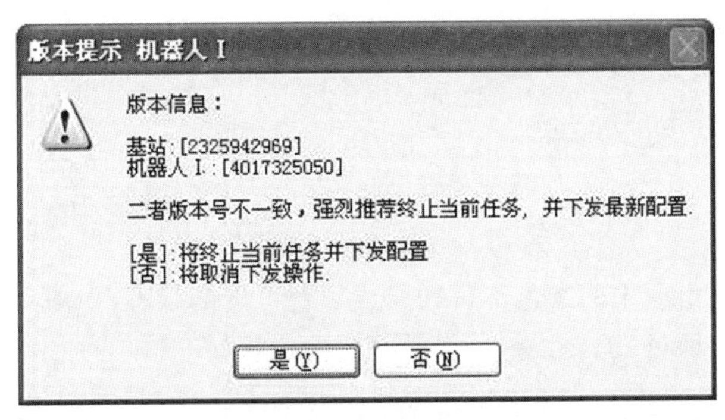

图4.19 版本提示

9. 监控后台操作

温升设置：打开[配置/巡检模型配置]菜单，选中左侧<设备>节点，弹出如图4.20所示界面。

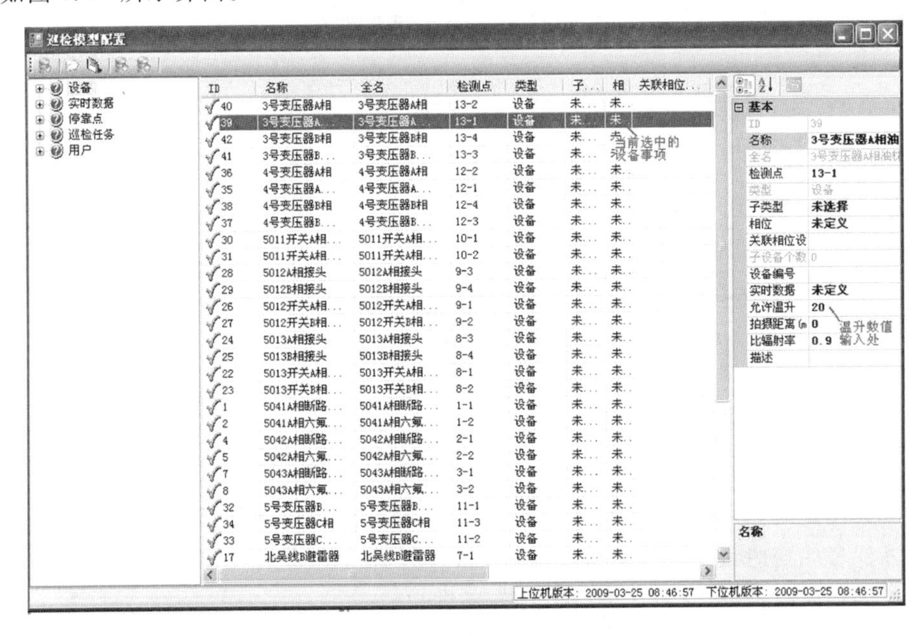

图4.20 巡检模型配置图

选中需要设置的设备，在右侧属性栏可以看到“允许温升”项，值为 20，这个值可根据不同设备、不同季节实际需要进行修改。

10. **巡检定时时间设置**

打开[配置 / 巡检模型配置] 菜单，选中左侧 < 巡检任务 > 节点，弹出如图 4.21 所示界面。选中要修改的任务名称，在右侧可以设定定时周期个数及时间。如定时周期为 2，定时任务的时间分别是 10:00 和 15:00，表示巡检机器人一天巡检两次，巡检的时间分别是 10:00 和 15:00。

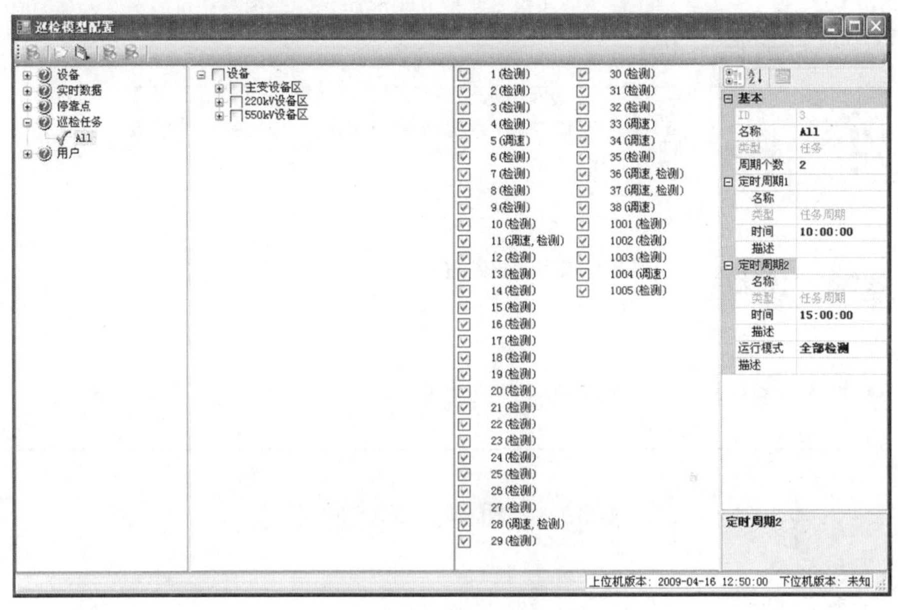

图 4.21　巡检模型配置图

4.3　机器人巡检注意事项

4.3.1　图形界面格式约定

图形界面格式约定见表 4.1。

表 4.1　图形界面格式约定

格式	意义
< >	带尖括号“< >”表示按钮名，如“单击 < 确定 > 按钮”
[ ]	带方括号“[ ]”表示窗口名、菜单名，如“选择[退出] 菜单项”
/	多级菜单用“/”隔开。如“选择[网络设置 / 网口设置]”表示选择[网络设置] 菜单下的[网口设置] 子菜单项

4.3.2 各类标志

本书采用各种醒目标志来表示在操作过程中应该特别注意的地方，这些标志的含义见表 4.2。

表 4.2 各类标志的含义

标志	意义
警告	该标志后的注释需给予格外关注，不当的操作可能会对人身造成伤害
注意	提醒操作中应注意的事项，不当的操作可能会导致数据丢失或者设备损坏
说明	对操作内容的描述进行必要的补充和说明
窍门	配置、操作，或使用设备的技巧、小窍门

4.3.3 机器人本体操作

说明

在《变电站智能机器人巡检系统说明书》中有对各操作的详细介绍，这里只对常用功能做简要说明。机器人完全自主进行巡检，不需要人为干预即自动规划。只需要自动规划前人工进行任务配置。

1. 紧急停车

如果机器人在自动巡检时，遇到紧急情况（比如：地面有浇水管道、路上有障碍物），需要紧急停车，按系统工具栏的“停车”按钮 。

2. 紧急启动

紧急启动时机器人将会略去所有检测停靠点，只执行转弯点和充电点，直接返回充电室充电。操作是在巡检任务图界面中，先点击“立即停车”按钮再点击“紧急启动”按钮。

注意：紧急启动一定要选择好对应的任务，否则容易导致机器人出轨，可

以对照巡检任务路线示意图查看启动的巡视任务是否正确。

紧急启动的情况包括以下两种。

(1) 电池电压过低，低于 23.5 V。

(2) 前方有障碍物，让机器人不再执行巡视返回充电室(通过手动控制调整机器车体方向，紧急启动合适任务返回充电室)。

4.3.4　路面状况

⚠注意：机器人开启定时巡检任务时，务必确保道路没有水管，没有施工占用路面的障碍物，道路中的门打开。

机器人在路上出现异常现象时，不能正常巡检，关闭机器人电源并将机器人推回充电室，联系机器人实验室相关负责人员进行问题处理。

遇到大雪等恶劣天气，务必将机器人定时任务取消，防止因路面打滑导致机器人不能正常运行，当晴天后务必启用机器人定时任务，否则机器人将不会自行进行巡检。

4.3.5　运行时注意事项

(1) 因特巡任务需要计算最优路径，算法复杂，故建议选择的点不要太多，以小于 10 个为宜，在设备选择界面中最多为一个间隔的设备。

(2) 在自动特巡功能执行过程中，不应手动终止或打断任务的执行，以防止机器人无法计算自身所处的停靠点位置(执行过程中发现出错时除外)。

(3) 如明确知道机器人正处于转弯点时，建议使用“手动特巡功能”。

1. 设备位置标定

采集 3 ～ 4 天数据后，进行设备位置标定，红外模式识别是红外热图处理中的一项重要技术，它通过红外模式识别的标定，来区域性地显示标定部分的最高温度，可以避开阳光、月光、灯光等的干扰，从而更加精确、快速地识别出被关注设备的最高温度，红外标定的步骤如下。

打开配置 — 模式识别配置 — 设备标定 — 将要检测的设备用矩形框框起来(图 4.22) — 生成模板 — 完成模式识别的设备标定，如图 4.23 所示。

2. 手动充电顺序

(1) 关闭充电箱电源总开关。

(2) 将手动充电线接好。

(3) 将机器人电源总开关打开。

(4) 将手动充电开关打开。

(5) 开启充电箱电源总开关，此时充电箱上的显示屏会显示此时的充电电流

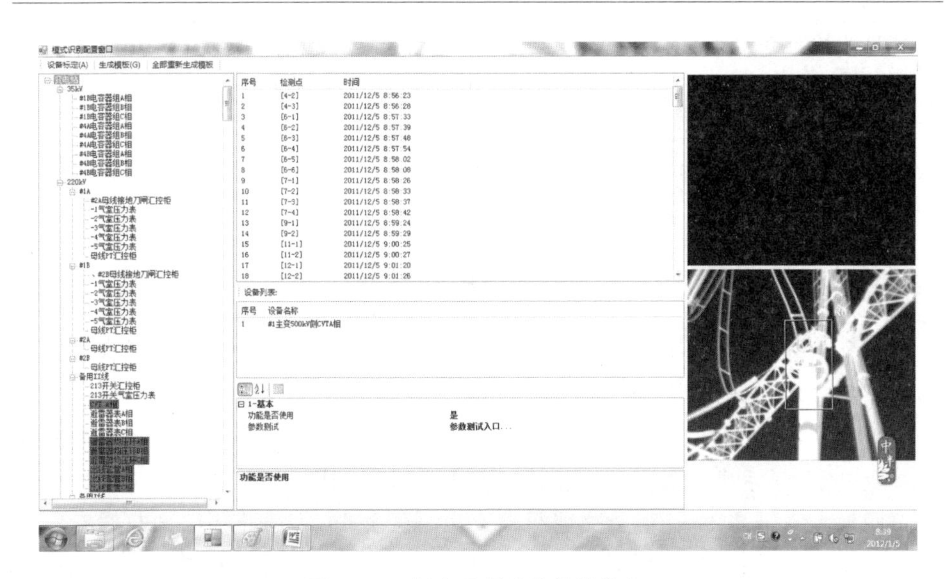

图 4.22　标定及框选待检测设备

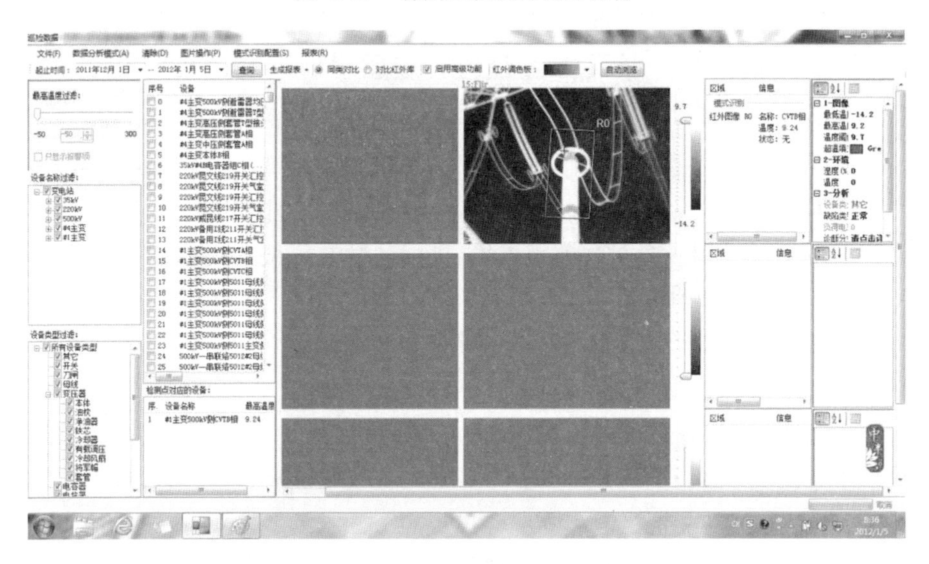

图 4.23　模式识别的设备标定

及电压值，说明手动充电成功。如图 4.24 所示。

(6) 当电流值低于 4 A 时，关闭手动充电开关将手动充电线收好，并将机器人推到如图 4.25 所示充电位置，开启机器人电源开关，此时再到主控室后台进行控制机器人充电。

开启机器人后，回到主控室，打开计算机控制平台，如图 4.26 所示，切换到手动模式，点击开始，机器人充电成功。判断是否充电成功的方法：查看供电电压和电流是否有数值，电池电流由负值变为正值，负值为输出电流，正值为输入电

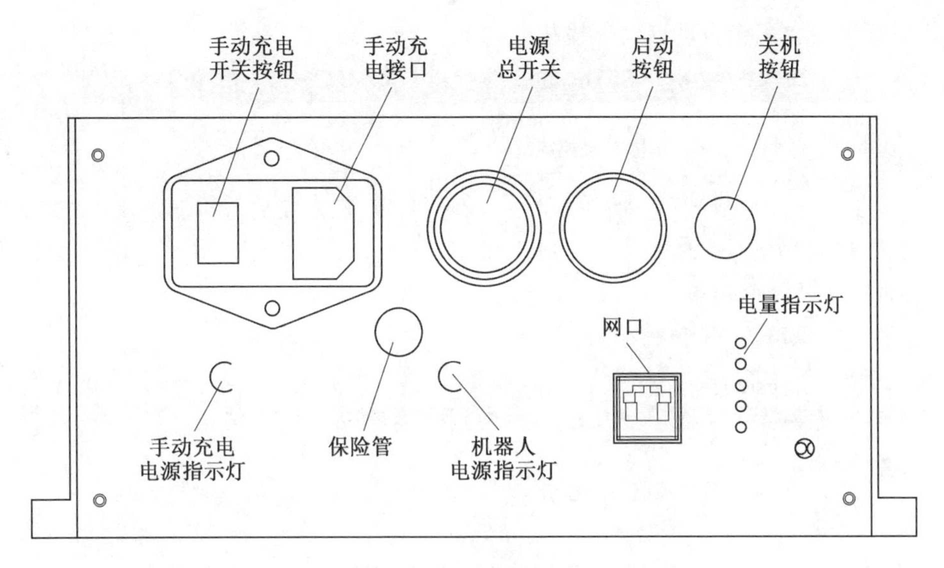

图4.24　电源面板图

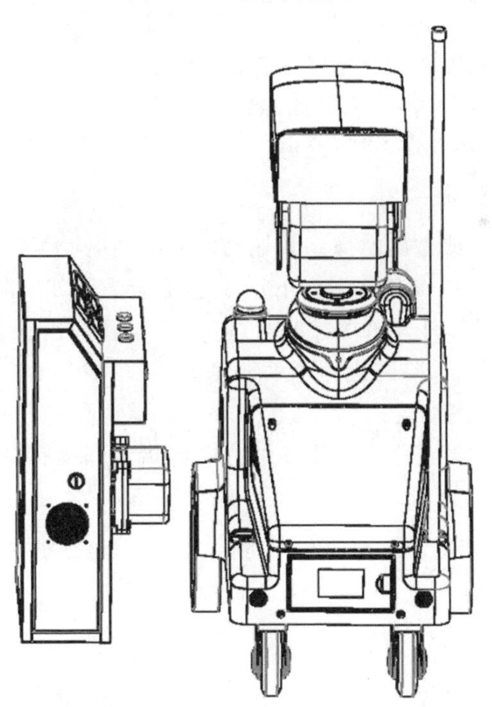

图4.25　充电位置示意图

流即充电成功。

⚠注意：手动充电成功以后，再将手动模式切换为自动模式，否则机器人到定时任务后将不会自动启动巡检任务。

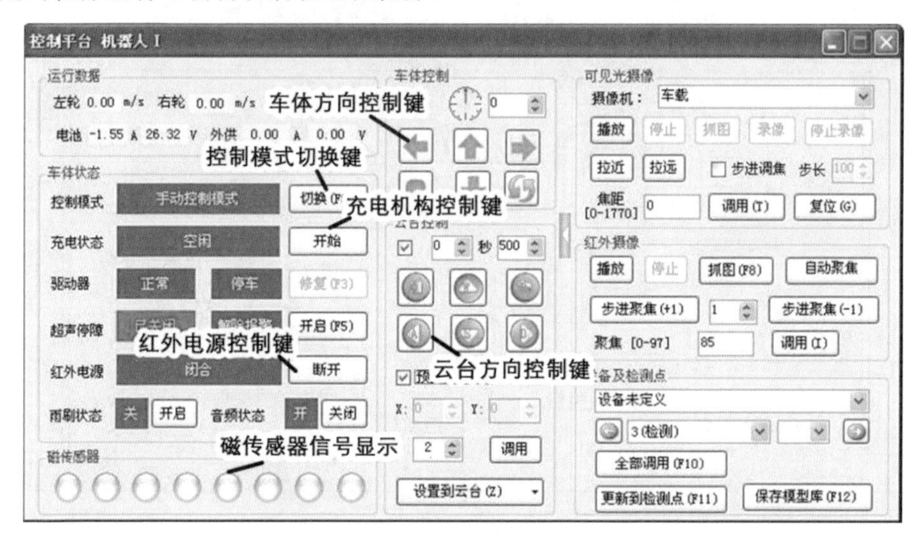

图 4.26　控制平台图

如果充电不成功需要到充电室检查充电位置是否到位。如果位置不合适需要再次关闭机器人电源(如果不关闭电源机器人推不动),之后将机器人推到合适位置,再次重复上述操作,进行充电。

3. 机器人无法启动

机器人遇到水管或者出轨撞到其他物体上后断电,无法开机,判断依据是机器人上状态指示灯不亮或者电源总开关不亮,排查方法如下。

(1) 在机器人尾部打开电源控制板,打开保险管按钮取出保险,查看保险是否熔断,如果熔断更换保险开机即可正常使用。

(2) 打开机器人前端盖,查看锂电池指示灯是否亮着,如图 4.27 所示,指示灯亮着说明锂电池供电正常。如果锂电池电源指示灯没有亮着则需要手动激活锂电池。

⚠注意:造成锂电池无法供电的原因是:当锂电池遇到过大电流后进行了自我保护。

4. 锂电池激活方法

由于机器人运行过程中遇到障碍或者其他不可预知的情况机器人产生过大电流导致锂电池自我保护,不再给外部供电,此时需要手动激活锂电池之后才能正常使用机器人。锂电池激活步骤如下。

(1) 将机器人推到充电室,靠近充电箱。

(2) 关闭机器人电源总开关。

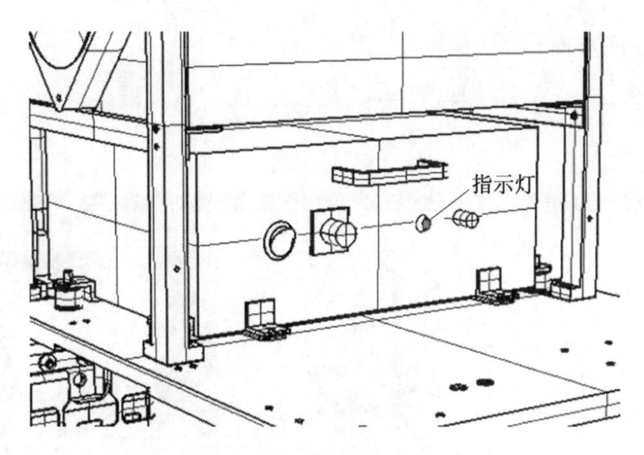

图 4.27　锂电池指示灯

(3) 打开机器人前盖,关闭锂电池开关。

(4) 将手动充电线按照手动充电接好。

(5) 打开充电箱电源。

(6) 打开电源总开关。

(7) 打开手动充电开关。

(8) 观察锂电池上的指示灯,指示灯亮把电池开关打开。

(9) 观察充电箱上电流显示是否有电流进入,如果有说明激活成功。

(10) 断开充电箱电源及机器人开关,收好手动充电线,将机器人外壳安装好。

(11) 开启机器人,控制进行充电。

5. 状态指示灯说明

机器人状态指示灯顾名思义是用于指示机器人运行状态,不同的状态显示不同的颜色,说明见表 4.3。

表 4.3　机器人指示灯状态说明

序号	机器人状态	指示灯颜色
1	机器人刚启动状态	红黄绿三色交替闪烁
2	机器人正常运行	绿色常亮
3	停靠点执行检测时	绿色常闪烁
4	充电状态 / 未充满时	黄色闪亮
5	电池充满	绿色常亮
6	故障	红色闪亮

6. 巡检数据查询

点击系统工具栏上的<巡检数据>按钮，弹出巡检数据查询界面，如图4.28所示。

图4.28　巡检数据查询界面

在巡检数据查询界面左上角处，先选中起止时间，然后点击“查询”按钮。图4.28中是系统调试时的数据，表示温升越界报警。

⚠注意：温升是指设备温度与环境温度之差。例如，当前温升的值设为20 ℃，环境温度为20 ℃时，如果设备温度在40 ℃以上，就会产生红色报警，每个设备的温升数据都可以根据实际情况设定。

7. 报表查询

该模块查询巡检数据中所生成的报表，操作过程与巡检数据查询类似，打开[分析/报表查询]菜单，界面如图4.29所示。界面左侧展示两种过滤方式：温度过滤与设备过滤。中间为查询结果列表，右侧是以Word文件格式展示的所查询到的报表，可进行页面设置、打印预览、打印等操作。

8. 历史曲线的查询

打开[分析/历史曲线]菜单，如图4.30所示。

9. 设定时间段

设定需要查询的开始时间和结束时间，结束时间不能早于开始时间。

(1) 曲线选择。

点击“选择”按钮，打开曲线选择操作界面。对变电站的设备进行选择，点击设备曲线页面，勾选出需要查询的设备即可；如需对移动站测点曲线进行选择则点击移动站测点曲线页面，勾选出需要查询的移动站的测点曲线参数。

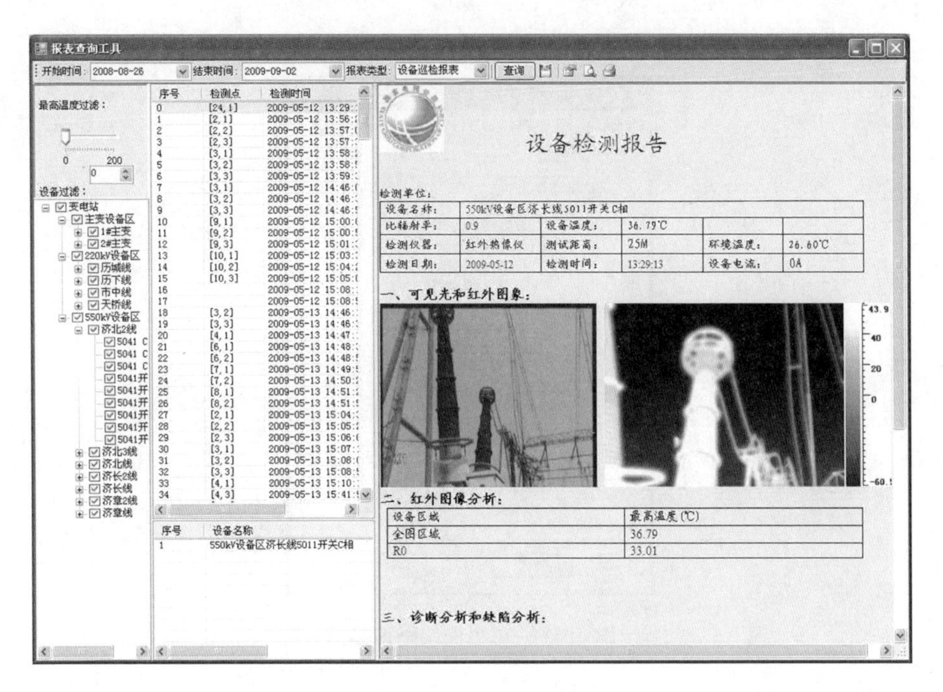

图 4.29　报表查询工具图

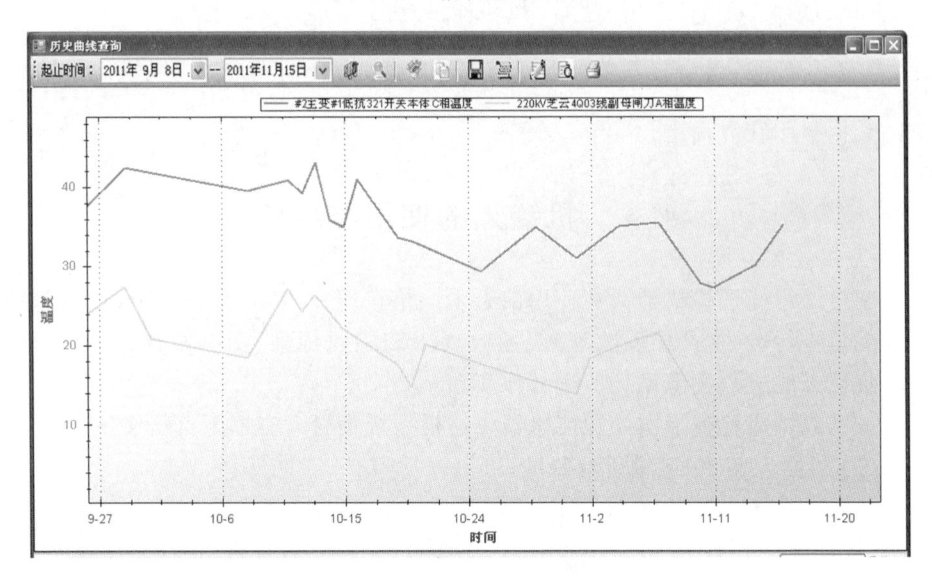

图 4.30　历史曲线图

历史曲线查询界面如图4.31所示。

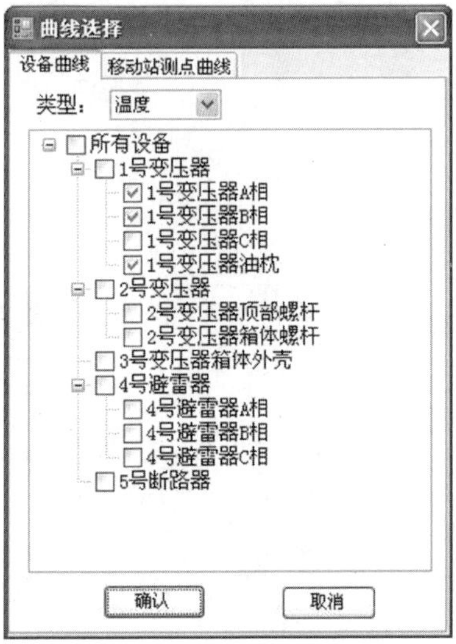

图4.31　历史曲线查询界面

(2) 查询及显示。

曲线选择完毕后,点击“查询”按钮即可查询。

说明:界面右下角会出现查询进度条,当查询完成时,进度条消失,查询的数据显示在界面上。

4.4　机器人的使用与维修

变电站智能巡检机器人在使用前必须严格按照变电站智能机器人巡检系统验收规范进行验收,严格验收流程、验收要求和验收标准,变电站智能巡检机器人验收后方能进入变电站场所进行作业。

运维人员应检查变电站智能机器人巡检系统是否含有以下资料文件。

(1) 机器人验收、运维管理制度。

(2) 出厂合格证、产品说明书、操作手册、维护手册、型式试验报告、出厂检验报告、设计施工方案、安装调试报告、竣工图纸、交接验收报告、设计变更说明(含修改后的安装说明)、系统台账、维修记录等资料。

(3) 机器人巡检路线图、停靠点位图、巡检点位表、机器人巡检计划表、机器人巡检记录、备品备件清单。

以上工作完成后,变电站智能巡检机器人厂家对运维人员进行相关培训,主要包括以下方面。

4.4.1　技术培训

（1）运维人员应熟悉变电站智能机器人巡检系统运维管理要求，掌握本标准各项管理要求。

（2）运维人员应熟悉变电站智能机器人巡检系统结构原理和技术特点，熟练掌握变电站智能机器人巡检操作技能。

（3）运维管理单位每半年开展一次变电站智能巡检机器人系统技术技能培训，培训内容包括运维管理要求、机器人巡检操作、日常维护、异常处理等[27]。

4.4.2　使用要求

（1）配置机器人的变电站，现场运行专用规程中应包含变电站智能机器人巡检系统运维方面的相关内容，明确其操作流程、使用方法、注意事项等。

（2）应由专人负责变电站智能机器人巡检系统的日常运维管理工作。

（3）运维管理单位应建立变电站智能机器人巡检系统的相关台账和运维记录。

（4）运维管理单位应每月对变电站智能机器人巡检系统的运行情况进行分析、总结。

（5）变电站智能机器人巡检系统的运行和使用情况应纳入交接班管理。

（6）变电站智能机器人巡检系统的报警值应参照 DL/T 664 设定，报警值应书面保存。

（7）运维管理单位应依据本标准编制机器人月度巡视计划并开展巡检工作。

（8）机器人对变电站室外设备的巡视覆盖率、设备表计数字识别率应达到 100%。

（9）正常情况下，机器人白天开展例行巡检，夜间开展设备红外测温。

（10）配置机器人的变电站，应结合人工巡视全面地开展，对机器人的巡检数据准确性进行比对分析。若比对结果存在明显差异，应查明原因并进行处理。

（11）配置机器人的变电站可由机器人代替人工完成红外检测，并根据实际情况降低人工巡检频次。

（12）应结合变电站现场施工、检修实际情况，及时调整机器人巡检任务范围，重新规划巡检路径，开展非施工、检修区域的机器人巡检。待施工结束后应恢复全部设备的巡检。

（13）机器人无法开展巡检作业时，应恢复人工巡检。

（14）运维人员应每天查看、分析、处理变电站智能机器人巡检系统的巡检数据，包括红外测温结果、仪表检测结果、设备报警记录、任务报表等。

(15) 机器人巡检任务和结果应自动上传到PMS。

(16) 变电站智能机器人巡检系统视频、图片数据至少保存3个月，其他数据长期保存。

4.4.3 维护要求

(1) 运维管理单位应根据维护手册开展变电站智能机器人巡检系统维护、检查工作，并将维护工作纳入日常运维管理。

(2) 运维管理单位应每月开展变电站智能机器人巡检系统信息安全检查，更换主机及数据库账号强口令，更新系统补丁及病毒库。

(3) 运维管理单位应每季度对机器人进行一次全面检查，并记录检查结果。检查内容应包括机器人、机器人监控系统、巡视通道、机器人室等。

4.4.4 异常处理

1. 设备异常处理

(1) 变电站智能机器人巡检系统发出设备告警信息后，运维人员应及时通过机器人监控系统核实，必要时应到现场确认[28]。如确系误发，应对机器人进行校核。

(2) 对变电站智能机器人巡检系统发出的设备告警，应进行如下处理。

① 对机器人检测的设备异常情况应按照严重程度分类进行复核，及时进行处理。

② 对于达到设备严重、危急缺陷的报警信息，运维人员应及时到站进行复核。

③ 对于达到设备一般缺陷的报警信息，应根据设备隐患发展情况进行跟踪复测。

(3) 在设备缺陷消除前，机器人应对该设备进行持续跟踪巡检。

2. 机器人异常处理

(1) 变电站智能机器人巡检系统发生异常时，运维管理单位应及时开展排查，确保变电站智能机器人巡检系统运行良好。

(2) 变电站智能机器人巡检系统出现异常时，运维人员应记录以下内容。

① 异常发生的时间、地点、现象。

② 已完成的巡检任务及未完成的巡检任务。

③ 设备损坏情况。

4.4.5　常见问题处理

1. 机器人未上电

正常情况下，未执行巡检任务的机器人统一安置在充电房内，如果机器人未上电，为了提高充电效率，建议开始充电后不要立即打开电源开关，等电充满后方可打开电源开关。如遇紧急情况需立刻使用巡检车，充电一会(10 min左右)即可打开电源开关。

2. 紧急停车

机器人遇到障碍物停障是指机器人在运行过程中，遇到障碍物后停止运动。目前巡检车搭载了激光设备、超声设备、碰撞设备进行停障，因此障碍物停障的来源有3点[29]。在巡检的过程中，如果出现遇障碍物停障异常，客户端软件实时监控界面的“软件信息”中显示具体停障的原因。

3. 充电遇到障碍

如果在充电时，不能充电成功，应检查充电座指示灯是否亮。如果未亮说明充电座出现故障，可采用手动充电。手动充电有两种方式：通过移动充电器进行充电、通过自主充电座的手动充电模式进行充电。

4. 巡检过程中信号中断

机器人在巡检过程中由于无线网络的不稳定性，在离无线AP距离较远时带来的网络延时，甚至短时间断开，导致巡检车数据延后，无法获取以及无法控制巡检车的异常。

5. 巡检图像不清晰

如果巡检图像不清晰，表明镜面是有污渍的，可用湿布或者干布进行擦拭，平时运行前要检查镜面是否有污渍。

6. 保险管更换

机器人出现异常停车，导致保险烧掉，机器人后面电源面板有个保险旋钮，更换一个备用的保险管即可(10 A)。

⚠注意：更换保险前要确保机器人处于断电状态。

判断保险是否烧坏的方法如下。

(1) 当机器人处于上电状态但是用手能推动时可能是保险烧坏。

(2) 关闭电源总开关后，取出保险管查看是否烧断，如果烧断更换保险即可。

7. 前方有障碍需返回充电室操作

机器人运行过程前方有障碍物，需要停止任务返回充电室。操作方法如下。

先停止巡视任务，将机器人断电，并手动将机器人推到充电室，充电机构对准充电箱中间位置，机器人左右位置离充电箱位置 4 cm(如果距离过近可能充电机构门卡到充电箱上，如果太远可能充电机构伸出接触不到电源箱极片)。推到合适位置后开启机器人，顺序是先开启电源总开关(开启后并不是机器人开启只是电源接通，如同电脑通电一样效果)，后开启启动按钮(如同计算机的开机键)[30]。

变电站智能机器人巡检系统维护检查项目见表 4.4。

表 4.4　变电站智能机器人巡检系统维护检查项目

检查项目	序号	检查内容	检查标准
机器人	1	机器人外观	机器人外观干净整洁，无明显破损、变形、污渍，表面色泽均匀，无起泡、磨损现象，金属零部件无锈蚀现象，文字标识完整清晰
	2		外壳密封完好，无明显裂缝
	3		零部件匹配良好、连接可靠，各螺栓无松动
	4	冷却风扇	机器人内部冷却风扇运转正常，无异常声音
	5	运动功能	机器人行进、转弯、后退等基本移动功能正常
	6	机器人云台	机器人云台水平旋转、上下俯仰正常，风扇运转正常
	7	机器人轮胎	机器人轮胎无严重磨损、老化、凸包、漏气现象
	8	超声停障功能	机器人超声停障正常，遇到障碍物能及时停车并报警，碰撞开关及碰撞停止功能正常
	9	可见光摄像机	可见光摄像机成像功能正常，画面稳定、清晰，聚焦功能正常
机器人	10	红外热像仪	红外热像仪成像功能正常，画面稳定、清晰，设备测温结果正常
	11	面板开关	机器人本体面板开关工作正常
	12	电池电压	机器人采集的电池电压数据正常
	13	扬声器及声音采集装置	机器人扬声器正常，声音稳定、清晰，无严重杂音现象；机器人声音采集装置正常，录音可靠稳定
	14	运行状态	机器人运行状态指示与实际状态一致，指示装置正常
	15	定位功能	定位功能正常，定位误差在规定范围内
	16	控制功能	机器人能正确执行命令，自动和手动控制功能正常
	17	辅助装置	辅助照明、雨刷辅助装置正常

续表4.4

检查项目	序号	检查内容	检查标准
机器人监控系统	1	机器人监控系统硬件外观	机器人监控系统服务器主机、显示器、硬盘录像机、路由器等硬件设备外观良好、功能正常，无破损，无受潮、积灰现象发生
	2	机器人监控系统运行状态	机器人监控系统各设备运行状态良好，无过热、频繁死机、断线等现象
	3	通信功能	机器人本体、机器人本地监控系统、远程监控系统间通信正常
	4	后台监控软件	后台监控软件运行正常，实时数据显示与保存、历史数据查询与分析、机器人自主与手动控制等功能正常
	5	数据存储状态	数据存储空间充足、无容量告警信息
	6	机器人定位、状态显示	电子地图中机器人定位准确，机器人运动、电量等机器人运行状态数据显示正常
巡视通道	1	导航轨道	机器人导航轨道无断裂、破损、消磁、松动、移位等现象
	2	停靠点	机器人停靠点无损坏现象，无妨碍机器人定位的特殊物体等
	3	机器人观测视野	机器人与设备之间无妨碍观测的遮挡物，机器人观测视野不受限制
	4	巡视通道	机器人巡检通道清洁，无遮挡物、积水、破损等影响机器人行走、定位的物体

续表4.4

检查项目	序号	检查内容	检查标准
机器人室	1	机器人室外观	机器人室外观无破损,防雨、防风、防潮、防寒等措施良好,室内干净整洁,无杂物堆积等
	2	机器人吹空调	机器人室制冷制热功能正常,温度等环境参数符合机器人环境要求
	3	机器人室卷帘门	机器人室卷帘门自动手动开启关闭正常,限位开关信号正常
	4	照明	机器人室照明灯开、关正常
	5	充电箱	充电箱电压电流显示屏及电源指示灯正常
	6	自主充电装置	自主充电座充电极铜片无松动、氧化、磨损、破裂、水渍等现象
	7		自主充电座电源线无老化、破裂等现象,连接良好
	8		手动充电和自动充电正常
其他辅助设施	1	无线通信	通信可靠稳定、红外可见光图像稳定流畅
	2	微气象装置及数据显示	场地风速测量装置完好、运行正常,温湿度传感器运行正常,微气象数据显示正常
	3	备品备件	备品备件完善,保存条件符合相关要求

第5章　电力巡检无人机种类与功能

特种电力无人机巡检系统通常是指利用无人机搭载可见光、红外等检测设备,完成架空输电线路巡检任务的无人机系统,本章将对无人机巡检系统组成、种类和功能以及无人机巡检系统工作原理等内容进行简要阐述。

5.1　无人机巡检系统组成

典型的无人机巡检系统是由无人机平台、动力系统、飞控系统、地面站系统、链路系统以及任务载荷组成[31]。

5.1.1　无人机平台

1. 固定翼平台

固定翼航空器(fixed-wing aeroplane)平台即日常生活中提到的“飞机”,是指由动力装置产生前进的推力或拉力,由机体上固定的机翼产生升力,在大气层内飞行的重于空气的航空器。无人机固定翼平台如图5.1所示。

图5.1　无人机固定翼平台

大部分固定翼无人机结构包括机身、机翼、尾翼、起落架和发动机等,如图5.2所示。

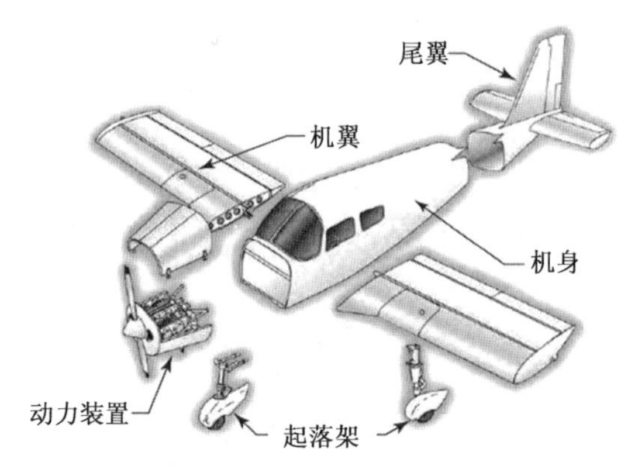

图 5.2　固定翼平台通用结构

2. **旋翼平台**

旋翼平台即旋翼航空器(rotary wing aircraft)平台，旋翼航空器是一种重于空气的航空器，其在空中飞行的升力由一个或多个旋翼与空气进行相对运动产生的反作用获得，与固定翼航空器为相对的关系。现代旋翼航空器通常包括直升机、旋翼机和变模态旋翼机 3 种类型。

旋翼航空器因为其名称常与旋翼机混淆，实际上旋翼机的全称为自转旋翼机，是旋翼航空器的一种。

(1) 直升机。

直升机是一种由一个或多个水平旋转的旋翼提供升力和推进力而进行飞行的航空器。直升机具有大多数固定翼航空器所不具备的特点，例如垂直升降、悬停、小速度向前或向后飞行等。这些特点使得直升机在很多场合大显身手。直升机与固定翼飞机相比，其缺点是速度低、耗油量较高、航程较短。无人直升机平台如图 5.3 所示。

(2) 多轴飞行器。

多轴飞行器(multirotor)，是一种具有 3 个及以上旋翼轴的特殊的直升机。其通过每个轴上的电动机制动来带动旋翼，从而产生升推力。旋翼的总距固定，不像一般直升机那样可变。通过改变不同旋翼之间的相对转速，可以改变单轴推进力的大小，从而控制飞行器的运行轨迹。四旋翼无人机平台如图 5.4 所示。

(3) 旋翼机。

自转旋翼机简称旋翼机或自旋翼机，是旋翼航空器的一种。它的旋翼没有动力装置驱动，仅依靠前进时的相对气流吹动旋翼自转以产生升力。旋翼机大多由独立的推进或拉进螺旋桨提供前飞动力，用尾舵控制方向。旋翼机必须像固定翼航空器那样滑跑加速才能起飞，少数安装有跳飞装置的旋翼机能够原地跳跃起飞，但旋翼机不能像直升机那样进行稳定的垂直起降和悬停。与直升机

图 5.3　无人直升机平台

图 5.4　四旋翼无人机平台

相比，旋翼机的结构非常简单、造价低廉、安全性较好，一般用于通用航空或运动类飞行。自转旋翼机如图 5.5 所示。

图 5.5　自转旋翼机

5.1.2 动力系统

无人机的动力系统是指发动机以及保证发动机正常工作所必需的系统和附件总称。

1.活塞式发动机

活塞式发动机也叫往复式发动机，其主要结构由气缸、活塞、连杆、曲轴、气门机构、螺旋桨减速器、机匣等组成。活塞式发动机属于内燃机，它通过燃料在气缸内的燃烧，将热能转变为机械能。活塞式发动机系统一般由发动机本体、进气系统、增压器、点火系统、燃油系统、起动系统、润滑系统以及排气系统构成。民用无人机广泛使用的林巴赫系列活塞式发动机如图 5.6 所示。

图 5.6　民用无人机广泛使用的林巴赫系列活塞式发动机

早期无人机通常使用活塞发动机作为动力，这类发动机的原理主要是通过吸入空气，与燃油混合后点燃膨胀，并驱动活塞往复运动，将其转化为驱动轴的旋转输出。

2.电动式发动机

目前大型、小型、轻型无人机广泛采用的动力装置为活塞式发动机系统。而出于对成本和使用方便的考虑，微型无人机中普遍使用的是电动动力系统。电动动力系统主要由动力电机、动力电源、调速系统 3 部分组成。

(1) 动力电机。

微型无人机使用的动力电机可以分为两类：有刷电动机和无刷电动机。其中有刷电动机由于效率较低，在无人机领域已逐渐不再使用。外转子无刷动力电机如图 5.7 所示。

(2) 动力电源。

动力电源主要为电动机的运转提供电能。通常，电动无人机采用化学电池来作为动力电源，主要包括镍氢电池、镍铬电池、锂聚合物、锂离子动力电池。其

图 5.7　外转子无刷动力电机

中，前两种电池因质量重，能量密度低，现已基本上被锂聚合物动力电池所取代。锂聚合物电池(Li-polymer，又称高分子锂电池)相对以前的电池来说，能量高、小型化、轻量化，是一种化学性质的电池。单片锂聚合物电池如图 5.8 所示。

图 5.8　单片锂聚合物电池

在形状上，锂聚合物电池具有超薄化特征，可以配合一些产品的需要，制作成不同形状与容量的电池。该类电池理论上的最小厚度可达 0.5 mm。如图 5.9 所示为常用锂聚合物电池。

图 5.9　常用锂聚合物电池

(3) 调速系统。

动力电机的调速系统称为电调,全称为电子调速器(speed regulator),简称ESC(图5.10)。针对动力电机不同,可分为有刷电调和无刷电调。它根据控制信号调节电动机的转速。

对于它们的连接,一般情况如下。

(1) 电调的输入线与电池连接。

(2) 电调的输出线(有刷2根、无刷3根)与电机连接。

(3) 电调的信号线与接收机连接。

图5.10　电子调速器

3. 涡喷式发动机

有人机涡轮喷气发动机技术的发展,为无人机涡轮喷气发动机的发展提供了重要的技术基础。目前小型涡轮喷气发动机已在少数高速无人靶机及突防无人机中得到应用。

小型涡轮喷气发动机结构包含4部分:压气机、燃烧室、涡轮、喷管。压气机使空气以高速度通过进气道到达燃烧室;燃烧室包含燃油入口和用于燃烧的点火器;膨胀的空气驱动涡轮,涡轮同时通过轴连接到压气机,使发动机循环运行;从喷管排出的加速的高温燃气为整机提供推力。涡喷发动机工作原理如图5.11所示。

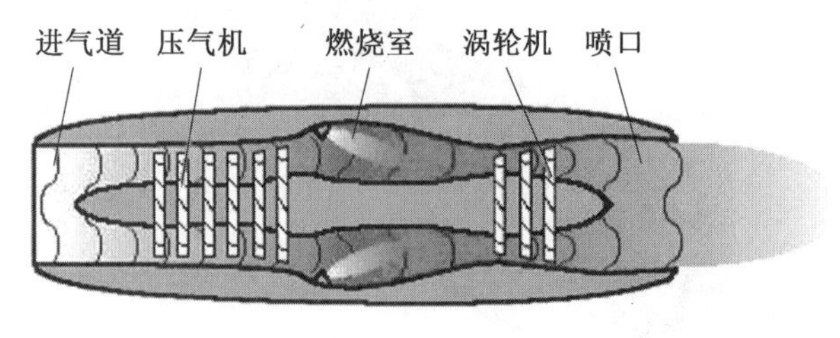

图5.11　涡喷发动机工作原理

4. **其他式发动机**

除上述动力系统外，还有少数无人机使用涡轴、涡桨、涡扇等动力装置。从现有在役无人机动力装置的情况来看，涡轴发动机适用于中低空、低速短距 / 垂直起降无人机和倾转旋翼无人机，飞机起飞质量可达 1 000 kg；涡桨发动机适用于中高空长航时无人机，飞机起飞质量可达 3 000 kg；涡扇发动机适用于高空长航时无人机和无人战斗机，飞机起飞质量可以很大，如“全球鹰”重达 11.6 t(图 5.12)。

图 5.12　全球鹰无人机

5. **螺旋桨**

螺旋桨是一个旋转的翼面，适用于任何机翼的诱导阻力、失速和其他空气动力学原理。它提供必要的拉力或推力使飞机在空气中移动。螺旋桨产生推力的方式非常类似于机翼产生升力的方式。产生的拉力或推力大小依赖于桨叶的形态、螺旋桨叶迎角和发动机的转速。

5.1.3　飞控系统

飞控系统全称为导航飞行控制系统，是无人机的关键核心系统之一。主要由传感器、飞控计算机、执行机构 3 部分构成。

1. **传感器**

无人机导航飞控系统常用的传感器包括角速率传感器、姿态传感器、高度传感器、空速传感器、位置传感器等，这些传感器构成了无人机飞控导航系统设计的基础。

(1) 角速率传感器。

角速率传感器是飞行控制系统的基本传感器之一，用于感受无人机绕机体轴转动角速率，以构成角速率反馈，改善系统的阻尼特性，提高稳定性。角速率传感器的选择要考虑其测量范围、精度、输出特性、带宽等。角速率传感器应安装在无人机重心附近，安装轴线与要感受的机体轴向平行，并要特别注意极性的正确性。

(2) 姿态传感器。

姿态传感器用于感受无人机的俯仰、滚转和航向角度，用于实现姿态稳定与航向控制功能。独立式姿态传感器如图 5.13 所示。

图 5.13　独立式姿态传感器

姿态传感器的选择要考虑其测量范围、精度、输出特性、动态特性等。姿态传感器应安装在无人机中心附近，振动要尽可能地小，有较高的安装精度要求。

(3) 高度、空速传感器。

高度、空速传感器用于感受无人机的飞行高度和空速，是高度保持和空速保持的必备传感器。一般与空速管、通气管路构成大气数据系统。

高度、空速传感器在选择时要考虑测量范围和测量精度。一般要求其安装在空速管附近，尽量缩短管路。

(4) 位置传感器。

位置传感器用于感受无人机的位置，是飞行轨迹控制的必要前提。惯性导航设备、GPS 卫星导航接收机(图 5.14)、磁航向传感器是典型的位置传感器。位置传感器的选择一般要考虑与飞行时间相关的导航精度、成本和可用性等问题。惯性导航设备有安装位置和较高的安装精度要求，GPS 的安装主要应避免天线遮挡的问题，磁航向传感器要安装在受铁磁物质影响最小且相对固定的地方，安装材料应采用非磁性材料。

2. 飞控计算机

导航飞控计算机，简称飞控计算机，是导航飞控系统的核心部件。从无人机飞行控制的角度来看，飞控计算机应具备如下功能：姿态稳定与控制、导航与制导控制、自主飞行控制、自主起飞、着陆控制。

3. 执行机构

无人机执行机构都是伺服作动设备，是导航飞控系统的重要组成部分。其主要功能是根据飞控计算机的指令，按规定的静态和动态要求，通过对无人机各

图 5.14　GPS 卫星导航接收机

控制舵面和发动机节风门等的控制，实现对无人机的飞行控制。伺服执行机构的主要参数包括：额定输出力矩、额定输出速度、输出行程、输入输出传递系数、线性度、非线性、频率响应、瞬态响应、分辨率等。

5.1.4　地面站系统

地面站系统作为整个无人机系统的指挥中心，其控制内容包括：飞行器的飞行过程、飞行航迹、有效载荷的任务功能、通信链路的正常工作，以及飞行器的发射和回收。地面站系统主要包含以下功能。

(1) 指挥调度功能主要包括上级指令接收、系统之间联络、系统内部调度。

(2) 任务规划功能主要包括飞行航路规划与重规划、任务载荷工作规划与重规划。

(3) 操作控制功能主要包括起降操纵、飞行控制操作、任务载荷操作、数据链控制。

(4) 显示记录功能主要包括飞行状态参数显示与记录、航迹显示与记录、任务载荷信息显示与记录等。

目前，一个典型的地面站由一个或多个操作控制分站组成，主要实现对飞行器的控制、任务控制、载荷操作、载荷数据分析和系统维护等。

(1) 系统控制站。在线监视系统的具体参数，包括飞行期间飞行器的健康状况、显示飞行数据和告警信息。

(2) 飞行器操作控制站。它提供良好的人机界面来控制无人机飞行，其组成包括命令控制台、飞行参数显示、无人机轨道显示和一个可选的载荷视频显示。

(3) 任务载荷控制站。用于控制无人机所携带的传感器，它由一个或几个视频监视仪和视频记录仪组成。

(4) 数据链路地面终端。包括发送上行链路信号的天线和发射机，捕获下行链路信号的天线和接收机。数据链应用于不同的无人机系统,实现以下主要功能:用于给飞行器发送命令和有效载荷;接收来自飞行器的状态信息及有效载荷数据。

(5) 中央处理单元。包括一台或多台计算机,主要功能是获得并处理从无人机发来的实时数据、确认任务规划并上传给无人机系统、电子地图处理、数据分发、飞行前分析、系统诊断。

5.1.5 链路系统

无人机数据链路系统主要应用于无人机系统传输控制、无载荷通信、载荷通信3部分信息的无线电链路。

无人机数据链路系统通常包括机载终端和地面终端,如图5.15所示。

无人机数据链路系统的机载终端常被称为机载电台,集成于机载设备中。视距内通信的无人机多数安装全向天线,需要进行超视距通信的无人机一般采用自跟踪抛物面卫通天线。

无人机数据链路系统的地面终端硬件一般会被集成到地面站系统中,称作地面电台,部分地面终端会有独立的显示控制界面。视距内通信链路地面天线采用鞭状天线、八木天线和自跟踪抛物面天线,需要进行超视距通信的控制站还会采用固定卫星通信天线。

图5.15 无人机地面天线和机载天线

5.1.6 任务载荷系统

1. **任务载荷**

无人机巡检系统任务载荷主要分为两部分:增稳云台和数据整合与控制设备。结构示意图如图5.16所示。

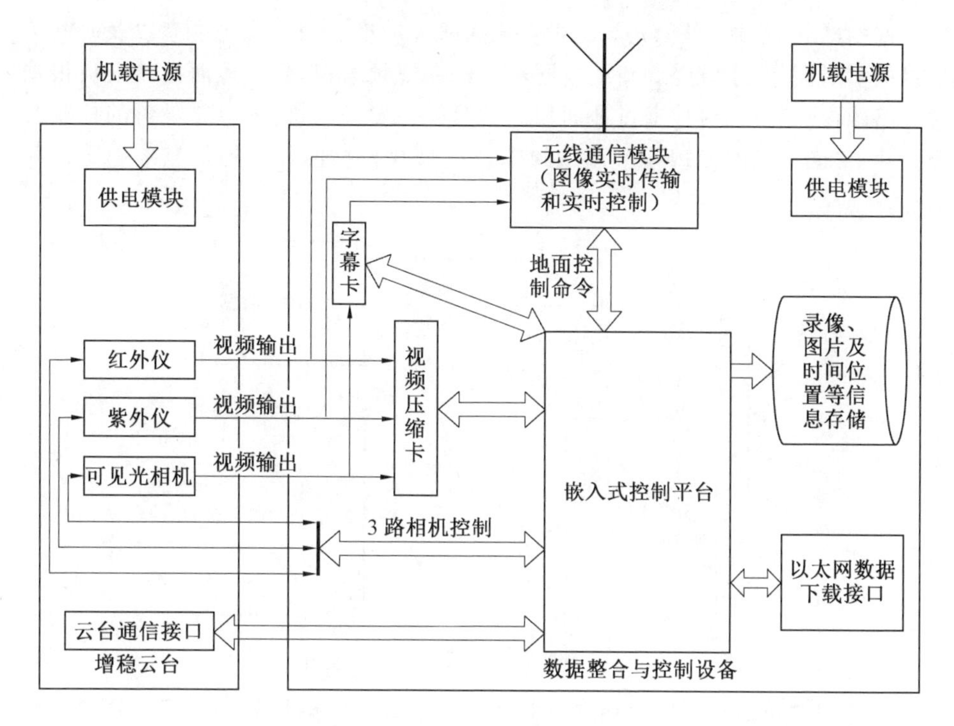

图5.16　机载检测系统结构示意图

增稳云台主要负责承载红外热像仪、紫外成像仪与可见光相机,并具备陀螺增稳功能,可提高检测图像的输出质量。云台的水平与俯仰角度可以根据飞机的GPS和姿态信息以及巡检对象的GPS信息自动调整,也可以由地面操作人员通过软件手动控制。

数据整合与控制设备根据程序预先设定的拍摄方式或接收到的地面控制命令对红外仪、紫外仪、可见光相机、云台等设备进行控制。拍摄的红外、紫外、可见光视频图像一路经过视频压缩卡,按H.264标准压缩后存入嵌入式工控机硬盘。另一路经过字幕卡,以字幕的形式融入无人机GPS、时间、飞机姿态等信息后,通过无线通信模块实时传回地面控制系统。此外,可见光相机、红外仪与紫外仪所拍摄的静态图像将存入嵌入式工控机硬盘。

待巡检作业结束后可通过以太网数据下载接口,将工控机内的数据导入后台分析管理软件中。可见光、红外、紫外3路视频与静态图像可通过多媒体播放器回放,供人工观察分析。拍摄的每一张可见光照片都会相应地记录下拍摄时无人机所处的经纬度、海拔和飞机姿态信息,利用摄影测量技术,可以测量照片中导线与植被和建筑物之间的实际距离,线与线之间的实际距离。红外图像与紫外图像还可以作进一步的处理,以确定输电线路的运行故障。

地面控制系统结构如图5.17所示。无线通信模块接收机载输电线路检测系统传回的红外、紫外、可见光3路带有无人机经纬度、海拔、飞机姿态以及时间等信息的实时图像，系统将3路图像同步显示在视频监视器上，地面操作人员根据这3路图像，一方面可以通过地面控制平台软件发送相机、云台等设备的控制命令，另一方面可及时发现输电设备缺陷及故障并根据经纬度等信息准确定位故障点。

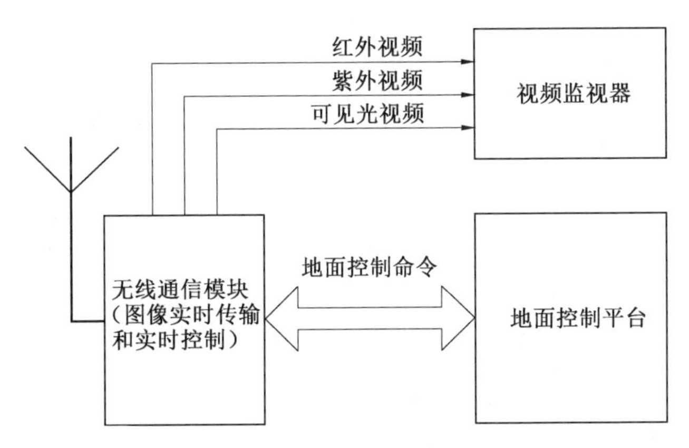

图5.17　地面控制系统结构示意图

云台的增稳控制主要由速度控制器、电机驱动器、电机和编码器旋转速度构成速度环，由目标位置、前馈控制器、位置控制器、编码器位置信息构成位置环实现。其控制系统的原理框图如图5.18所示。

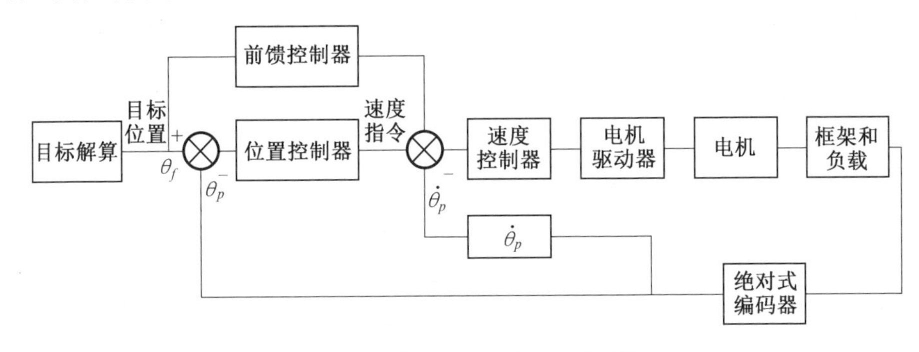

图5.18　增稳云台的控制系统框图

2.**图像采集与传输**

无人机的图像采集主要包括基于图像的无人机图像采集设备姿态伺服技术研究、基于机载视频的输电线路目标跟踪技术和设备识别定位技术。

基于图像的无人机图像采集设备姿态伺服技术主要研究无人机的机载云台姿态伺服技术，以实现搭载高清相机对设备的信息采集。由于摄像机与相机往往具有不同的视场角范围，在摄像机实现了对设备的识别及跟踪后，基于相机采集的当前图像信息,不能保证目标设备完整地出现在图像中。因此,需要基于摄像机图像与当前采集的图像及目标设备在图像中的位置信息对吊舱姿态进一步调整,保证目标图像采集的完整性,为进一步设备状态识别提供充分的图像信息。本部分主要研究图像空间信息与云台坐标系之间的变换,实现通过图像的偏差达到调整云台的目的。

一般情况下,用于线路设备信息采集的相机分辨率高、焦距大、视场角较窄,相机较摄像机的视场范围较小,在基于机载视频跟踪系统完成粗定位后,目标不一定落在相机的视场范围内,因此,首先基于设备识别技术判断设备是否出现在相机图像空间中,如果在,则需要根据相机图像空间与吊舱控制系统间建立雅克比关系,进行伺服过程,基于图像平面空间坐标系与三维空间中点之间投影变换模型,定义图像空间像素偏移量与三维世界坐标系下的图像雅克比矩阵。基于目标跟踪的图像采集系统处理流程如图 5.19 所示。

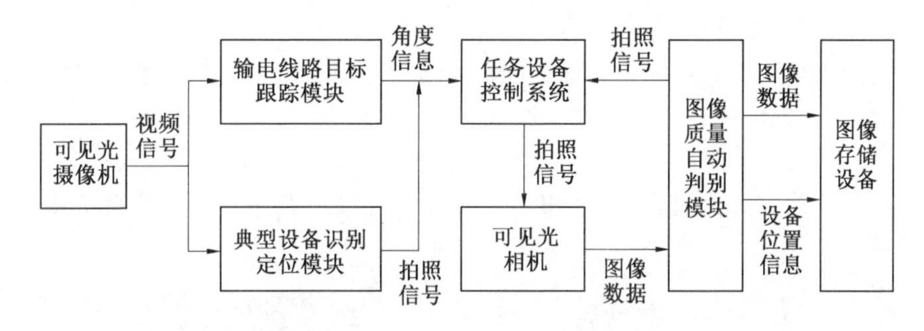

图 5.19　基于目标跟踪的图像采集系统

基于机载视频的输电线路目标跟踪技术主要研究基于特征的实时目标跟踪技术。通过某种特征(如颜色)的分布来对目标进行描述,然后在各帧中通过目标模板与候选目标的相似性度量来寻找目标,并沿着特征分布相似性的梯度方向迭代搜索目标位置,最终实现模式匹配和目标跟踪。

基于机载视频的典型设备识别定位技术主要研究基于特征的绝缘子串、防振锤、间隔棒、均压环、杆塔关键部位等识别定位技术。通过视频中要拍摄设备的轮廓及对应的特征实现对视频中主要设备的识别定位,在对输电线路部件的定位与识别中,可以通过在图像上提取低级别的特征,再根据感知聚类的思想将低级别的特征组合成中级别的结构。然后,分别将大部件的特征抽象成语义,根据各个大部件的语义在已提取的中级特征中识别大部件。通过感知聚类的方法将需要识别的对象与低级别特征进行关联,解决在架空输电线路部件识别中低级别特征与部件之间如何关联的问题。

5.2 无人机巡检系统分类等级

近年来，我国国民经济持续快速发展对我国电力工业提出了越来越高的要求。现有的人工巡检线路运行维护管理模式和常规作业方式，不仅劳动强度大、工作条件艰苦，而且劳动效率低，特别是在遇到电网紧急故障和异常气候条件下，线路维护人员要依靠地面交通工具或徒步行走，利用普通仪器或肉眼来巡查电力设施，处理设备缺陷。人工巡线已经不能完全适应现代化电网建设与发展的需求，无人机巡线是输电线路先进和科学的电力巡线方式之一，可以为建设坚强电网提供一种有效的技术手段[32]。

5.2.1 电力无人机巡检系统

1. 巡检系统分类与业务界面

应用于电力系统中的无人机按照机体结构主要分为无人直升机和固定翼无人机，依据国家电网企业标准，按照空机质量分为小、中、大 3 个级别。

（1）小型无人直升机（图 5.20）指空机质量小于等于 7 kg 的无人直升机，一般指电动多旋翼无人直升机，适用于短距离（2 ～ 3 个基塔）、多方位精细化巡检和故障巡检。

图 5.20 小型无人直升机巡检系统

（2）中型无人直升机（图 5.21）指空机质量大于 7 kg 且小于等于 116 kg 的无人直升机，适用于中等距离、多任务精细化巡检。

（3）大型无人直升机（图 5.22）指空机质量大于 116 kg 的无人直升机，目前应用相对较少。

（4）小型固定翼无人机指空机质量小于等于 7 kg 的固定翼无人机，续航时间一般不小于 1 h，适用于小范围通道巡检、应急巡检和灾情普查。

（5）中型固定翼无人机指空机质量大于 7 kg 且小于等于 20 kg 的固定翼无人

图 5.21　中型无人直升机巡检系统

图 5.22　大型无人直升机巡检系统

机，续航时间一般不小于 2 h，适用于大范围通道巡检、应急巡检和灾情普查。如图 5.23 所示。

(6) 大型固定翼无人机指空机质量大于 20 kg 的固定翼无人机，目前应用相对较少。

图 5.23　固定翼无人机巡检系统

按照中国民航局咨询公告《民用无人机驾驶员管理规定》(AC－61－FS－2018－20R2)，根据空机质量划分，可分为Ⅰ、Ⅱ、Ⅲ、Ⅳ、Ⅴ、Ⅺ、Ⅻ 7 类。

(1) Ⅰ 类无人机指空机质量小于等于 0.25 kg 的无人机。

(2) Ⅱ 类无人机指空机质量大于 0.25 kg 且小于等于 4 kg 的无人机。

(3) Ⅲ 类无人机指空机质量大于 4 kg 且小于等于 15 kg 的无人机。

(4) Ⅳ 类无人机指空机质量大于 15 kg 且小于等于 116 kg 的无人机。

(5) Ⅴ 类无人机指农林植保类无人机。

(6) Ⅺ 类无人机指空机质量大于 116 kg 且小于等于 5 700 kg 的无人机。

(7) Ⅻ 类无人机指空机质量大于 5 700 kg 的无人机。

2. 无人直升机巡检系统

无人直升机巡检系统包括无人直升机系统、任务载荷和综合保障系统。

无人直升机系统包括无人直升机平台和机载通信系统。其中，无人直升机平台装有飞行指示灯、应急定位发射器，包括无人机本体和飞行控制系统。机载通信系统包括数据传输系统和视频传输系统的机载部分[33]。

任务载荷包括机载吊舱和任务设备。任务设备包括可见光检测设备(包括可见光照相机及可见光摄像机)和红外检测设备。

综合保障系统包括地面保障设备、地面站系统和储运车辆。地面保障设备包括供电设备、燃料、调试用具、工器具。大、中型无人直升机巡检系统的燃料为汽油或重油，小型无人直升机巡检系统采用电动；大、中型无人直升机巡检系统的地面站系统包括飞行控制软件、检测系统软件、硬件设备、地面通信系统及地面测控车辆，小型无人直升机巡检系统的地面站系统包括飞行操控器、飞行控制软件、地面通信系统；大、中型无人直升机巡检系统配备专用储运车辆，小型无人直升机巡检系统可根据具体需要配备储运车辆[34]。如图 5.24 所示。

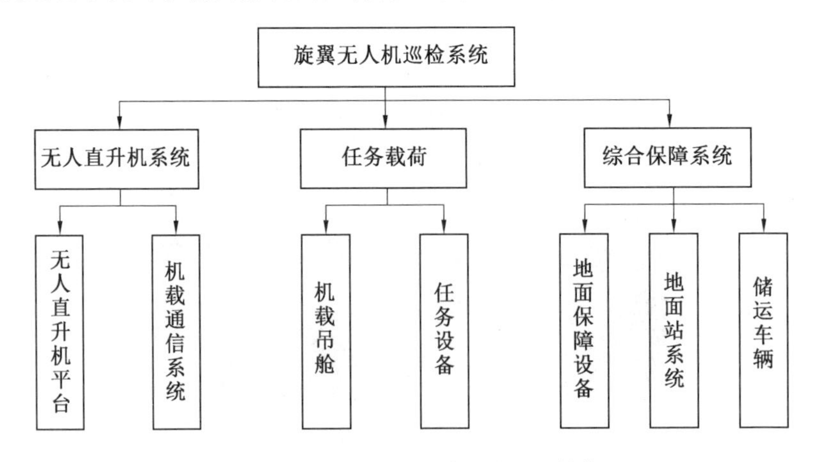

图 5.24　无人直升机巡检系统组成结构图

针对架空输电线路精细化巡检和故障巡检中使用较多的中、小型无人直升机，按照国家电网架空输电线路无人直升机巡检系统规范定义，中型无人直升机巡检系统技术指标要求见表 5.1。

表 5.1　中型无人直升机巡检系统技术指标要求

序号	指标类别	指标要求
1	环境适应性	存储温度范围：－20 ℃～＋65 ℃
		工作温度范围：－20 ℃～＋55 ℃
		相对湿度：≤95%(＋25 ℃)
		抗风能力≥10 m/s(距地面 2 m 高，瞬时风速)
		抗雨能力：能在小雨(12 h 内降水量小于 5 mm 的降雨)环境条件下短时飞行
2	飞行性能	巡检实用升限(满载，一般地区)≥2 000 m(海拔)
		巡检实用升限(满载，高海拔地区)≥3 500 m(海拔)
		续航时间(满载，经济巡航速度)≥50 min
		悬停时间≥30 min
		最大爬升率≥3 m/s
		最大下降率≥3 m/s
3	重量指标	空机质量：7～116 kg，正常任务载重(满油)一般大于 10 kg
4	航迹控制精度	水平航迹与预设航线误差≤5 m
		垂直航迹与预设航线误差≤5 m
5	通信	数传延时≤80 ms，误码率≤1×10^{-6}
		传输带宽≥2 MB，图传延时≤300 ms
		距地面高度 60 m 时最小数传通信距离≥5 km
		距地面高度 60 m 时最小图传通信距离≥5 km
6	任务载荷	可见光图像检测效果要求：在距离目标 50 m 处获取的可见光图像中可清晰辨识 3 mm 的销钉级目标
		高清可见光摄像机帧率不小于 24 Hz；支持数字及模拟信号输出，支持高清及标清格式；连续可变视场
		红外热像仪分辨率不小于 640×480 像素；热灵敏度不大于 100 mK；输出信号制式 PAL；在距离目标 50 m 处，可清晰分辨出发热点
		吊舱回转范围方位：$n\times360^\circ$；俯仰：＋20°～－90°
		吊舱回转方位和俯仰角速度：≥60°/s
		吊舱稳定精度≤100 μrad(RMS)
		机载存储应采用插拔式存储设备，存储空间不小于 64 GB

续表5.1

序号	指标类别	指标要求
7	地面展开时间、撤收时间	地面展开时间 ≤ 30 min
		撤收时间 ≤ 15 min
8	平均无故障间隔时间	平均无故障工作间隔时间 MTBF ≥ 50 h
9	整机寿命	整机寿命 ≥ 500 h
10	编辑飞行航点	编辑飞行航点 ≥ 200 个

小型无人直升机巡检系统技术指标要求见表 5.2。

表 5.2　小型无人直升机巡检系统技术指标要求

序号	指标类别	指标要求
1	环境适应性	存储温度范围：－20 ℃ ～＋65 ℃
		工作温度范围：－20 ℃ ～＋55 ℃
		相对湿度：≤ 95%(＋25 ℃)
		抗风能力 ≥ 10 m/s(距地面 2 m 高，瞬时风速)
		抗雨能力：能在小雨(12 h 内降水量小于 5 mm 的降雨)环境条件下短时飞行
2	飞行性能	巡检实用升限(满载，一般地区) ≥ 3 000 m(海拔高度)
		巡检实用升限(满载，高海拔地区) ≥ 4 500 m(海拔高度)
		悬停时间 ≥ 20 min(满载)
		最大爬升率 ≥ 3 m/s
		最大下降率 ≥ 3 m/s
3	重量指标	不含电池、任务设备、云台的空机质量 ≤ 7 kg
4	飞行控制精度	地理坐标水平精度小于 1.5 m
		地理坐标垂直精度小于 3 m
		正常飞行状态下，小型无人直升机巡检系统飞行控制精度水平小于 3 m
		正常飞行状态下，小型无人直升机巡检系统飞行控制精度垂直小于 5 m

续表5.2

序号	指标类别	指标要求
5	通信	数传延时 ≤ 20 ms,误码率 ≤ 1×10^{-6}
		传输带宽 ≥ 2 MB(标清),图传延时 ≤ 300 ms
		距地面高度 40 m 时数传距离不小于 2 km
		距地面高度 40 m 时图传距离不小于 2 km
6	任务载荷	可见光传感器的成像照片应满足在距离不小于 10 m 处清晰分辨销钉级目标的要求。有效像素不少于 1 200 万像素
		红外传感器的影像应满足在距离 10 m 处清晰分辨发热故障。分辨率不低于 640 × 480;热灵敏度不低于 50 mK;测温精度不低于 2 K;测温范围 −20 ℃ ～+150 ℃
		可视范围应保证水平 −180° ～+180°,同时俯仰角度范围 −60° ～+30°
		机载存储应采用插拔式存储设备,存储空间不小于 32 GB
7	地面展开时间、撤收时间	地面展开时间 ≤ 5 min
		撤收时间 ≤ 5 min
8	平均无故障工作间隔时间	平均无故障工作间隔时间 MTBF ≥ 50 h
9	整机寿命	整机寿命 ≥ 500 飞行小时或 1 000 个架次(以先到者为准)
10	可编辑飞行航点	≥ 50 个

3. 固定翼无人机巡检系统

固定翼无人机巡检系统包括固定翼无人机系统、任务载荷、发射回收系统和综合保障系统。

固定翼无人机系统包括固定翼无人机平台和机载通信系统。其中,固定翼无人机平台装有机载追踪器,其中包括无人机本体和飞行控制系统。关于任务载荷和综合保障系统的具体组成,在无人直升机巡检系统部分已详尽说明,固定翼无人机巡检系统在此部分不再赘述。

任务载荷包括机载吊舱和任务设备。其中,大型固定翼无人机巡检系统设有机载吊舱,中、小型固定翼无人机巡检系统没有专设机载吊舱。任务设备指可见光检测设备,包括可见光照相机和可见光摄像机。

发射回收系统主要根据固定翼无人机巡检系统的起降方式决定,滑跑起降方式无固定硬件装置但需要有起降场地,弹射起飞方式需要具备弹射架,伞降方式需要具备机载降落伞，撞网撞绳降落方式需要具备拦截网、绳。

综合保障系统包括地面保障设备、地面站系统、储运车辆和发射回收系统。地面保障设备包括供电设备、燃料、调试用具、工器具，大型固定翼无人机巡检系统的燃料为汽油或重油，中型固定翼无人机巡检系统的燃料为汽油、重油或电动，小型固定翼无人机巡检系统采用电动；大、中型固定翼无人机巡检系统的地面站系统包括飞行控制软件、检测系统软件、硬件设备、地面通信系统及地面测控车辆，小型固定翼无人机巡检系统的地面站系统包括飞行操控器、飞行控制软件、地面通信系统；大、中型固定翼无人机巡检系统配备专用储运车辆，小型固定翼无人机巡检系统可根据具体需要配备储运车辆[36]。如图 5.25 所示。

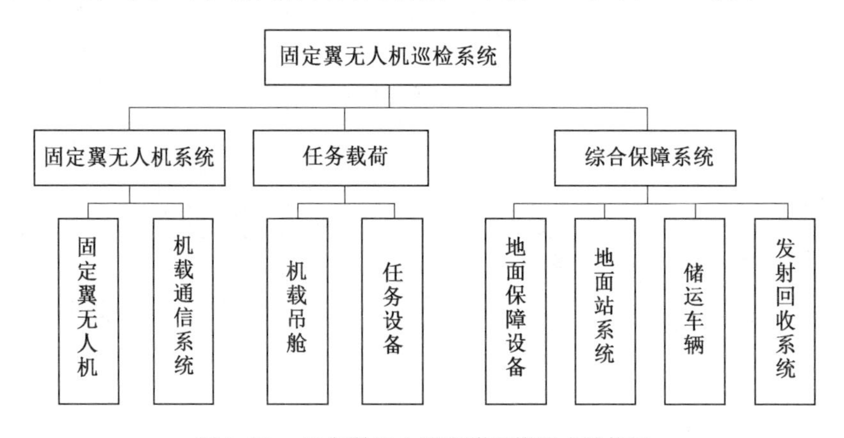

图 5.25　固定翼无人机巡检系统组成结构图

针对架空输电线路通道巡检、应急巡检和灾情普查中使用较多的是中、小型固定翼无人机，国家电网架空输电线路固定翼无人机巡检系统规范中对技术指标要求见表 5.3。

表 5.3　固定翼无人机巡检系统技术指标要求

序号	指标类别	指标要求
1	环境适应性	存储温度范围：－20 ℃ ～＋65 ℃
		工作温度范围：－20 ℃ ～＋55 ℃(电动)、－30 ℃ ～＋55 ℃(油动)。
		相对湿度：≤90％(＋25 ℃)
		抗风能力：≥10 m/s(距地面 2 m 高，瞬时风速)
		抗雨能力：能在小雨(12 h 内降水量小于 5 mm 的降雨)环境条件下短时飞行

续表5.3

序号	指标类别	指标要求
2	起降技术指标	采用滑跑方式起飞、降落或采用机腹擦地方式降落时，滑跑距离应小于 50 m
		弹射架应可折叠，折叠后长度不宜超过 2 m，质量不宜超过 30 kg
		采用伞降降落方式时，开伞位置控制误差不宜大于 15 m
3	飞行性能技术指标	巡航速度：60 ～ 100 km/h
		最大起飞海拔高度 ≥ 4 500 m
		最大巡航海拔高度 ≥ 5 500 m
		最小作业真高 ≤ 150 m
		续航时间要求：中型固定翼无人机续航时间 ≥ 2 h，小型固定翼无人机续航时间 ≥ 1 h
		最小转弯半径 ≤ 150 m
		最大爬升率 ≥ 3 m/s
		最大下降率 ≥ 3 m/s
4	任务载重	中型固定翼无人机正常任务载重 ≥ 2 kg
		小型固定翼无人机正常任务载重 ≥ 0.5 kg
5	航迹控制精度	水平航迹与预设航线误差 ≤ 3 m
		垂直航迹与预设航线误差 ≤ 5 m
6	通信	传输带宽 ≥ 2 MB(标清)，图传延时 ≤ 300 ms
		数传延时 ≤ 80 ms
		通视条件下，最小数传距离 ≥ 20 km
		通视条件下，最小图传距离 ≥ 10 km
7	任务载荷	在作业真高 200 m 时，采集的视频可清晰识别航线垂直方向上两侧各 100 m 范围内的 3 m×3 m 静态目标
		在作业真高 200 m 时，采集的图像可清晰识别航线垂直方向上两侧各 100 m 范围内的 0.5 m×0.5 m 静态目标
		高清可见光摄像机帧率不小于 24 Hz；支持数字及模拟信号输出，支持高清及标清格式
		机载存储应采用插拔式存储设备，存储空间不小于 64 GB

续表5.3

序号	指标类别	指标要求
8	可靠性	平均无故障工作间隔时间 MTBF ≥ 50 h
		机械电子部件定期检查保养周期不低于 20 个架次
9	操作性	展开时间 ≤ 20 min，撤收时间 ≤ 10 min
10	整机使用寿命	整机使用寿命不低于 300 架次

5.2.2 无人机巡检系统关键技术

1. 飞行控制技术

飞行控制系统主要由机载传感器、机载飞行控制器、地面站控制模块组成，功能是根据无人机的实时飞行状态，将地面站发出的飞行任务解算成为控制指令，并驱动执行机构以控制无人机。飞行控制系统的组成结构如图 5.26 所示。

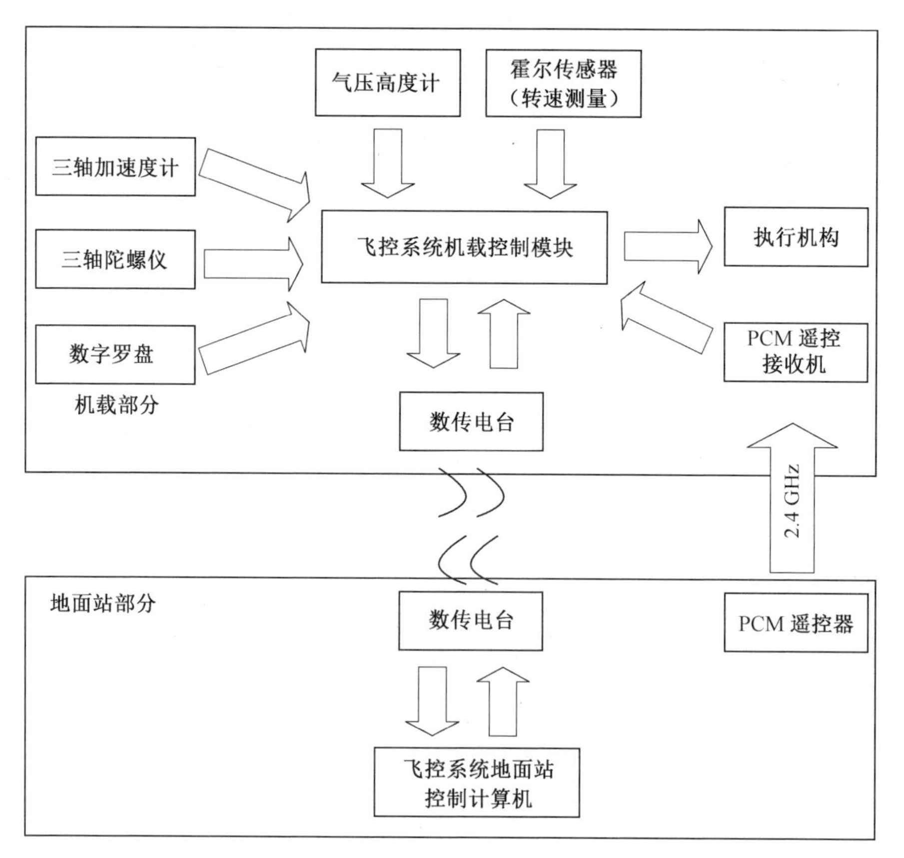

图 5.26　飞行控制系统组成结构示意图

飞行控制系统集成时，要集成各种传感器、飞行控制器、电源系统、机上电缆和执行机构。飞行控制系统是一个较为复杂的闭环负反馈控制系统，它可以控制无人机自动实现定高度、定航向、定姿态飞行，控制机动飞行时飞行姿态较稳定，以保证无人机的安全降落。飞行控制系统组成结构框图如图 5.27 所示。

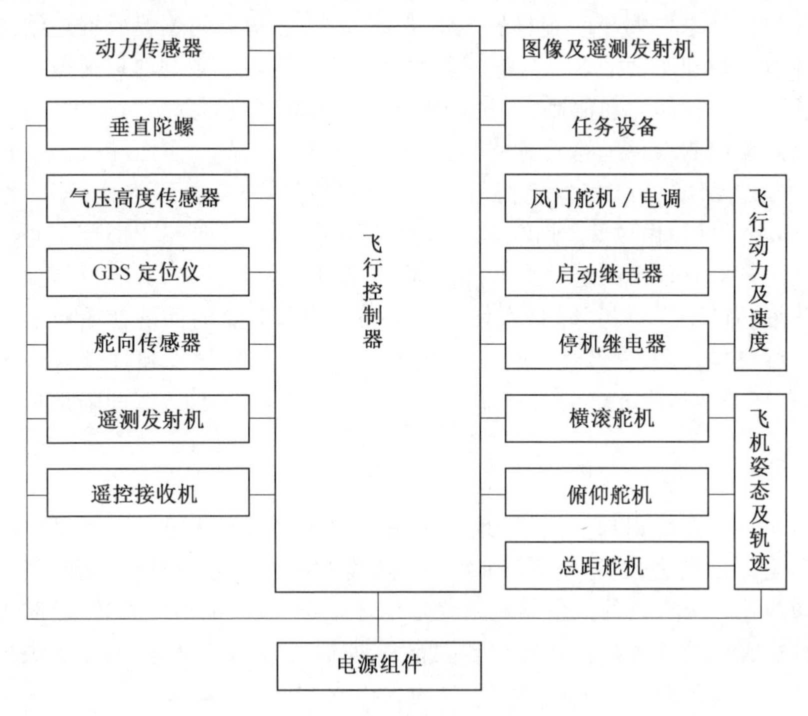

图 5.27　飞行控制系统组成结构框图

飞行控制系统具有 3 种控制模式：手动，速度和自动。手动飞行模式是纯手动控制舵机，使得飞机能够平稳飞行。此种模式对操控技术要求较高，且无法长距离控制飞机，通常只在出现异常或紧急状况下使用。速度模式是指采用机载飞行控制计算机来控制飞机，然后根据指令执行前飞、后退、侧飞、盘旋、悬停等飞行任务，其中后退、悬停应用于无人直升机，其他飞行任务也适用于固定翼无人机，此模式具有良好的操控性。自动模式是根据杆塔 GPS 位置，事先设置好的航路点和悬停点，自动起飞、飞行、悬停、降落。此模式安全可靠，适合实际巡线需要。

目前应用于架空输电线路巡检的无人机巡检系统具备上述 3 种飞行模式，并且具备自主起降、航线规划、一键返航、失控返航、三维程控飞行等功能。

2. 导航技术

目前在无人机上可采用的导航技术主要包括惯性导航、卫星导航、视觉导航、地磁导航、多普勒导航、天文导航、航迹推算、地形匹配辅助导航、组合导航等。由于这些导航技术都有其相应的适用范围和使用条件,因而,应综合考虑现有导航技术的特点和无人机担负的不同任务选择适合该型无人机的导航系统。

(1) 惯性导航。

惯性导航系统属于一种推算导航方式,即从已知点的位置根据连续测得的运载体航向角和速度推算出其下一点的位置。惯性导航系统的加速度计用于测量载体在 3 个轴向运动加速度,并通过积分运算得出载体的瞬时速度和位置,同时利用陀螺仪测量系统的角速率,进而计算出载体姿态。惯性导航是一种完全自主的导航系统,不依赖外界任何信息,隐蔽性好,不受外界干扰,不受地形影响,能够全天候提供位置、速度、航向和姿态角数据,但不能给出时间信息。惯性导航在短期内有很高的定位精度,由于惯性器件误差的存在,其定位精度误差随时间的推移而增大。另外,每次使用之前需要进行较长时间的初始对准。目前惯导系统已经发展出挠性惯导、激光惯导、光纤惯导、微固态惯性仪表等多种技术,根据环境和精度要求的不同,广泛地应用在航空、航天、航海和陆地机动的各个方面。

(2) 卫星导航。

卫星导航系统由导航卫星、地面台站和用户定位设备组成。卫星导航系统能够为全球提供全天候、全天时的位置、速度和时间信息,精度不随时间变化。现阶段应用较为广泛的卫星导航系统是全球定位系统(GPS)。GPS 导航优点是全球性、全天候、连续精密导航与定位能力,实时性较出色,但是不能提供载体的姿态信息。另外,环境适应性较差,易受到干扰。

(3) 视觉导航。

视觉导航主要利用计算机来模拟人的视觉功能,从客观事物的图像中提取有价值信息,对其进行识别和理解,进而获取载体的相关导航参数信息。视觉导航系统由视觉信息采集部分、视觉信息处理部分及导航跟踪部分构成,3 部分有机结合,完成视觉导航,其中视觉信息采集部分主要是完成对机器将要经过路线上的图像的采集,这个过程主要由光电耦合器(CCD) 完成。视觉信息处理主要是对采集到的图像进行增强、边缘提取和分割等,利用一定的跟踪算法,实现机器的智能跟踪,即完成机器的导航。视觉系统可以获得丰富的环境信息,并且具有独立性、准确性、可靠性,以及信息完整性等优势。由于计算机视觉处理技术用于从图像中获取导航有效信息,实现对图像中运动或静止目标的提取,因而视觉导航需要依靠参照物,且只能获得相对运动状态信息。

(4) 地磁导航。

地磁导航的基本原理是通过地磁传感器测得的实时地磁数据与存储在计算机中的地磁基准图进行匹配来定位。地磁场为矢量场,在地球近地空间内任意一点的地磁矢量都不同于其他地点的矢量，且与该地点的经纬度存在一一对应的关系。地磁导航具有无源性、无辐射、隐蔽性强，不受敌方干扰、全天时、全天候、全地域能耗低的优良特征，且导航不存在误差积累。缺点是地磁匹配需要存储大量的地磁数据，实时性与计算机处理数据的能力有关。另外，地磁导航工作性能受地形影响，适合起伏变化大的地形，同时还受天气影响，在大雾和多云等天气条件下导航效果不佳，采用该导航方式要求飞行器按照规定的路线飞行，不利于飞行器的机动性。

(5) 多普勒导航。

多普勒导航系统由多普勒测速雷达、航姿控制系统、导航计算机 3 部分组成。多普勒雷达测量得到的载体坐标系中的三轴向速度，经过航行系统的姿态数据转换到地平坐标系中，在设定初始位置的前提下由导航计算机完成推航定位。多普勒导航优点是自主性好，反应快，抗干扰性强，测速精度高，能用于各种气候条件和地形条件。缺点是工作时必须发射电波，因此其隐蔽性不好。系统工作受地形影响，性能与反射面的形状有关，同时，测量精度还受天线姿态的影响，并且存在误差积累，系统会随飞行距离的增加而使误差增大。由于系统定位误差随航程增加而增大，大大限制了该系统在当前高精度导航要求条件下的应用。

(6) 天文导航。

天文导航是利用对自然天体的测量来确定自身位置和航向的导航技术。由于天体的位置是已知的，通过测量天体相对于导航用户参考基准面的高度角和方位角就可计算出用户的位置和航向。该导航方式不需要其他地面设备的支持，是自主式导航系统。天文导航不受人工和自然形成的电磁波，不向外辐射电磁波，隐蔽性好，定位、定向的精度比较高，定位误差与定位时刻无关。低空飞行时因受能见度的限制较少采用天文导航，且要求装机的适应性。

(7) 航迹推算。

航迹推算的基本原理是依据大气数据计算机测得的空速，磁航向测得的真北航向以及当地风速风向，推算出地速及航迹角。航迹推算导航系统具有自主性、保密性强，只需利用自身惯性元件的观测量推导出位置、速度等导航参数，抗无线电干扰能力强、全天候、机动灵活、多功能，但航迹推算系统存在误差随时间迅速积累增长，不能长期工作，初始对准时间长等问题，靠提高航迹推算系统本身元器件精度，只能有限程度地改善，不能从根本上解决这些问题。

(8) 地形匹配辅助导航。

地形辅助导航是指飞行器在飞行过程中，利用预先储存的飞行路线中某些地区的特征数据，与实际飞行过程中测量到的相关数据进行不断比较来实施导航修正的一种方法。地形匹配主要分为地形高度匹配和景象匹配。地形匹配定位原理是飞行器在飞越航线上某些特定的地形区域时，用雷达高度表和气压高度表等设备测量沿航线的地形标高剖面，将实时图像与预存的基准图指示标高剖面进行相关处理，按最佳匹配确定飞行器的地理位置。景象匹配是数字图像处理、计算机视觉、摄影测量与遥感等领域的一项关键技术。一般来说，地形匹配用于飞行器中段导航，提供较低的定位精度，而景象匹配用于末端导航，提供高精度的位置信息。

(9) 组合导航。

组合导航是指把两种或两种以上的导航系统以适当的方式组合在一起，利用其性能上的互补特性，可以获得比单独使用任一系统时更高的导航性能。除了可以将以上介绍的导航技术进行组合之外，还可以应用一些相关技术提高精度，比如大气数据系统、航迹推算技术等。

① 惯性导航与 GPS 组合导航系统。组合的优点表现在：对惯性导航系统可以实现惯性传感器的校准、惯性导航系统的空中对准、惯性导航系统高度通道的稳定等，从而可以有效地提高惯性导航系统的性能和精度。对 GPS 系统来说，惯性导航系统的辅助可以提高其跟踪卫星的能力，提高接收机的动态特性和抗干扰性。INS/GPS 综合还可以实现 GPS 完整性的检测，从而提高可靠性。另外，INS/GPS 组合可以实现一体化，把 GPS 接收机放入惯性导航部件中，可以进一步减少系统的体积、质量和成本，便于实现惯性导航和 GPS 同步，减少非同步误差。INS/GPS 组合导航系统是目前多数无人飞行器所采用的主流自主导航技术。美国的全球鹰和捕食者无人机都是采用这种组合导航方式。

② 惯性导航与多普勒组合导航系统。这种组合方式既解决了多普勒导航受到地形因素的影响，又可以解决惯性导航自身的累积误差，同时在隐蔽性上二者实现了较好的互补。

③ 惯性导航与地磁组合导航系统。通过地磁匹配技术的长期稳定性弥补惯系统误差随时间累积的缺点，同时利用惯性导航系统的短期高精度弥补地磁匹配系统易受干扰等不足，可以实现惯性与地磁导航。这种组合导航具备自主性强、隐蔽性好、成本低、可用范围广等优点，因此是当前导航研究领域的一个热点。

④ 惯性导航与地形匹配组合导航系统。由于地形匹配定位的精度很高，因此可以利用这种精确的位置信息来消除惯性导航系统长时间工作的累计误差，提高惯性导航系统的定位精度。由于地形匹配辅助导航系统具有自主性和高精度的突出优点，将其应用于装载有多种图像传感器的无人机导航系统，构成惯性 / 地形匹配组合导航系统，将是地形匹配辅助导航技术发展和应用的未来趋势。

⑤GPS 与航迹推算组合导航系统。航迹推算的基本原理：在 GPS 失效情况

下，依据大气数据计算机测得的空速、磁航向测得的真北航向以及当地风速风向，推算出地速及航迹角。当 GPS 定位信号中断或质量较差时，由航迹推算系统确定无人机的位置和速度；当 GPS 定位信号质量较好时，利用 GPS 高精度的定位信息对航迹推算系统进行校正，从而构成了高精度、高可靠性的无人机导航定位系统，在以较高质量保证了飞行安全和品质的同时，有效降低了系统的成本，使无人机摆脱对雷达、测控站等地面系统的依赖。

根据架空输电线路巡检的任务特点，目前应用于电力巡检的无人机系统，通常使用惯性导航，GPS 卫星导航与地磁导航相结合的组合导航方式。

3. 巡检通信技术

无人机巡检通信系统是无人机系统的重要组成部分，是飞行器与地面系统联系的纽带。随着无线通信、卫星通信和无线网络通信技术的发展，无人机通信系统的性能也得到了大幅度提高。从可靠性与经济性平衡的角度出发，目前无人机通信采用的调制模式包括 2 FSK、BPSK、OFDM 技术、直接扩频技术等。增强抗干扰性能、及时准确地传输数据以及增强信息传输绕射能力仍然是无人机通信有待解决的重要研究方向。

针对架空输电线路精细化巡检和故障巡检中使用较多的中小型无人直升机，以及应用于通道巡检、应急巡检和灾情普查中的中小型固定翼无人机，按照国家电网架空输电线路无人机巡检系统规范定义，其中针对无人机通信的技术指标要求见表 5.4。

表 5.4　国网巡检无人机通信技术指标要求

序号	机型	通信技术指标要求
1	小型无人直升机	数传延时 $\leqslant$ 20 ms，误码率 $\leqslant 1\times10^{-6}$
		传输带宽 $\geqslant$ 2 MB(标清)，图传延时 $\leqslant$ 300 ms
		距地面高度 40 m 时数传距离不小于 2 km
		距地面高度 40 m 时图传距离不小于 2 km
2	中型无人直升机	数传延时 $\leqslant$ 80 ms，误码率 $\leqslant 1\times10^{-6}$
		传输带宽 $\geqslant$ 2 MB，图传延时 $\leqslant$ 300 ms
		距地面高度 60 m 时最小数传通信距离 $\geqslant$ 5 km
		距地面高度 60 m 时最小图传通信距离 $\geqslant$ 5 km
3	固定翼无人机	传输带宽 $\geqslant$ 2 MB(标清)，图传延时 $\leqslant$ 300 ms
		数传延时 $\leqslant$ 80 ms
		通视条件下，最小数传距离 $\geqslant$ 20 km
		通视条件下，最小图传距离 $\geqslant$ 10 km

无人机通信系统包括数据传输系统和图像传输系统。通信系统需要具备良好的实时性和高可靠性，以便后台操控人员及时观察电力巡线的现场情况；要对高压线及高压设备产生的电磁干扰要有很强的抗干扰能力；要能在城区、城郊、建筑物内等非通视和有阻挡的环境使用时仍然具有卓越的绕障和穿透能力；要能在高速移动的环境中，仍然可以提供稳定的数据和视频传输。以下选择满足国家电网无人机巡检系统通信技术指标要求的COFDM技术，形成整体解决方案，介绍已应用于架空输电线路无人机巡检工作的巡检通信技术。

COFDM (coded orthogonal frequency division multiplexing) 技术，其基本原理就是将高速数据流通过串并转换，分配到传输速率较低的若干子信道中进行传输。编码(C)是指信道编码采用编码率可变的卷积编码方式，以适应不同重要性数据的保护要求，正交频分(OFD)指使用大量的载波(副载波)，它们有相等的频率间隔，都是一个基本振荡频率的整数倍，复用(M)指多路数据源相互交织地分布在上述大量载波上，形成一个频道。

(1) 数据传输系统。

数据传输系统由发射机、接收机和天馈线组成，其原理是通过天线接收地面遥控发射机发射的调频信号，经过放大、鉴频、解调、译码后，以串行形式发送给飞行控制系统，实现远距离的遥控。由于采用COFDM技术，数据传输系统性能即使是在电磁干扰严重、传输路径存在阻挡的条件下仍然表现优异。

① 原理框图。无线数据传输系统原理框图如图5.28所示。

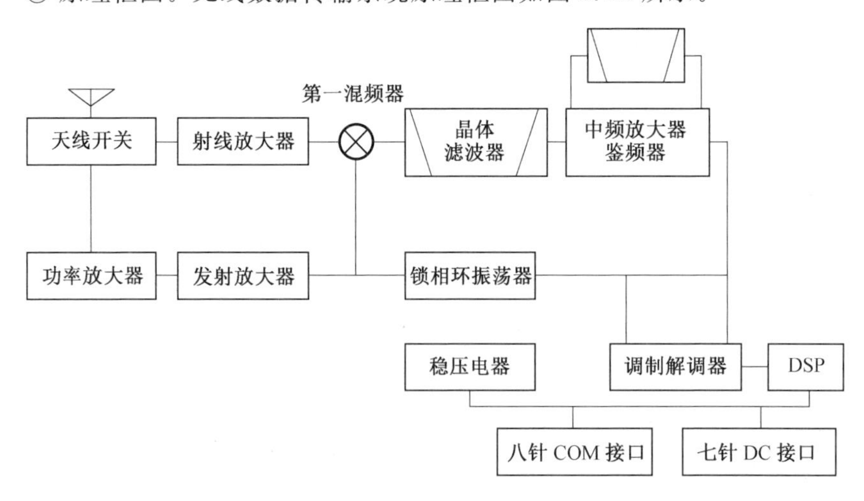

图5.28　无线数据传输系统原理框图

② 物理连接框图。无线数据传输系统物理连接框图如图5.29所示。

(2) 图像传输系统。

图像传输系统由发射设备、接收设备和天馈线组成，主要功能是实时传输可

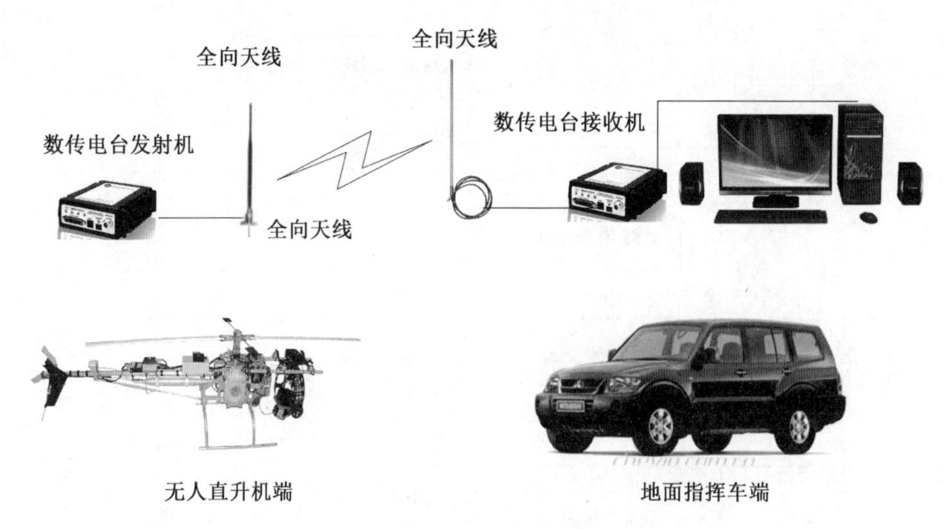

图 5.29　无线数据传输系统物理连接框图

见光视频、红外视频，供无人机任务操控人员实时操控云台转动到合适的角度拍摄输电线路、杆塔和线路走廊高清晰度的照片，同时辅助内控人员、外控人员实时观察无人机飞行状况。

① 原理框图。COFDM 无线图像传输设备发射端、接收端的原理框图如图 5.30 和图 5.31 所示。

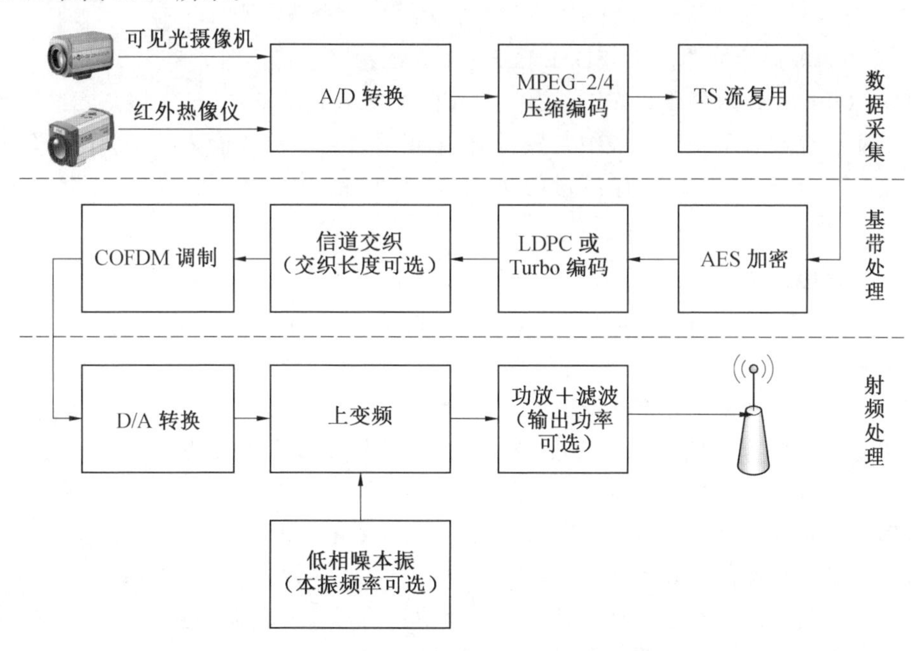

图 5.30　COFDM 无线图像传输设备发射端原理框图

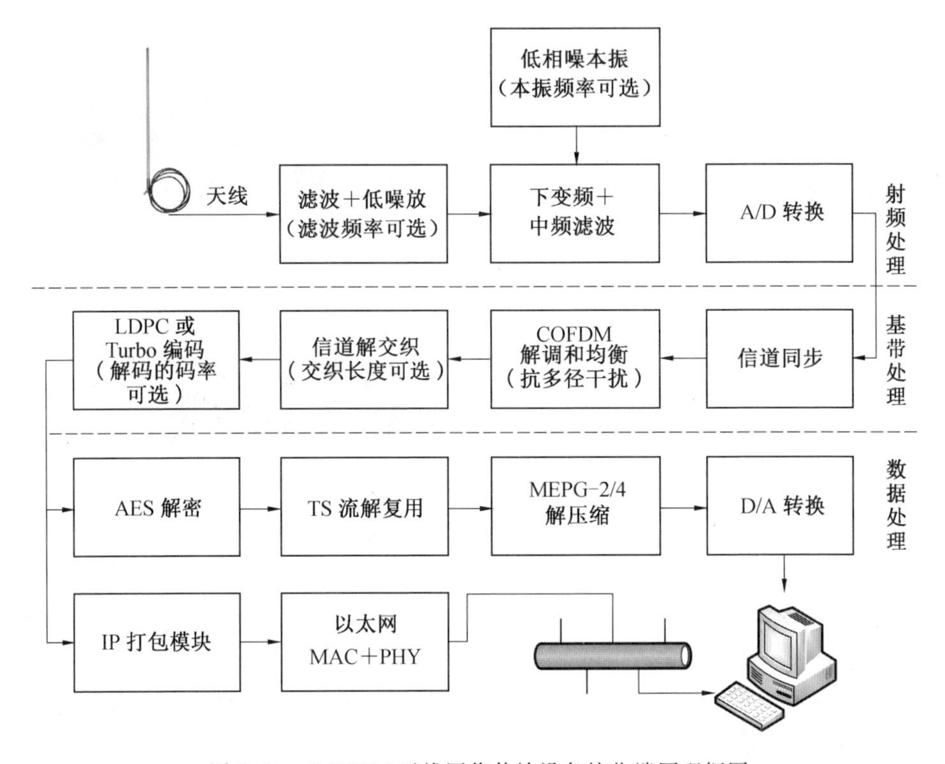

图 5.31　COFDM 无线图像传输设备接收端原理框图

② 物理连接框图。COFDM 无线图传系统物理连接框图如图 5.32 所示。

COFDM 技术的优点在于，采用 COFDM 技术的设备在城区、城郊、建筑物内等非通视和有阻挡的环境中，仍然具有卓越的绕射和穿透能力，对高压线及高压设备产生的电磁干扰有很强的抗干扰能力，能够满足无人机电力巡线的需要。

4. **避障技术**

采用无人机进行电力巡线时，无人机 GPS 导航存在误差，且巡检飞行时可能遇到阵风过大，以及无人机的飞行高度不够等因素会导致无人机在执行任务过程中可能会出现偏离预定航向的情况，这个过程存在与无人机、输电线路或其他障碍物发生碰撞的危险。对于山、树木、铁塔等体积较大的障碍物，通过无人机实时传回地面站的视频能够识别。但由于输电导线线径小，视频很难识别，为了保障无人机巡线系统及输电线路的安全，提升巡线作业的可靠性，有必要实现无人机对输电导线的避障[37]。

无人机避障系统由机载的信号采集模块和机载飞控的紧急避障模块组成。机载的高精度电磁场检测传感器、高性能测距传感器与飞控紧急避让模块可实

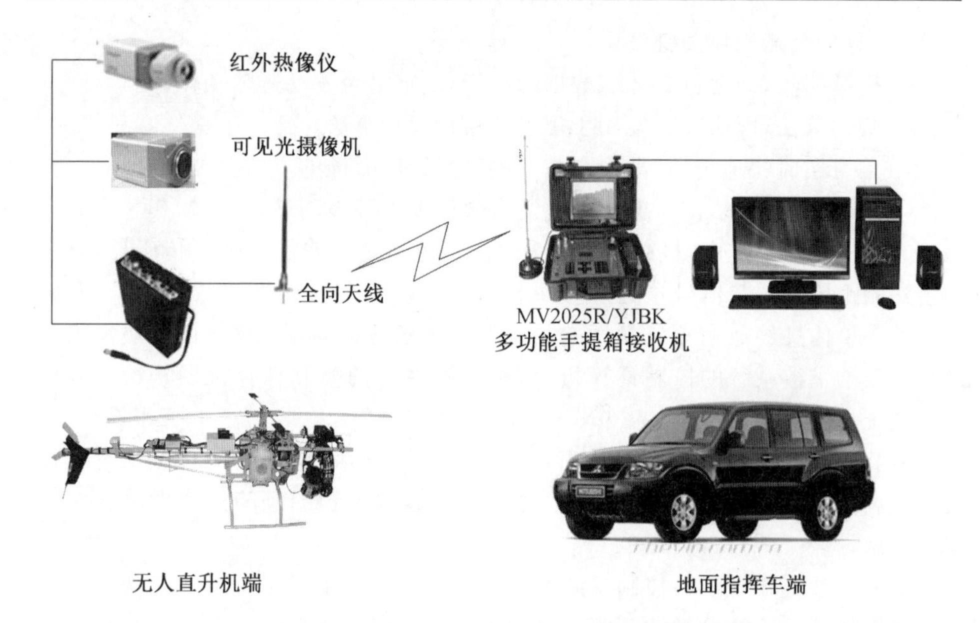

图 5.32　COFDM 无线图像传输系统物理连接框图

现主动避让方式，视觉传感器与后台的分析识别模块可实现辅助判断避让方式。其系统框架如图 5.33 所示。

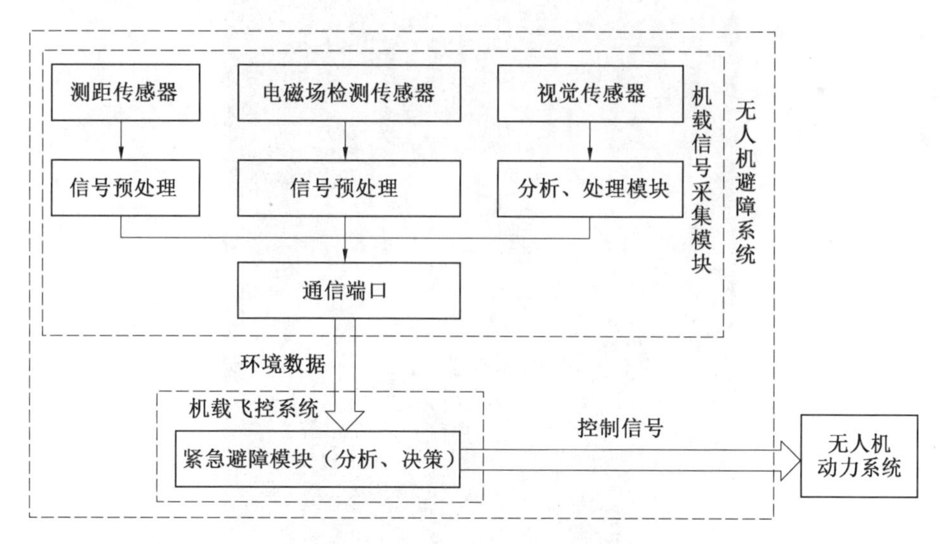

图 5.33　无人机避障系统框架图

(1) 信号采集模块关键技术。

① 传感器输出信号通过 A/D 转换为数字信号，并应用 DSP 进行信号处理。

② 机载设备避震方式的设计与实现。

③ 与供电接口、信号输入和飞控系统通信的输入输出接口。

(2) 分析避障模块关键技术。

① 决策算法,即通过对环境数据的分析,决定是否发动避障动作。

② 规避算法,即研究开发用于规避的路径规划算法。

③ 信号实时快速传输,即提高整个避障系统实时性的方法。

④ 仿真模拟测试,即研究如何进行有效的模拟环境测试。

无人机避障系统中,机载的信号采集模块包括毫米波雷达测距传感器,毫米波雷达测距传感器与信号预处理模块相连以将模拟信号转换为数字信号,并将周围的环境信息经通信端口发送给机载避障分析模块,由机载分析模块发出相应的指令给飞控系统的控制计算机,再由飞控系统的控制计算机发送给无人机动力系统。

机载避障分析模块为通过内置的预设距离门限值,将周围的环境信息与预设的距离门限值进行对比得出障碍物方位,并通过内置的避障策略做出相应的避障措施。

避障雷达感知系统与控制系统如图 5.34 和图 5.35 所示。适用于架空输电线路无人机巡检系统的微波测距及电磁场测量传感器具备以下特点。

图 5.34　避障雷达感知系统

① 微波测距在 30 ~ 100 m 的范围内能感知厘米级别的障碍物或设备。

图 5.35　避障雷达控制系统

② 电磁场测量能够测量 0 ～ 10^{-2} T 范围内的磁场强度，分辨率应在 10^{-6} T 以上。

③ 具有较小的体积和重量，传感器总体重量应不大于 5 kg。

④ 具有较低的功耗。

⑤ 具有较高的可靠性，通过抗震、耐温、淋雨等环境试验。

通过避障系统智能避让功能，可以躲避输电导线、树木等障碍物。避障策略和避障指令由飞控系统实时计算，以确保在山区复杂地形条件下，随时与线路保持安全距离，避免飞机碰撞导线或其他障碍物。

5. 检测技术

(1) 检测系统的设计。

无人机巡检机载检测系统是整个无人机巡检系统的任务系统，检测系统主要是由检测终端(包括机载摄像机、机载照相机、红外热像仪、激光雷达等检测设备)、增稳云台和地面站后台软件等组成，检测系统的检测终端检测精度和成效，以及检测系统集成的好坏，都是无人机巡线系统设计时需要注意的关键因素。地面站后台软件实现对云台的控制及图像的拍摄等功能。检测系统的功能是用机载摄像机、机载照相机、红外热像仪、激光雷达检测输电网上的导线、杆塔、绝缘子、线夹、销钉等设备，并且发现设备破损、部件丢失、设备热缺陷等故障，从而为架空输电线路安全运行提供重要的安全保障。检测系统结构示意图如图 5.36 所示。

其中，无线通信模块用于接收地面站控制信号并将转发给检测设备，同时可接收可见光和红外数字视频压缩编码后的数字信号，并将其发送回地面站；微控制系统用于接收指令并通过遥控对可见光相机下达拍摄指令；可见光相机用于接收微控制系统指令并拍摄可见光静态图片，静态图片存储在相机内的闪存卡

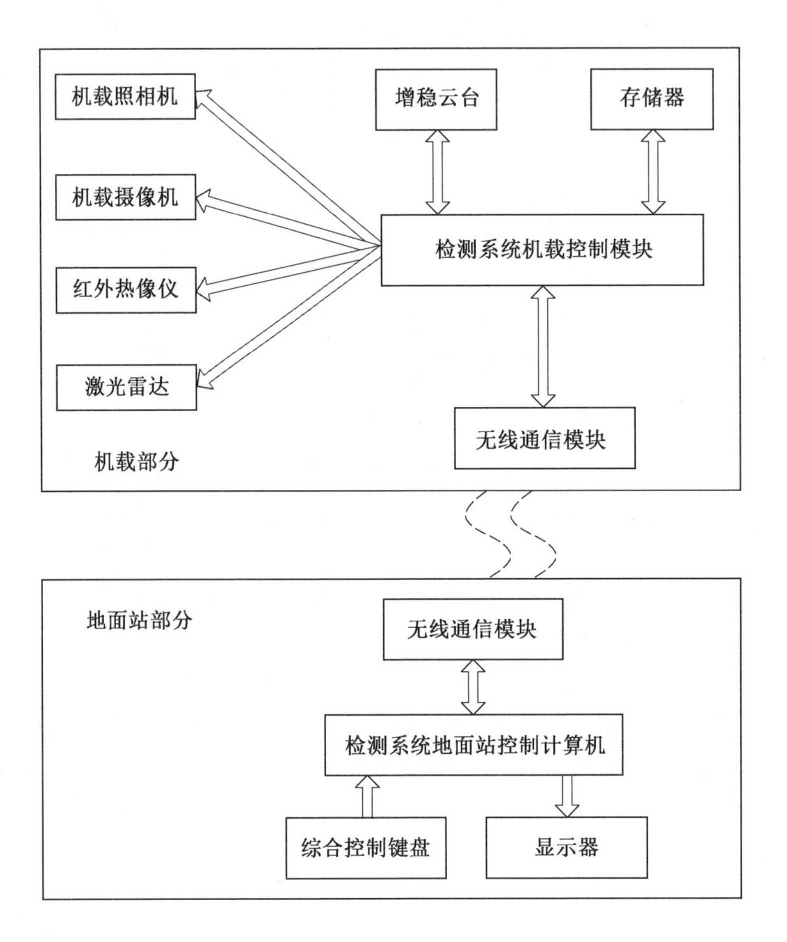

图 5.36　检测系统结构示意图

上;红外热像仪用于检测电力设备的温度;紫外成像仪用于检测由于局部放电而形成的电晕;激光雷达用于三维激光扫描测量;视频编码器对可见光相机或者红外热像仪输出的模拟视频信号进行压缩编码,转换成数字信号传输;增稳云台用于抑制飞行器低频晃动对检测的影响,增强检测效果[38]。

用于输电线路巡检的检测系统基本要满足以下的需求。

① 具有减振功能,以减少检测终端在拍摄过程中的抖动,使拍摄的图像和视频清晰、稳定。

② 控制精度高、响应时间短、动态性好、无累计误差、性能稳定、工作可靠、使用方便。

③ 提供相机快门控制信号或摄像机变焦控制信号。

④ 与 RC 遥控器紧密结合,可以工作在纯手动或 RC 姿态遥控模式。

⑤ 云台方位轴受飞控系统控制,可以自动适应当前航线。

(2) 检测终端。

检测终端主要由机载照相机、机载摄像机、红外热像仪、紫外成像仪组成，功能是为地面飞行控制人员和任务操控人员提供实时的可见光和红外视频，同时提供高清晰度的静态照片供后期分析输电线路、杆塔和线路走廊的故障和缺陷。

① 机载摄像机。机载摄像机也是检测系统的一个重要的辅助检测设备，负责为地面任务操作人员提供无人机巡检现场的实时视频，它可以帮助地面任务操作人员控制云台转动合适的角度来拍摄高清晰度的照片，同时也为无人机超视距飞行时给外控人员和内控人员提供无人机的实时飞行状况。

机载摄像机基本要求：中低分辨率、标准清晰度、标准制式、标准接口、低功耗、方便机载以及无线传输。

② 机载照相机。机载照相机是检测系统中一个关键的检测设备，负责为检测系统提供杆塔、输电线路和线路走廊高清晰度的现场照片，以便后期分析故障和缺陷。机载照相机的基本要求：高分辨率、高清晰度、可在输电线路安全距离外拍摄数码照片。通过后期观察，可分辨目标物体，即 220 kV 与 500 kV 输电线路的金具、体积小、重量轻。

通过测试不同厂家不同型号的摄像机和CMOS摄像机，对比摄像机的功能、性能、价格等因素，以某款相机为例的主要参数见表5.5。

表5.5　某款机载摄像机主要参数表

性能指标	参数
图像传感器	1/4″Super HAD color CCD
水平分辨率	520线(彩色)/570线(黑白)
最低照度	0.6 lux (F1.6 Wide)
高效的电子快门控制	1/50 ～ 1/120 000
信噪比	52 dB
规格 /(mm × mm × mm)	67.4(宽) × 67.6(高) × 120(长)
质量	450 g
工作温度	－10 ℃ ～＋50 ℃
工作湿度	20% ～ 80%RH

目前很多应用单位主要使用的是普通数码相机、单反相机，这两种相机的主要优缺点见表5.6。

表 5.6　普通数码相机与单反相机的对比

类型	优点	缺点
普通数码相机	质量小、成本低、实用性强	成像质量相对较差、拍摄模式较少，对振动敏感
单反相机	可与不同焦距的镜头配套使用，支持定焦、变焦两种模式，可检测范围大，成像质量好	质量大、体积大、成本高

③ 红外热像仪。红外热像仪是检测系统中一个非常关键的检测设备，通过无线图像传输系统传输的实时红外视频，可以帮助任务操控人员检测输电线路上的接头、绝缘子、夹板、跳线、高压线、压接套管、瓷瓶引线等有无热故障和缺陷。

红外热像仪的基本要求如下：体积小，质量轻；提供模拟视频接口和网络控制接口；提供红外热像仪的SDK的动态链接库和API函数接口说明；在离输电线路 50 ～ 80 m 的距离，通过红外视频可清晰看到输电线路及设备的发热点。

通过调研了国内外红外热像仪厂家，采用购买、租赁等方式对国内外的几款红外热像仪进行了各种功能测试和性能测试，以某款红外热像仪为例的技术参数见表 5.7。

表 5.7　某款红外热像仪技术参数

镜头	视场角	25° × 18.8°
	最小焦距	0.4 m
	空间分辨率	1.36 mrad
	调焦方式	自动 / 手动
	热灵敏度	70 mK@ + 30 ℃
	帧频	9 Hz/30 Hz
探测器	探测器类型	非制冷焦平面微热型探测器
	波长范围	7.5 ～ 13 μm
	分辨率	320 × 240 pixels
测量	测温范围	− 20 ℃ ～+ 120 ℃
	测温精度	± 2 ℃ 或 ± 2%(读数范围)
测量分析模式	大气透射率校正	自动，根据输入的距离、湿度、环境温度
	环境温度校正	自动，根据输入的环境温度
	辐射率校正	0.1 ～ 1.0 辐射率可调

续表 5.7

操作环境	操作温度	－15 ℃ ～＋50 ℃
	存储温度	－40 ℃ ～＋70 ℃
	湿度	工作及存储：≤ 95％
物理参数	重量	0.7 kg
	尺寸	170 mm×70 mm×70 mm

④ 三维激光雷达。激光雷达技术(light detection and ranging，LiDAR) 综合了扫描技术、激光测距技术、惯性导航 IMU 技术、全球定位 GPS 技术、数字摄影测量以及图像处理技术等多种技术，能快速准确地获取裸地表以及地表上各种物体的三维坐标和物理特征，是国际上先进的一种测绘技术。

激光雷达系统通常是由激光扫描仪、高精度惯性导航系统、高清晰数码相机以及系统控制电脑等部件组成的一套系统设备，能搭载在不同的平台上获取高精度的激光和影像数据，经后期处理得到精确的地表模型及其他数字模型。

机载激光扫描系统由三维激光系统、姿态测量和导航系统、数码相机、数据处理软件等组成。

a. 数字化三维激光扫描仪。数字化激光扫描仪是本系统的核心部分，它主要用来测量地物地貌的三维空间坐标信息。

b. 姿态测量和导航系统。GPS接收机、IMU 惯性制导仪、导航计算机构成了姿态测量和导航系统。GPS接收机采用差分定位技术确定平台的坐标。IMU 惯性制导仪测量航飞平台的姿态，用于发射激光束角度的校正以及地面图像的纠正。

GPS 接收机可为飞机提供导航，能用图文方式向飞行员和系统操作员提供飞机现在的状态，即飞机现在离任务航线起点终点的距离、航线横向偏差、飞行速度、航线偏离方向、航线在测区中的位置。系统应能处理区域测量也能处理带状测量。

c. 数码相机。数码相机拍摄的航片宽度应该调节到与激光扫描宽度相匹配。航片经过纠正、镶嵌可形成彩色正射数字影像。

d. 数据处理软件。激光扫描系统获取的数据量非常庞大，通常由特殊的专业软件来处理。

目前，激光雷达技术已经得到了普遍的应用，在电力行业的应用包括以下几点。

(a) 建立基于数字化输电走廊基础地理信息系统，便于精细化管理。

(b) 实现线路的自动化智能选线设计和线路设计方案的路径优化，缩短输电线路长度，节省工程造价。

(c) 应急检修、电网改造和线路走廊地形监测。

(d) 数字巡线与模拟训练。

运行中的电力线路，需要定期巡视与维护，进行危险源距离判断，排除隐患。利用无人机三维激光雷达可以完成这个任务，每个激光点都带有三维坐标，可以直接量测任意两激光点间的距离。使用三维激光雷达扫描获得的输电线路模型如图 5.37 所示。

图 5.37　三维输电线路环境模型

由于三维激光雷达是目前世界上唯一能对导线建模的技术，因此导线之间的间距测量、导线与树木房屋之间的距离、交叉跨越，导线的弧垂变化等都可以通过这种方式完成，这项技术为电力运检带来革命性的变化。输电线路高程计算如图 5.38 所示，输电线路交叉跨越分析如图 5.39 所示。在电网改造过程中需要进行间隔棒测量与设计时，可通过对输电线路走廊的扫描来实现，如图 5.40 所示。因为地形的变化可能造成杆塔塔基的变化，给输电线路的运行安全造成影响，因此需要对输电线路走廊的地形监测，如图 5.41 所示。

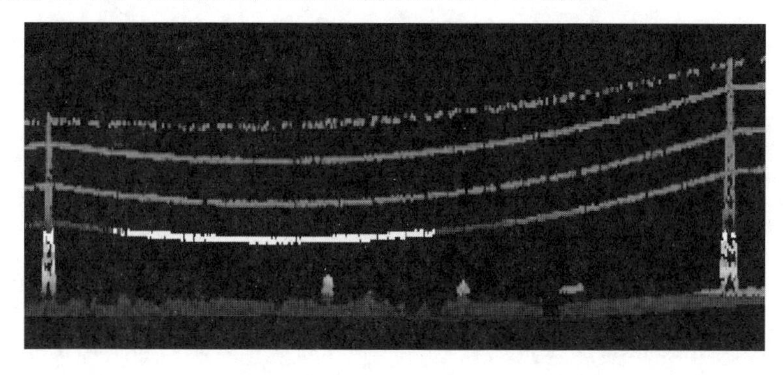

图 5.38　输电线路高程计算

图5.39　输电线路交叉跨越分析

图5.40　输电线路走廊扫描

图5.41　输电线路走廊地形监测

(3) 光电吊舱。

光电吊舱是无人机巡检系统的承载设备，所有的检测终端都安装于光电吊舱上。通过减振器有效地降低无人机发动机振动对检测设备的影响，通过陀螺增稳系统的反馈控制，对无人机产生的晃动进行补偿，使输出的视频在高振动环境下稳定，获得相对惯性空间稳定的平台空间，以保持视角的有效性，满足对被检测系统的定位。在控制指令的驱动下，可实现吊舱对输电线路、杆塔和线路走廊的搜索和定位，同时进行监视、拍照并记录。有些吊舱还采用图像处理技术，实现对被检测设备的跟踪和凝视，以取得更好的检测效果。光电吊舱如图 5.42 所示。

图 5.42　光电吊舱实物图

6. 基于图像的缺陷自动诊断技术

(1) 输电线路实时检测跟踪技术。

随着飞行器在电力巡检中的逐步应用，输电线路的实时自动检测跟踪功能显得非常重要。在传统飞行器对输电线路以及高压杆塔巡检的过程中，要求检测人员精神高度集中，及时调整云台或吊舱，使得检测目标在摄像机的视角范围内。

无人机对架空输电线路的拍摄图像，由于其背景非常复杂，有房屋、山地、树木、河流等自然和人工背景，且视场范围广，图像各处亮度变化较大，背景噪声对检测效果影响非常大，且有些背景物具有与输电线路相同的特征，如道路、河流等。通过无人机飞行系统搭载高清相机，采集多张不同线路环境下的输电线路图像，可看出巡检图像具有以下特征。

① 贯穿图像。每段架空输电线路都比较长，塔与塔之间的距离有几百米左右，在图像中贯穿整个图像，一般认为输电线路在图像中是最长的直线，也有例外(如道路、河流等)。

② 近似直线。架空输电线路都是在两塔之间直接连接，从飞行器的图像上看是直线，但是输电线路本身都有一定弧垂，以及在摄像机中的成像等因素，输电线路在图像中是近似直线并不完全是直线。

③ 亮度一致。架空输电线路外皮都是由特殊金属制作，其在图像中呈现的颜色亮度基本是一致的。

④ 基本平行。架空输电线路之间基本是平行的，相互之间不会相交，所以在图像中，输电线路也是基本平行不相交的，但输电线路的高低不同以及在摄像机中的成像等因素影响，输电线路之间在图像外的无穷远处才会有交点。

⑤ 位置基本不变。飞行器一般是在架空输电线路上方一侧，且匀速沿输电线路飞行，连续的不同图像中，输电线路的位置变化幅度较小，基本保持不变。

基于以上分析，输电线路图像具有很强的直线特征，可以在去除背景后，通过提取直线特征的方法，得到输电线路在图像中的位置。由于输电线路处于室外空旷区域，下方可能是农田、树木、河流等各种情形，所以，拍摄得到的图像背景十分复杂，须将输电线路从复杂的背景中分离出来。

根据上面高压输电线路的成像特性以及背景复杂性等特点，研究了一种在复杂自然背景下实时自动检测输电线路的算法，使得云台能根据所检测到的输电线路位置信息，自动地调整姿态，确保检测目标在所检测的图像中，其算法流程图如图 5.43 所示。

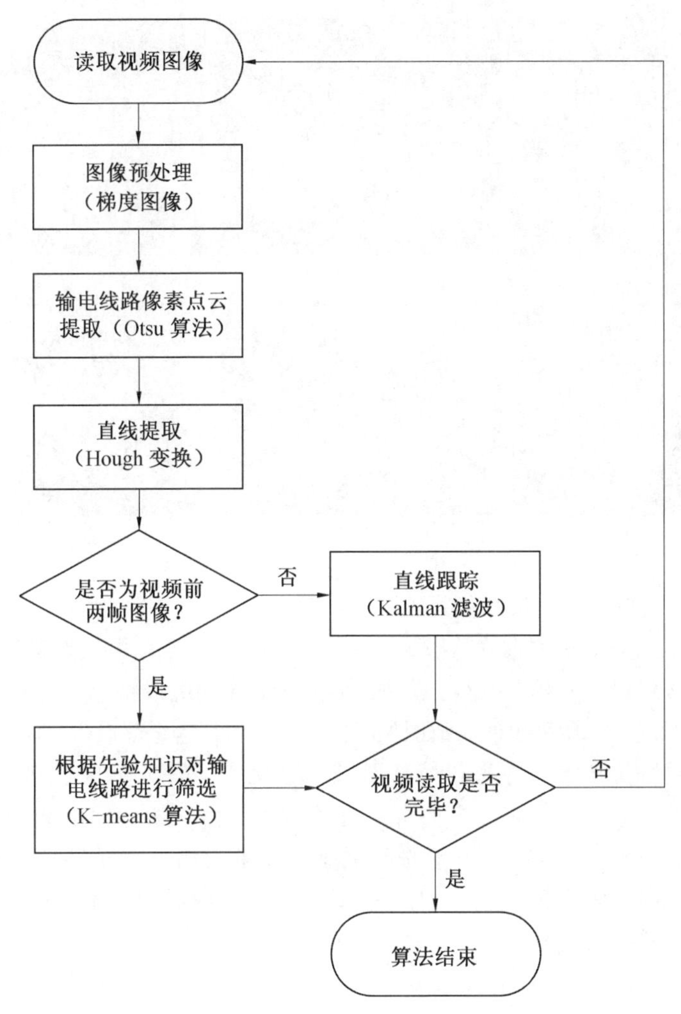

图 5.43　算法流程图

算法整个流程分为两部分：第一部分，首先计算图像的梯度图像，去除背景中部分背景物的影响，在此基础上利用 Otsu 算法提取输电线路像素点云，然后利用 Hough 变换检测所有直线；第二部分，判断该图像在视频中是否是前两帧图像，如果是视频的前两帧图像，则利用改进 K-means 算法对上步检测到的直线段进行聚类分析，然后根据输电线路在成像特性对分类的直线段进行合并、拟合等操作，最后确定输电线路。如果当前检测图像不是视频前两帧图像，则可以根据上两帧图像中检测到的输电线路位置信息，利用 Kalman 滤波器对输电线路进行跟踪检测。

通过使用 Hough 变换，对输电线路图像中所提取的直线进行筛选、拟合和合并，无人机巡检过程中导线的跟踪效果如图 5.44 所示。

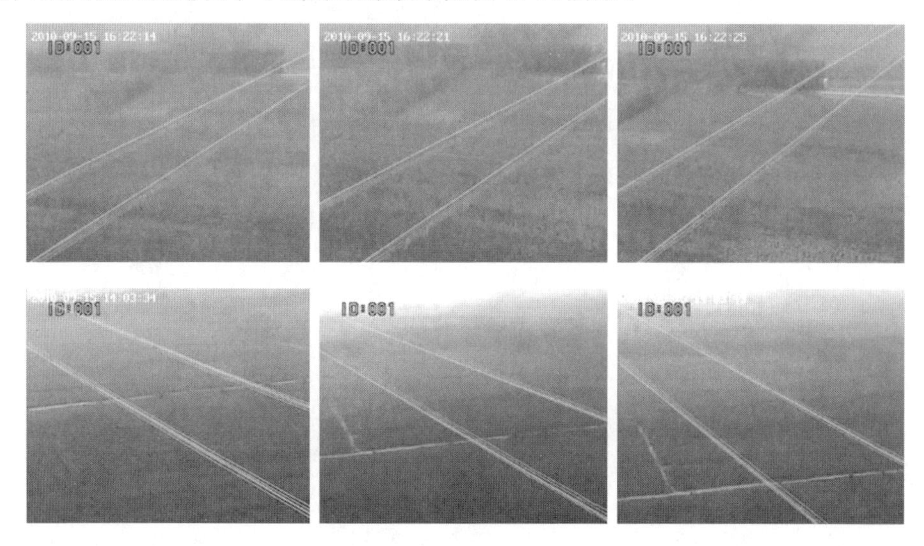

图 5.44　输电线路检测效果(用直线表示)

(2) 输电线路杆塔全景图像拼接技术。

目前，无人直升机巡检系统是搭载数字成像设备对架空输电线路进行细致化巡检，现有数字成像设备分辨率虽然已达到细致看清高压输电线路金具的要求，但是由于成像设备视场较小，所采集的高清图像不能包含高压杆塔全部设备。

全景图像拼接技术在卫星遥感探测、气象、医学、军事、航空航天、大面积文化遗产保护以及虚拟场景实现方面有广泛的应用价值。架空输电线路高压杆塔具有大幅面的图像特征，采用普通的数字成像设备无法一次拍摄全景且超高分辨率的图像。利用图像拼接技术可以顺利解决上述问题，成功实现超高分辨率高压杆塔图像的合成。全景图像拼接技术主要涉及特征点提取、特征点匹配和图像融合技术，其中特征点的提取效果直接影响后期图像拼接效果。

① 特征点提取。首先读取超高分辨率高压杆塔图像，并对图像进行采样缩小；利用双线性插值法将待拼接超高分辨率图像进行采样缩小。然后对采样缩小后的所有图像利用 ORB 算法进行特征提取。ORB 特征采用了 Oriented FAST 特征点检测算子以及 Rotated BRIEF 特征描述子。ORB 算法不仅具有 SIFT 特征的检测效果，而且还具有旋转、尺度缩放、亮度变化不变性等方面的特性，最重要的是其时间复杂度比 SIFT 大大降低，使得 ORB 算法在高清图像拼接以及实时视频图像拼接方面有了很大的应用前景。

② 特征点匹配。利用提取的 ORB 特征进行最邻近匹配，通过 RASANC 算法对得到的匹配点对进行筛选，得到粗匹配点对。利用提取的粗匹配点对坐标，

计算出在原始超高分辨率图像中的对应坐标，并在原始超高分辨率图像的匹配点对所在的图像块中再次提取 ORB 特征，进行精确匹配。最后计算相邻图像间的变换矩阵 $\boldsymbol{H}$。

③ 图像融合。利用渐入渐出法对超高分辨率相邻图像进行融合，得到超高分辨率全景图像，拼接结束。

输电线路杆塔图像的拍摄虽然有一定的顺序性，但这些先验信息不足以判断输入图像序列之间的相邻关系，如图 5.45 为无人机在巡检过程中拍摄的杆塔图像，由于单一的图像视野较小，无法准确判定相应设备在整个杆塔中的位置。通过上述 3 步后，可获得一幅全景图像，如图 5.46 所示，这对于确定不同输电线路小型设备的位置及后续确定缺陷在杆塔图像中的位置都有很大的帮助。

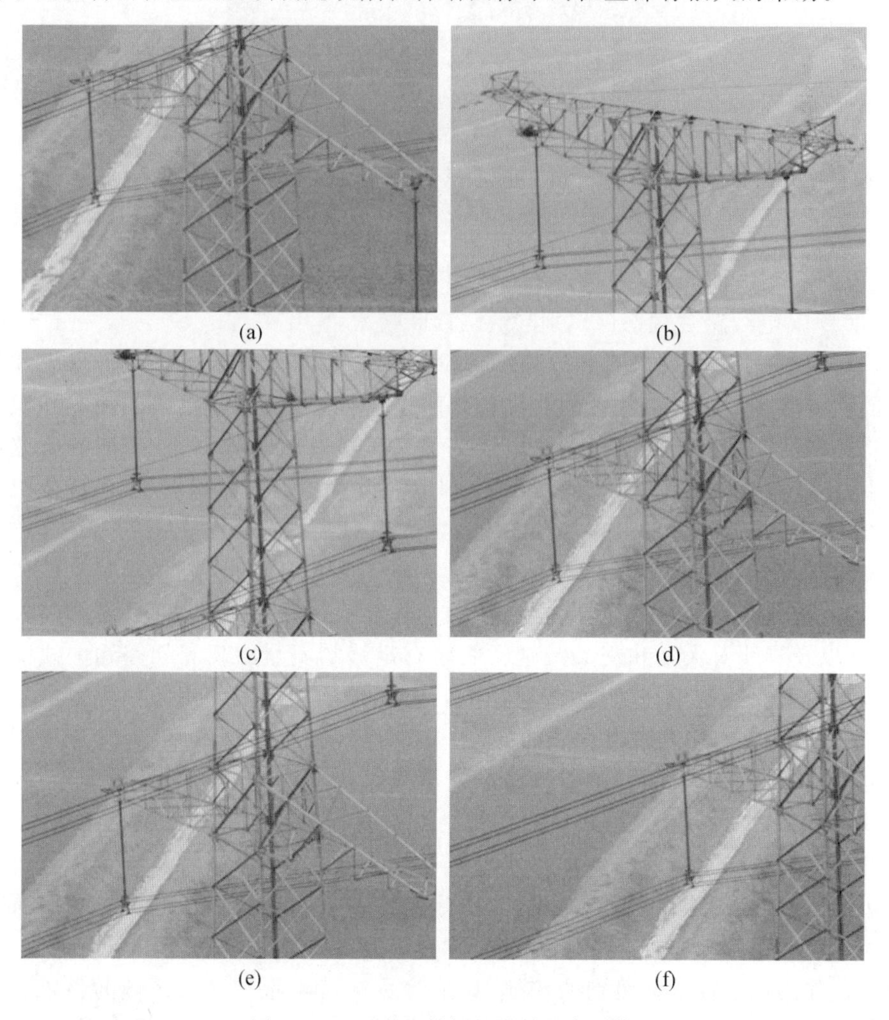

图 5.45　无人机拍摄杆塔的无序图像

图 5.46　杆塔图像的全景拼接

(3) 输电线路关键部件识别与缺陷诊断技术。

目前,对输电线路隐患和故障诊断多通过人为判断,并且关键部件隐患和故障的种类繁多。在复杂背景的非结构环境下,对输电线路各设备的提取和识别都将是一件非常困难的事。且输电线路设备种类和数量繁多,在目前的研究水平下,还没有一种通用的算法来实现全部电力设备的提取和识别,可通过分析杆塔、绝缘子、导线的特点来实现对这些设备的识别。

① 杆塔检测。杆塔是架空输电线路中的重要组成部分,其作用是支撑架空线路导线和架空地线,并使导线与导线之间,导线和架空地线之间,导线与杆塔之间,以及导线对大地和交叉跨越物之间有足够的安全距离。架空输电线路杆塔外形主要取决于电压等级、线路回数、地形、地质情况及使用条件等。虽然输电线路杆塔有不同用途、其结构也不同,考虑巡检拍摄角度的不同,其杆塔结构由共同的近对称交叉结构组成。高压输电线路的杆塔主要有两种类型:一种是直线杆塔,另一种是耐张杆塔。它们都是由不同方向的对称交叉钢材组建的,具有显著的对称交叉特征。这种自然场景中的人造设施,可以将其线结构分解为简单的、层次化的能反映其本质的简单几何关系表示。我们通过提取杆塔所在区域的直线关系来实现对杆塔的定位。在对输电线路杆塔的定位与识别中,可以通过在图像上提取低级别的特征(如边缘特征),再根据杆塔区域的整体特征形成高级别特征,进而实现对杆塔区域的识别。杆塔检测的流程图如图 5.47 所

示，其主要步骤如下。

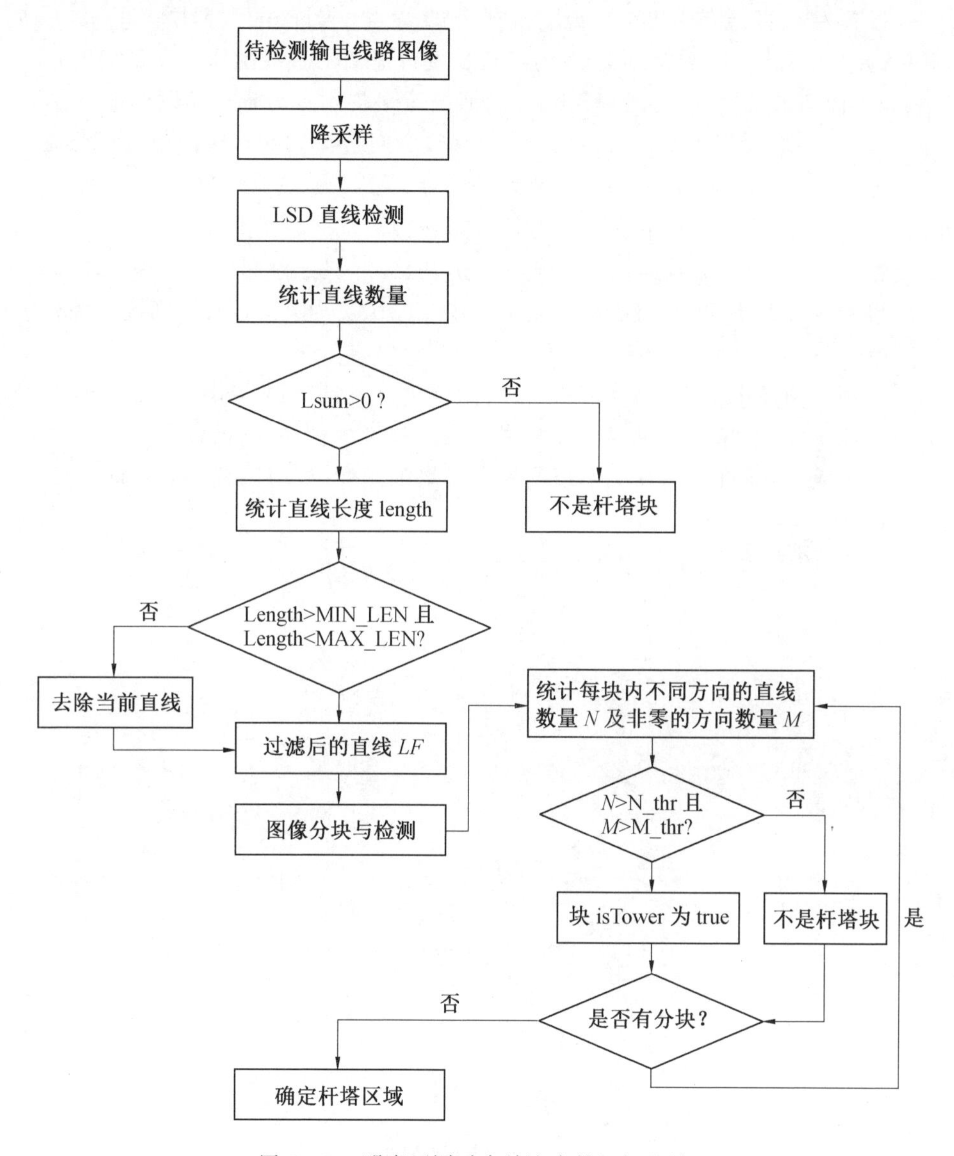

图 5.47　明度不同时声关注度的组间差异

上方数字代表非参数检验 p 值，$p < 0.05$ 代表组间差异显著，右侧 ◇ 代表选择人数

a. 直线的提取检测。通过采用 LSD 算法实现对图像区域的直线的提取，主要有尺度缩放、梯度和方向计算、梯度阈值的选取、梯度伪排序、直线（矩形）区域增长和直线候选区域等步骤，实现对直线的提取。

b. 直线的筛选与分类。首先遍历检测出的直线，统计总的直线数量，记为

Lsum，每条直线的长度记为 length。

接着根据直线的长度 length 和杆塔的特点，去除小于 MIN_LEN，大于 MAX_LEN 的直线。图 5.48(b) 为经过长度过滤后的直线图像。

c. 图像的分块与杆塔区域判断。先把图像平均水平方向分 M 块，垂直方向分为 N 块，一般设置 $M=8$，$N=6$，图 5.48(c) 为对过滤后的直线图像进行分块。

由于直线的角度为 0 ～ 180°，把其平均分 6 份，分别为 0 ～ 30，30 ～ 60，60 ～ 90，90 ～ 120，120 ～ 150，150 ～ 180，计算每份内直线的数量 $P(j)$，j 为 1 ～ 6。为简化运算，对于有的直线跨越两个或多个分块区域，只记录起始点所在的块号。

接着统计非零 $P(j)$ 的数量 q，若 $P(j) >$ p_thr 并且 q > q_thr，则确定为杆塔块，并统计杆塔块的数量 tow_num。

d. 判定图像中是否含有杆塔。杆塔图像判定条件为：杆塔块 tow_num 多于 tow_thr 个，tow_thr 一般取 4。且杆塔区域为连续的杆塔块，即没有孤立的块。

图 5.49 为通过上述算法实现的提取杆塔的图像(杆塔区域为白色框内)

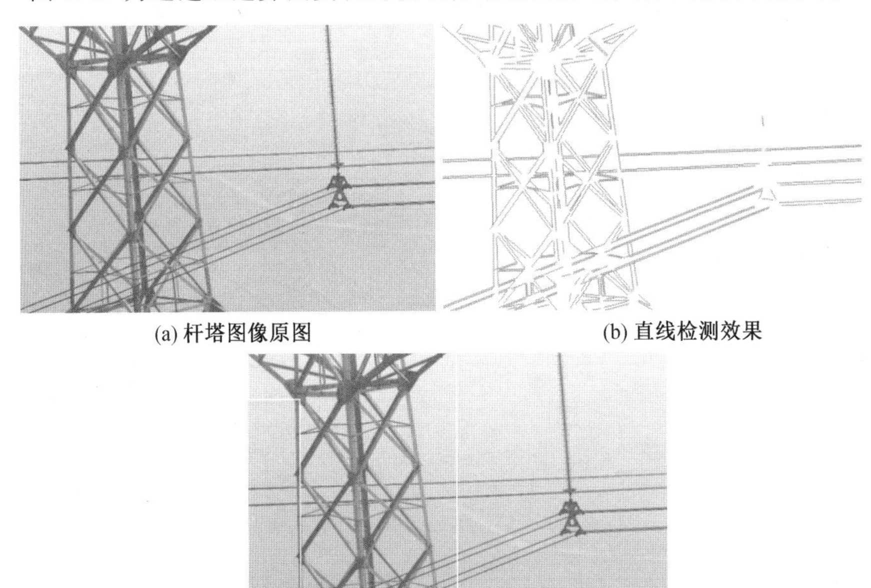

(a) 杆塔图像原图　　(b) 直线检测效果

(c) 杆塔识别结果

图 5.48　基于直线检测的杆塔识别

② 杆塔异物检测。杆塔长期暴露在自然环境中而且杆塔通常在山区或者偏远的地方交通不便利，对杆塔的日常检测与维护难免会不及时。杆塔上的异物大多数为鸟巢，偶尔会有风筝或者塑料薄膜等异物。如果不能及时清理这些异物，可能会对整个输电线路的安全运行造成影响，如何快速准确地定位到这些安

全隐患并及时通知相关部门进行检修，将直接影响到线路的安全运行。

通过基于 LSD 算法可以有效地定位出整个杆塔的位置，得到杆塔区域后，保留区域分块位置信息，并统计每个区域内的像素值。如果分块内存在鸟巢等异物，其块内不同直线的角度将会没有规律性，通过统计块的不同角度的直线的分布确定异物区域。

图 5.49　鸟巢异物检测

(4) 输电线路绝缘子定位识别与缺陷诊断。

绝缘子是架空高压输电线路的重要的组成部分，其是否存在缺陷将直接影响到整个电网的安全运行。绝缘子由于长期受野外环境的侵蚀，通常会产生很多故障，根据玻璃、瓷质和合成绝缘子的各自特性，其常见故障包括：自爆、掉串、裂纹破损、闪络放电和异物等问题。其中玻璃绝缘子片自爆导致的掉片损伤是玻璃绝缘子的特有故障缺陷，将该缺陷统称为玻璃绝缘子的损伤，也是玻璃绝缘子最需要识别诊断的缺陷。

在以往对绝缘子定位与识别中，林聚财等采用 HIS 彩色度量空间将图像分块统计存在偏绿的分块，马帅营等首先通过统计绝缘子的颜色范围定位出绝缘子大致区域，然后针对该区域采用最大类间方差法进行绝缘子分割。统计对这些方法的实际测试，发现存在明显不足，一个原因是：这些方法均是从玻璃绝缘子的颜色特征着手，玻璃绝缘子的偏绿色特征不是其唯一的特征，实际存在的玻璃绝缘子有偏蓝色、白色的。由于近距离航拍的图像受背景纹理及光线变化影响较大，而且巡检采用相机参数不确定，采用颜色分析绝缘子区域存在不稳定因素。背景出现较多类似特征的区域，会造成较高的误判。另一个原因是对高压线路这种复杂的人造对象整体结构研究不足，仅仅关注高压线路上绝缘子等具有显著的单一部件进行识别研究，没有考虑到线路的整体结构特性，绝缘子一端与导线连接，另一端与杆塔相连，绝缘子安装位置呈现三个可能方向，垂直排列、水平排列、斜上(或斜下) 排列。

为了克服上述问题，采用机器学习领域中卷积神经网络的方法实现对绝缘子的准确定位。通过卷积神经网络算法，可以克服传统的通过特征提取算法加分类器识别模式的缺陷。因为航拍到的图像背景较为复杂，纹理复杂、光照强度变化不一，这就对传统的特征提取算法提出了挑战，而特征提取在传统的分类模式中又至关重要。所以这里采用卷积神经网络的方式进行改进，通过调整卷积神经网络的过程，可以根据输入样本的不同，训练出适合样本的模型，从而提高识别的准确率。

① 绝缘子串检测模板训练。卷积神经网络的工作模式跟人类视觉系统的信息处理方式类似，都属于层级处理图像模式。可以通过增加网络层数，提高特征的抽象表示能力，从而在更高的语义层面上对特征进行描述，抽象层面越高，存在的可能猜测就越少，就越利于分类。

卷积神经网络与神经网络采用相似的分层结构，包括输入层，（多层）隐含层，输出层，只有相邻层节点之间有连接，同一层以及跨层节点之间相互无连接，每一层可以看作是一个 logistic regression 模型。这种分层结构，是比较接近人类大脑的结构的。如图 5.50 所示。

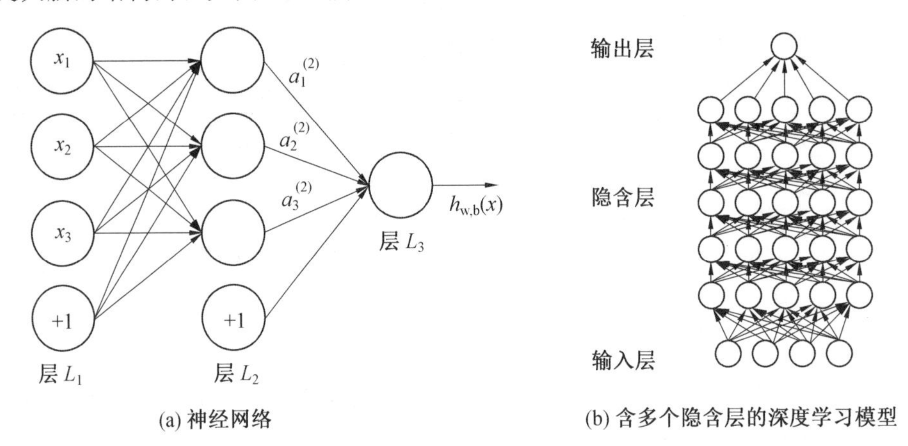

图 5.50　神经网络与卷积神经网络模型

为了针对绝缘子进行训练，我们手动构建训练样本集合。在航拍到的数据集中，提取绝缘子、杆塔、其他作为背景目标 3 种类型的图像。为了增加模型的鲁棒性，对绝缘子进行旋转与尺度变换操作，在保证绝缘子样本清晰的前提下增加了样本数据。训练时采用六层网络结构进行模板的训练，具体的流程如图5.51(a) 所示。

② 绝缘子串检测。经过训练后得到训练模板，提取模板中的权重、偏置和网络结构的信息，初始化用于检测的网络结构。在对架空输电线路进行巡检时，无人机与杆塔的距离和拍摄角度不固定，导致绝缘子在图像中的大小不确定。为

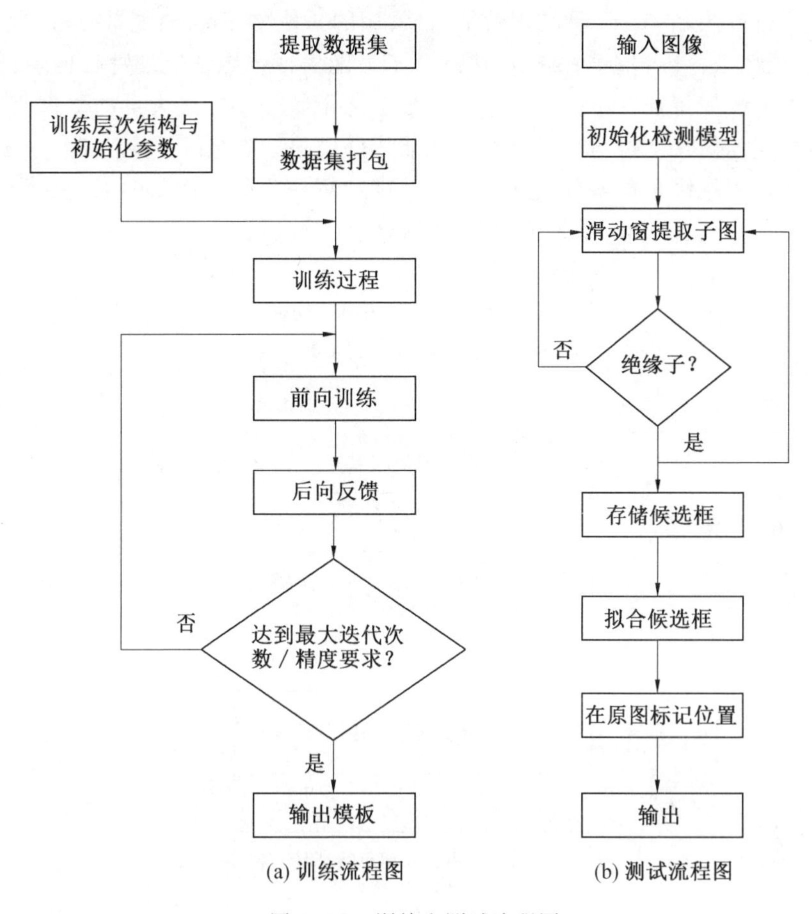

(a) 训练流程图　(b) 测试流程图

图 5.51　训练和测试流程图

了能够精确在原图中定位绝缘子，这里使用多尺度滑动框的方法获取关于原图的子图。

用初始化好的深度网络模型进行测试，提取多尺度滑框操作得到的子图的彩色信息作为输入，经过网络计算后得到输出标签。遍历所有尺度的子图，计算其分类标签，若判定为绝缘子则将子图的位置信息作为候选框进行保存。

经过多尺度检测后，会得到大量的候选框。为了得到更为准确的定位，我们使用非极大值抑制的策略对候选框进行筛选。经过实验，我们发现经过非极大值抑制后的候选框，依然是不够准确，存在一个绝缘子上多个标记框的情况。根据绝缘子本身是圆柱体的特性，这里引入直线拟合方法，拟合所有的候选框，使得每个绝缘子上只保留唯一的标记。具体的流程如图 5.51(b) 检测流程图所示。

③ 基于分块特征量的缺陷诊断方法。灰度共生矩阵(GLCM) 是最经典的纹

理特征分析方法，它有14种纹理特征，最常用的5种纹理特征：能量、熵、惯性矩、相关性、局部平稳中根据变量控制法选取了最能表征绝缘子纹理特征的特征量，然而单一的纹理特征并不能百分之百表征绝缘子纹理。经过大量的测试与分析发现惯性矩均值特征量与平滑度特征量能较好反映玻璃绝缘子掉片缺陷。

主要采用绝缘子区域分块和块间相似度计算两步骤来诊断玻璃绝缘子自爆掉片缺陷。如图5.52所示是绝缘子掉片缺陷诊断流程。

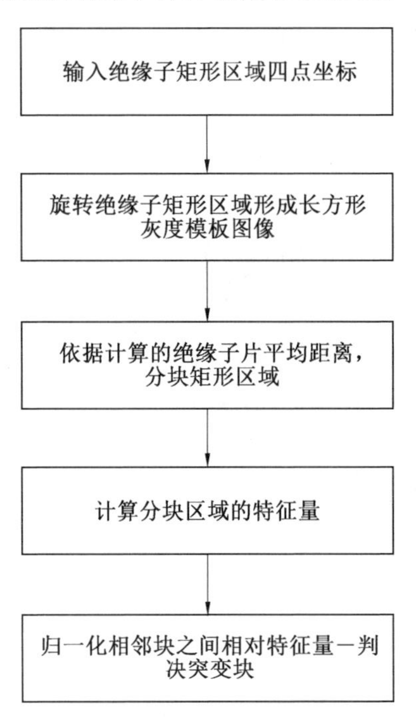

图5.52 玻璃绝缘子掉片缺陷诊断流程

为了计算分块区域内的纹理特征量。将识别的任意矩形角度的绝缘子区域旋转，获得长方形区域的灰度模板图像来计算纹理特征量。识别绝缘子区域内的线段之间中心点距离的平均值的2倍作为分块的长度。计算每个分块内的平滑度特征量与惯性矩均值特征量来分析绝缘子的缺陷。用特征值跳变量的大小作为诊断的基本条件，特征值跳变量可以用特征值距离表示。因此当特征值跳变量出现较大的跳变值时，则可以说明绝缘子的规律性变化因掉串而被破坏；此外，为了设定统一的掉串阈值，将特征量做归一化处理。

④ 实验结果。根据人工构建的训练数据集，将卷积神经网络模型定义为六层模型。根据训练好的模板来定义用于训练的网络结构，包括层数、权重系数、偏置系数，对所得到的候选框进行非极大值抑制处理，然后使用直线拟合方法得到最终的绝缘子标记框。

测试绝缘子检测结果如图5.53所示。

图5.53　绝缘子检测结果

根据检测到的绝缘子位置，提取出绝缘子块。将绝缘子分为多个小块，分别统计每个块中绝缘子的灰度共生矩阵信息，主要是惯性矩、均值和非相似性三个元素。图5.54为提取到的含缺陷的绝缘子串，将绝缘子分成十个子块并对其特征值进行分析，表5.8为统计结果。由表中结果可以看出第四个分块的特征值明显小于其余分块，由此可以判定出第四块为爆片缺陷，结果如图5.55所示。

图5.54　诊断绝缘子爆片缺陷

表5.8　灰度共生矩阵特征值

编号	惯性矩	均值	非相似性
1	0.539 269 18	2.482 432 21	0.424 189 81
2	0.591 517 86	2.591 807 21	0.451 471 56
3	0.680 059 52	2.495 701 06	0.461 970 90
4	0.476 025 13	2.267 195 77	0.382 109 79
5	0.695 105 82	2.639 136 90	0.469 576 72
6	0.600 694 44	2.405 423 28	0.440 972 22

续表5.8

编号	惯性矩	均值	非相似性
7	0.595 486 11	2.599 082 34	0.444 196 43
8	0.642 609 13	2.608 093 58	0.469 328 70
9	0.581 762 57	2.437 706 68	0.447 172 62
10	0.601 025 13	2.465 195 11	0.434 358 47

图 5.55　绝缘子爆片检测结果

(5) 红外图像设备精确测温技术。

基于红外图像进行设备测温技术是一种快速、容易并且十分有效的确定电气设备故障的方法,电力设备温度异常往往是电力设备存在缺陷的重要标志。当电力设备存在缺陷或故障时,缺陷或故障部位的温度就会发生异常变化,从而引起设备的局部发热,如果未能及时发现并制止这些隐患的发展,最终会导致设备故障或事故发生,严重的会扩大成电网事故。红外图像设备精确测温技术主要通过分析红外热图实现对输电线路过热区域的检测。无人机巡检系统对输电线路的巡检过程中,其搭载的红外摄像仪能够记录输电线路的红外热图数据。结合线路负载、历史温度、同类设备同时段温度值等数据,通过神经网络模型实现对当前温度值的预测,并与测量温度值对比,以准确判断是否发生了显著的温升,是否会导致部件失效,带来生产隐患。尤其是绝缘子温度的检测,不仅要解决不同相位间的温度差异,还要检测同一串绝缘子不同伞裙间的温度差异。它能够在设备发生故障之前,快速、准确、安全地发现故障,并及时进行维修,避免输电线路因高温热故障造成断电所带来的损失,如图 5.56 所示。

同时,当前红外热像仪对输电线路中含有要测设备的场景进行测温时,无法对设备区域进行精确测温,返回的最高温度可能为无关设备的其他高温区域,并不代表设备的温度,这不利于正确判断设备的运行状态。为解决这一问题,通过基于图像的目标定位技术实现对设备的定位,进而实现对设备的精确测温。

图 5.56　输电线路红外图像

5.3　无人机巡检系统工作原理

5.3.1　无人机动力系统工作原理

无人机巡检动力系统通常分为油动动力系统和电动动力系统，油动动力系统主要由活塞式发动机和螺旋桨组成(多用于固定翼无人机)，电动动力系统主要由动力电池、动力电机、电子调速器、螺旋桨组成。其基本原理是由动力装置带动螺旋桨旋转，螺旋桨产生前进的推(拉)力或向上的拉力，带动无人机进行飞行。

1. 活塞式发动机

活塞发动机是一种利用一个或者多个活塞将压力转换成旋转动能的发动机。活塞发动机是热机的一种，靠汽油、柴油等燃料提供动力。活塞式发动机大多是四冲程发动机，即一个气缸完成一个工作循环，活塞在气缸内要经过四个冲程(图 5.57)，依次是吸气冲程、压缩冲程、做功冲程和排气冲程。发动机除主要部件外，还须有若干辅助系统与之配合才能工作。

(1) 吸气冲程。

发动机开始工作时，首先进入“吸气冲程”，气缸头上的进气门打开，排气门关闭，活塞从上止点向下滑动到下止点为止，气缸内的容积逐渐增大，气压低于外面的大气压。于是新鲜的汽油和空气的混合气体，通过打开的进气门被吸入气缸内。混合气体中汽油和空气的比例，一般是 1∶15 即燃烧 1 kg 的汽油需要15 kg 的空气。

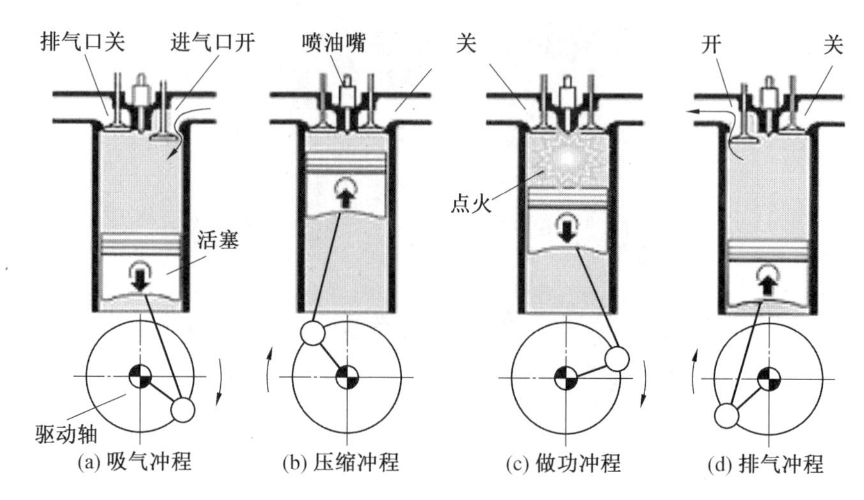

图 5.57　四冲程活塞发动机的工作原理

(2) 压缩冲程。

吸气冲程完毕后，开始了第二冲程，即“压缩冲程”。这时曲轴靠惯性作用继续旋转，把活塞由下止点向上推动。这时进气门也同排气门一样严密关闭。气缸内容积逐渐减少，混合气体受到活塞的强烈压缩。当活塞运动到上止点时，混合气体被压缩在上止点和气缸头之间的小空间内。这个小空间叫作“燃烧室”。这时混合气体的压强加到十个大气压。温度也增加到摄氏 400 ℃ 左右。压缩是为了更好地利用汽油燃烧时产生的热量，使限制在燃烧室这个小小空间里的混合气体的压强大大提高，以便增加它燃烧后的做功能力。

当活塞处于下止点时，气缸内的容积最大，在上止点时容积最小(后者也是燃烧室的容积)。混合气体被压缩的程度，可以用这两个容积的比值来衡量。这个比值叫“压缩比”。活塞航空发动机的压缩比大约是 5 ～ 8，压缩比越大，气体被压缩得越厉害，发动机产生的功率也就越大。

(3) 做功冲程。

压缩冲程之后是“做功冲程”，也是第三个冲程。在压缩冲程快结束，活塞接近上止点时，气缸头上的火花塞通过高压电产生了电火花，将混合气体点燃，燃烧时间很短，大约 0.015 s；但是速度很快，大约达到 30 m/s。气体猛烈膨胀，压强急剧增高，可达 60 ～ 75 个大气压，燃烧气体的温度达 2 000 ～ 2 500 ℃。燃烧时，局部温度可能达到 3 000 ～ 4 000 ℃，燃气加到活塞上的冲击力可达15 t。活塞在燃气的强大压力作用下，向下止点迅速运动，推动连杆向下运动，连杆便带动曲轴转起来了。

这个冲程是使发动功能够工作而获得动力的唯一冲程。其余 3 个冲程都是为这个冲程做准备的。

(4) 排气冲程。

第四个冲程是“排气冲程”。做功冲程结束后，由于惯性，曲轴继续旋转，使活塞由下止点向上运动。这时进气门仍旧关闭，而排气门打开，燃烧后的废气便通过排气门向外排出。当活塞到达上止点时，绝大部分的废气已被排出。然后排气门关闭，进气门打开，活塞又由上止点下行，开始了新的一次循环。

从吸气冲程吸入新鲜混合气体起，到排气冲程排出废气止，汽油的热能通过燃烧转化为推动活塞运动的机械能，带动螺旋桨旋转而做功，这一总的过程称为一个“循环”。这是一种周而复始的运动。由于其中包含着热能到机械能的转化，所以又叫作“热循环”。

活塞航空发动机要完成四冲程工作，除了上述气缸、活塞、联杆、曲轴等构件外，还需要一些其他必要的装置和构件。

2. 动力电池

目前旋翼无人机巡检动力系统配置的动力电池主要有锂离子电池和锂聚合物电池。

(1) 锂离子电池。

锂离子电池是指分别用两个能可逆地嵌入与脱嵌锂离子的化合物作为正负极构成的二次电池。电池充电时，阴极中锂原子电离成锂离子和电子，并且锂离子向阳极运动与电子合成锂原子。放电时，锂原子从石墨晶状体内阳极表面电离成锂离子和电子，并在阴极处合成锂原子。所以，在该电池中锂永远以锂离子的形态出现，不会以金属锂的形态出现，所以这种电池称为锂离子电池。

锂离子电池是前几年出现的金属锂蓄电池的替代产品，电池的主要构成为正负极、电解质、隔膜以及外壳。

正极采用能吸附锂离子的碳极，放电时，锂变成锂离子，脱离电池阳极，到达锂离子电池阴极。

负极则选择电位尽可能接近锂电位的可嵌入锂化合物，如各种碳材料包括天然石墨、合成石墨、碳纤维、中间相小球碳素等和金属氧化物。

电解质采用 LiPF6 的乙烯碳酸脂、丙烯碳酸脂和低黏度二乙基碳酸脂等烷基碳酸脂搭配的混合溶剂体系。

隔膜采用聚烯微多孔膜如 PE、PP 或它们的复合膜，尤其是 PP/PE/PP 三层隔膜不仅熔点较低，而且具有较高的抗穿刺强度，起到了热保险作用。

外壳采用钢或铝材料，盖体组件具有防爆断电的功能。

当对电池进行充电时，电池的正极上有锂离子生成，生成的锂离子经过电解液运动到负极。而作为负极的碳呈层状结构，它有很多微孔，到达负极的锂离子就嵌入到碳层的微孔中，嵌入的锂离子越多，充电容量越高。此时正极发生的化

学反应为

$$LiCoO_2 = Li_{(1-x)}CoO_2 - xCoO_2 + xLi^+ + xe^- \quad (5.1)$$

同样道理,当对电池进行放电时(即我们使用电池的过程),嵌在负极碳层中的锂离子脱出,又运动回到正极。回到正极的锂离子越多,放电容量越大。我们通常所说的电池容量指的就是放电容量。此时负极发生的化学反应为

$$6C + xLi^+ + xe^- = Li_xC_6 \quad (5.2)$$

$$LiCoO_2 + 6C = Li_{(1-x)}CoO_2 - xCoO_2 + Li_xC_6 \quad (5.3)$$

不难看出,在锂离子电池的充放电过程中,锂离子处于从正极 → 负极 → 正极的运动状态。

(2) 锂聚合物电池。

电池主要的构造包括正极、负极与电解质。所谓的锂聚合物电池是说在这 3 种主要构造中至少有一项使用高分子材料作为主要的电池系统。在锂聚合物电池系统中,高分子材料大多数被用在了正极和电解质上。正极材料使用的是导电高分子聚合物或一般锂离子电池所使用的无机化合物,负极常应用锂金属或锂碳层间化合物,电解质是采用固态或者胶态高分子电解质,或者有机电解液。锂聚合物电池的原理与液态锂相同,主要区别是电解液与液态锂不同,由于锂聚合物中没有多余的电解液,因此它更可靠更稳定。

锂聚合物电池是采用锂合金做正极,采用高分子导电材料、聚乙炔、聚苯胺或聚对苯酚等做负极,有机溶剂作为电解质。锂聚苯胺电池的比能量可达到 350 (W·h)/kg,但比功率只有 50 ~ 60 W/kg,使用温度 − 40 ℃ ~ 70 ℃,寿命约 330 次。

相对于锂离子电池,锂聚合物电池的特点如下。

① 相对改善电池漏液的问题,但并没有彻底改善。

② 可制成薄型电池:以 3.6 V 250(mA·h) 的容量,其厚度可薄至0.5 mm。

③ 电池可设计成多种形状。

④ 可制成单颗高电压:液态电解质的电池仅能以数颗电池串联得到高电压,而高分子电池由于本身无液体,可在单颗内做成多层组合来达到高电压。

⑤ 放电量理论上高出同样大小的锂离子电池 10%。

锂聚合物电池(Li-polymer),又称为高分子锂离子电池,具有比能量高、小型化、超薄化、轻量化和安全性高等多种优势。基于这样的优点,锂聚合物电池是可制成任何形状与容量的电池,进而满足各种产品的需要;并且它采用铝塑包装,内部出现问题可立即通过外包装表现出来,即便存在安全隐患,也不会爆炸,只会鼓胀。在聚合物电池中,电解质起着隔膜和电解液的双重功能:一方面像隔膜一样隔离开正负极材料,使电池内部不发生自放电及短路,另一方面又像电解

液一样在正负极之间传导锂离子。聚合物电解质不仅具有良好的导电性，而且还具备高分子材料所特有的质量轻、弹性好、易成膜等特性，也顺应了化学电源质量轻、安全、高效、环保的发展趋势。

3. 动力电机

目前旋翼无人机巡检动力系统配置的动力电机主要是无刷直流电机。下面就以三相无刷直流电机为例，介绍一下无刷直流电机的工作原理。

(1) 三相无刷直流电机结构。

三相无刷直流电机由定子、转子、三相逆变器和转子位子检测装置等构成，如图5.58所示。定子绕组与逆变器的三个桥臂相连，逆变器采用三相全桥结构，一般由六个MOSFET或者IGBT组成。开关管的通断状态由转子位子检测器来决定，随着转子位置的变化，输出不同的信号，从而使无刷直流电机定子中流出方波电流。

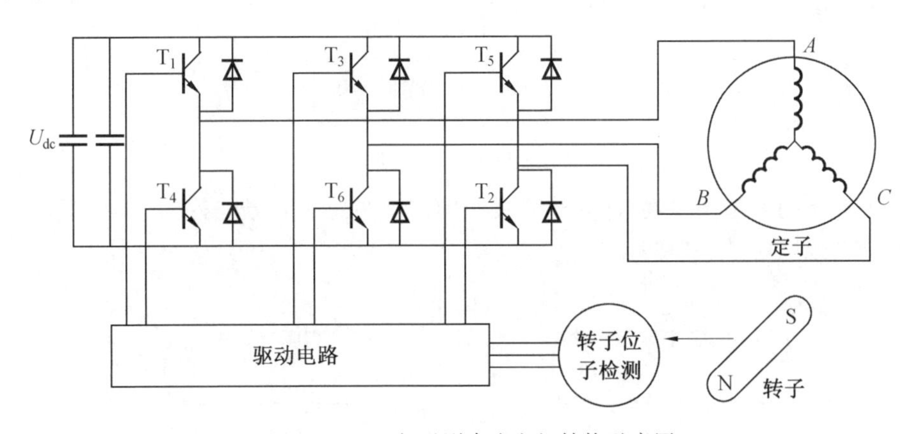

图5.58　三相无刷直流电机结构示意图

三相无刷直流电机的气隙磁场呈梯形分布，其发电势为三相互差120°的对称梯形波。三相无刷直流电机中一相反电势和相电流的关系如图5.59所示。

图5.59中，B是磁场强度；e是其中一相的反电势；i是对应相的供电电流，每相电流导通120°电角度。

由此可以把三相无刷直流电机看成是一个由电机本体、三相逆变器以及转子位置检测装置构成的三相无刷直流电机系统。如图5.60所示。

(2) 三相无刷直流电机工作原理。

电机的电磁转矩是由定子磁场和转子磁场共同作用形成的。当电机定子磁场和转子磁场互差90°时电磁转矩最大，而在与磁场平行时最弱。当电机定子绕组中产生的合成磁动势在空间中不停转动时，电机制子会随定子磁场一起转动。如图5.61(a)所示，两边的线圈通电后，由右手螺旋定则可知，两组线圈中会

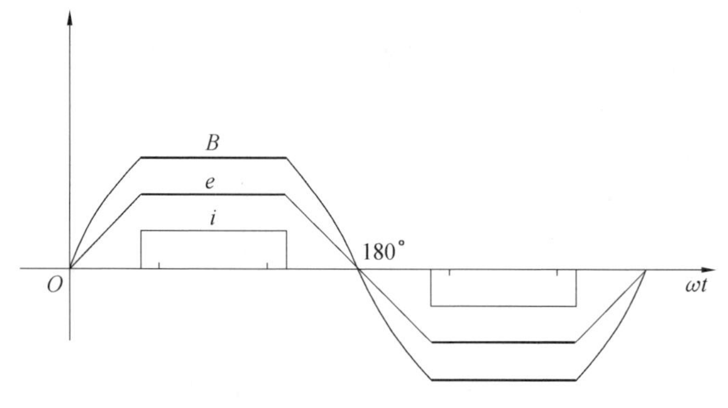

图 5.59　一相绕组反电势和电枢电流的波形图

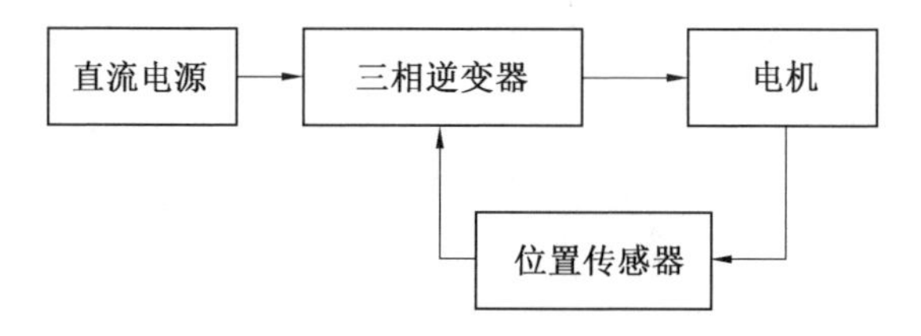

图 5.60　三相无刷直流电机系统框图

产生方向指向右边的磁场，而转子磁场则倾向于与定子磁场保持同方向，于是电机制子会以顺时针反向转动。

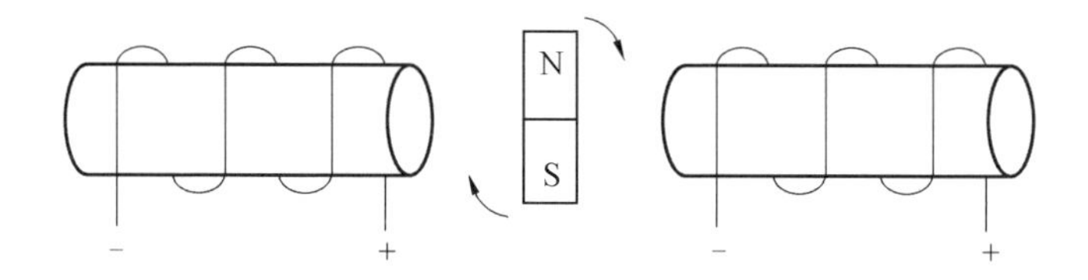

(a) 转子在中间位置时旋转情况

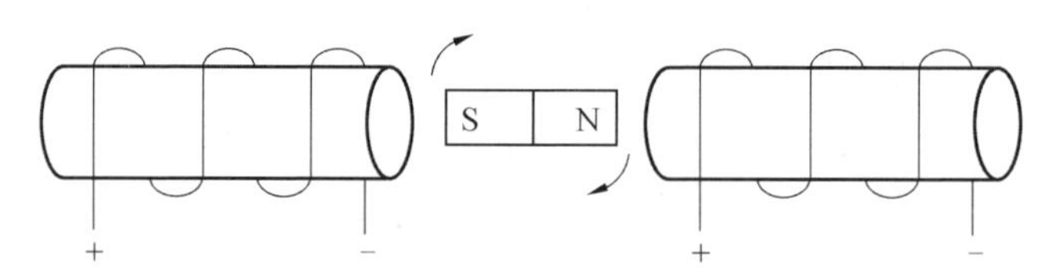

(b) 转子在水平位置时旋转情况

图 5.61　转子转动原理示意图

当电机制子旋转至水平位置，此时电磁转矩为零，但是因为惯性，转子会继续旋转，如果此刻变换两根线圈中电流的方向，如 5.61(b) 所示，定子磁场指向左边,转子磁场为了与定子磁场保持同方向会继续沿着顺时针方向转动。

无刷直流电机通常采用两两导通模式运行,一个周期中每个功率开关管导通 120° 电角度,且每一时刻只有两相定子绕组导通。所示为一个电周期里霍尔传感器输出信号与电机导通绕组中相电流以及电机反电势的关系。如图 5.62 所示为三相无刷直流电机采用两两导通时,不同定子绕组中通入的相电流与电机制子位置的相应关系。

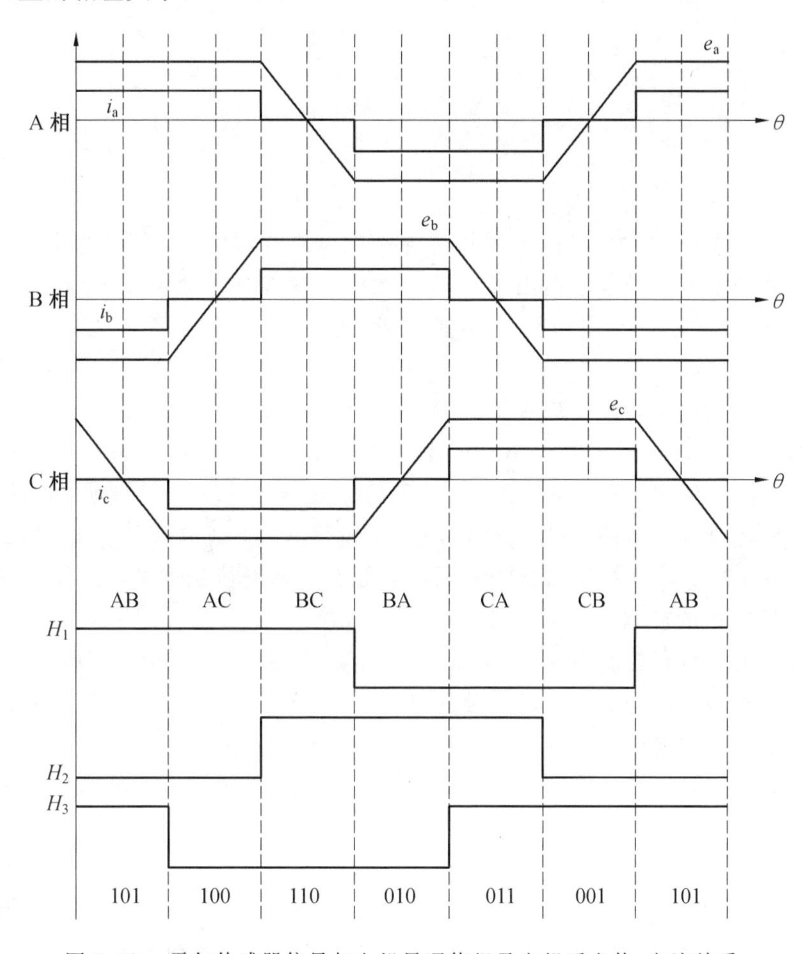

图 5.62　霍尔传感器信号与电机导通绕组及电机反电势、电流关系

图 5.62 中的时序与图 5.63 是对应的,根据霍尔传感器输出信号,控制绕组导通,从而实现电机旋转。当电机的转子转过 60° 电角度时,其中某个霍尔位置检测器中的信号就跳变一次,此时定子绕组中的电流就换相一次,一个周期中每个霍尔传感器共跳变两次。三相无刷直流电机在运行时,定子绕组中通电流,转子上的永磁体励磁,定子和转子磁场共同配合形成磁动势,使电机制子不停

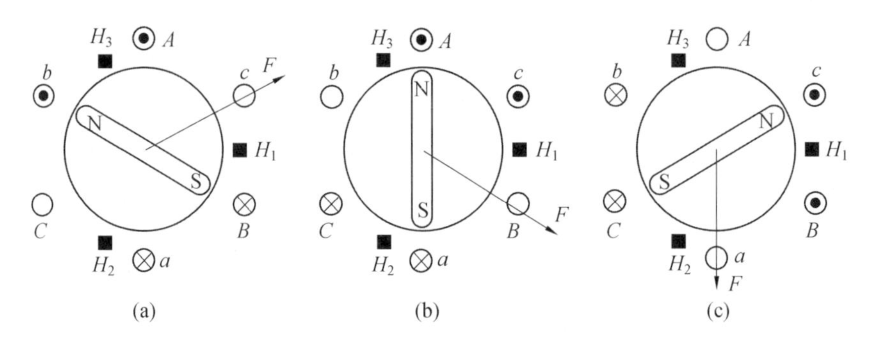

图 5.63　电机绕组通电同转子磁钢位置的关系

转动。

(1) 电调。

目前无人机动力系统的配置均为无刷电调和无刷电机，有刷电调和有刷电机因其缺陷太多已经基本退出了市场。无刷电调发展至今可以说历经了三代，这三代无刷动力系统在市场上均能找到，很好地满足了不同无人机的动力需求。

第一代无刷电调就是以无刷直流（brushless direct current，BLDC）电机为载体的方波驱动电调。方波驱动的电调采用 PWM 调制技术来控制电机的运行。该控制方法主要解决两个问题，一个是绕组换向问题，一个是调压问题。通过反电动势过零点检测，可以得到绕组的换相逻辑。通过调节 PWM 占空比可以得到可调电压。将换相逻辑信号和调压信号一起调制得到 PWM 控制信号来实现 BLDC 电机的控制。

方波电调具有控制简单，成本低的特点，在多旋翼无人机领域得到了广泛的应用。该类型电调是市场上最常见的电调，代表作有大疆 E305 动力系统等。

但是由方波电调驱动的 BLDC 电机输出转矩脉动大，动态响应速度有限，同时在高速运行时易出现堵转问题，因此方波驱动电调并不能满足高性能和重载无人机的需求。

第二代无刷电调就是以 BLDC 电机为载体的正弦波驱动电调。正弦波驱动电调采用 SPWM 调制技术来实现 BLDC 电机的控制，采用该控制方式提高了 BLDC 电机三相绕组的利用率，并可以消除两两导通时的换相转矩脉动和堵转问题。

当然由于其气隙磁场并非标准的正弦波，所以其输出转矩仍然存在脉动。实验表明，低速下，正弦波驱动电调比方波驱动电调转矩脉动更小；高速下，二者转矩脉动相差不大，甚至正弦波驱动转矩脉动更大。在多旋翼航拍无人机上应用表明，采用正弦波驱动电调，无人机更稳定。第二代无刷电调代表作有大疆 E800、E310 等等。

显然以BLDC电机为载体的正弦波驱动电调并没有从根本上解决转矩脉动问题和动态响应问题，仍然难以满足重载和高性能多旋翼无人机的动力需求。

第三代无刷电调是以PMS(permanent magnet synchronous，永磁同步)电机为载体的FOC(field oriented control，磁场定向控制)电调。

FOC电调和PMS电机从根本上解决了动力系统的输出转矩脉动、换相堵转以及动态响应等问题，能够满足重载高性能无人机的动力需求。

PMS电机气隙磁场为正弦波，产生的反电动势也为正弦波，当向PMS电机三相绕组通入三相对称电流时，三相绕组将产生圆形的旋转磁场，带动转子永磁体同步旋转。

FOC电调采用SVPWM调制技术，以产生圆形旋转磁场为目的来控制PMS电机。通过矢量控制，可以实现对电机的转速、转矩的平滑控制。同时，SVPWM调制相比SPWM调制对直流母线电压的利用率高15%左右。

目前，以PMS电机为载体的FOC电调代表作有大疆E5000动力系统，以及好盈XRotor植保机动力系统。

(2) 螺旋桨。

① 工作原理。螺旋桨是安装在发动机上，为无人机提供拉力或推力的装置。螺旋桨叶本身是扭转的，因此桨叶角是从毂轴到叶尖变化的。最大安装角在毂轴处，而最小安装角在叶尖。螺旋桨叶扭转的原因是为了从毂轴到叶尖产生一致的拉力或推力。当桨叶旋转时，桨叶的不同部分有不同的实际速度。桨叶尖部线速度比靠近毂轴部位的要快，因为相同时间内叶尖要旋转的距离比毂轴附近要长。从毂轴到叶尖迎角变化能够在桨叶长度上产生一致的拉力或推力。如果螺旋桨叶设计成在整个长度上迎角相同，那么效率便会非常低。

② 定距螺旋桨。定距螺旋桨不能改变桨距，这种螺旋桨只有在一定的空速和转速组合下才能获得最好的效率。

定距螺旋桨的尺寸通常用$X \times Y$来表示，其中X代表螺旋桨直径，单位为英寸(in)；Y代表螺距，即螺旋桨在空气中旋转一圈桨平面经过的距离，单位为英寸(in)。例如22×10的螺旋桨尺寸为：桨径22 in，约为55.88 cm；螺距10 in，约为25.4 cm。

根据无人机行业的习惯，通过定义为右旋前进的螺旋桨为正桨，左旋前进的螺旋桨为反桨。

③ 变距螺旋桨。现如今几乎所有可调桨距螺旋桨系统都可以在一定范围内调节桨距。恒速螺旋桨是最常见的可调桨距螺旋桨类型。恒速螺旋桨的主要优点是它在大的空速和转速范围内把发动机功率的大部分转换成马力。恒速螺旋桨比其他螺旋桨更有效率是因为它能够在特定的条件下选择最有效率的发动机制速。

装配恒速螺旋桨的无人机有两项控制，油门控制和螺旋桨控制。油门控制功率输出，螺旋桨控制调节发动机制速。

5.3.2 无人机飞控导航系统工作原理

无人机巡检飞控导航系统包含飞控系统和导航系统两部分。

1. **飞控系统**

飞控系统是无人机的核心控制装置，相当于无人机的大脑，是否装有飞控系统也是无人机区别于普通航空模型的重要标志。在经历了早期的遥控飞行后，目前其导航控制方式已经发展为自主飞行和智能飞行。

飞控系统实时采集各传感器测量的飞行状态数据、接收由地面站发送的控制命令及数据，经计算处理，输出控制指令给执行机构，实现对无人机中各种飞行姿态的控制和对任务设备的管理与控制；同时将无人机的状态数据及电源系统、任务设备的工作状态参数实时传送给地面站[39]。

按照功能划分，飞控系统的硬件包括：主控制模块、信号调理及接口模块、数据采集模块以及舵机驱动模块等。硬件构成如图 5.64 所示。

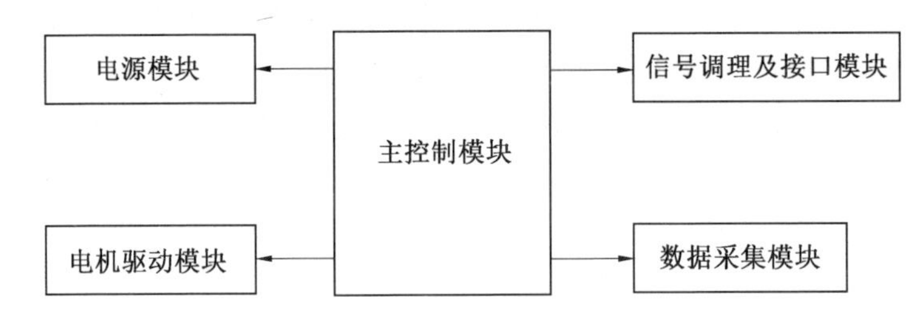

图 5.64　飞控系统硬件构成图

各个功能模块组合在一起，构成飞行控制系统，而主控制模块是飞控系统核心，它与信号调理模块、接口模块和舵机驱动模块相组合，在只需要修改软件和简单改动外围电路的基础上可以满足无人机基本的飞行控制和飞行管理功能要求。

系统主要完成如下功能。

(1) 完成多路模拟信号的高精度采集，包括陀螺信号、航向信号、GPS 信号、电机制速、电源电压信号等。

(2) 输出开关量信号、模拟信号和 PWM 脉冲信号等能适应不同执行机构（如舵机和电机等）的控制要求。

(3) 利用多个通信信道，分别实现与机载数据终端、GPS 信号、数字量传感器以及相关任务设备的通信。

软件按照功能划分为 4 个模块：时间管理模块、数据采集与处理模块、通信模块、控制律解算模块。

通过时间管理模块在毫秒级时间内对无人机进行实时控制；数据采集模块采集无人机的飞行状态、姿态参数以及飞行参数、飞行状态及飞行参数进行遥测编码并通过串行接口传送至地面站进行飞行监控；姿态参数通过软件内部接口传送到控制律解算模块，解算结果再通过 D/A 通道发送至机载伺服系统，控制舵机运行，达到调整飞机飞行姿态的目的；通信模块完成飞控计算机与其他机载外设之间的数据交换功能。

5.4　地面站系统工作原理

地面站作为整个无人机系统的作战指挥中心，其控制内容包括：飞行器的飞行过程、飞行航迹、有效载荷的任务功能、通信链路的正常工作，以及飞行器的发射和回收。GCS 除了完成基本的飞行与任务控制功能外，同时也要求能够灵活地克服各种未知的自然与人为因素的不利影响，适应各种复杂的环境，保证全系统整体功能的成功实现。

一个典型的地面站由一个或多个操作控制分站组成，主要实现对飞行器的控制、任务控制、载荷操作、载荷数据分析和系统维护等。

(1) 系统控制站。在线监视系统的具体参数，包括飞行期间飞行器的健康状况、显示飞行数据和告警信息。

(2) 飞行器操作控制站。它提供良好的人机界面来控制无人机飞行，其组成包括命令控制台、飞行参数显示、无人机轨道显示和一个可选的载荷视频显示。

(3) 任务载荷控制站。用于控制无人机所携带的传感器，它由一个或几个视频监视仪和视频记录仪组成。

(4) 数据分发系统。用于分析和解释从无人机获得的图像。

(5) 数据链路地面终端。包括发送上行链路信号的天线和发射机，捕获下行链路信号的天线和接收机。数据链应用于不同的 UAV 系统，实现以下主要功能：用于给飞行器发送命令和有效载荷；接收来自飞行器的状态信息及有效载荷数据。

(6) 中央处理单元。包括一台或多台计算机，主要功能：获得并处理从 UAV 来的实时数据、确认任务规划并上传给 UAV、电子地图处理、数据分发、飞行前分析、系统诊断。

5.4.1　无人机链路系统工作原理

无人机数据链是无人机系统的重要组成部分，是飞行器与地面系统联系的纽带。随着无线通信、卫星通信和无线网络通信技术的发展，无人机数据链的性能也得到了大幅度提高。

地面控制系统与无人机之间进行的实时信息交换就需要通过通信链路来实现。地面控制系统需要将指挥、控制以及任务指令及时地传输到无人机上，无人机也需要将自身状态（飞行姿态、地面速度、空速、相对高度、设备状态、位置信息等）以及相关任务设备数据发回地面控制系统[40]。无人机系统中的通信链路也常被称为数据链，当前民用无人机系统一般使用点对点的双向通信链路，也有部分无人机系统使用单向下传链路。

无人机通信链路需要使用无线电资源，目前世界上无人机的频谱使用主要集中在UHF、L、C波段，其他频段也有零散分布。目前我国工信部无线电管理局初步制定了《无人机系统频率使用事宜》，其中规定：

840.5 ～ 845 MHz频段可用于无人机系统的上行遥控链路，其中841 ～ 845 MHz频段也可采用时分方式用于无人机系统的上行遥控和下行遥测信息传输链路。

1 430 ～ 1 446 MHz频段可用于无人机系统下行遥测与信息传输链路，其中1 430 ～ 1 434 MHz频段应优先保证警用无人机和直升机射频传输使用，必要时1 434 ～ 1 442 MHz也可用于警用直升机视频传输。无人机在市区部署时，应使用1 442 MHz以下频段。

2 408 ～ 2 440 MHz频段可用于无人机系统下行链路，该无线电台工作时不得对其他合法无线电业务造成影响，也不能寻求无线电干扰保护。

1. 基本元素

通信协议、消息标准以及传输通道是无人机数据链路系统中的三个基本组成元素。

（1）传输通道。

传输通道的基本组成包括接口控制单元、数据处理系统、接收 / 发送天线以及数据链终端设备等。发射功率、通信频段等均是该部分的主要性能指标。为满足适合实际应用环境下的数据链路传输要求，可以通过选取合适的编解码以及加密算法、功率等完成。

如图5.65所示，整个无人机数据链路由分布数据处理系统、接口处理以及输出处理终端组成。数据处理系统主要任务是实现信息的格式化处理，在该阶段有不同的实现方法。在通常情况下，可以在协处理器中进行数据处理部分，同时可以通过标准数据接口完成与主处理器间的通信，来实现多处理系统中的格式化处理。而在单处理系统中，则相对简单许多，可以由主处理器来直接实现。该部分在接收到遥控指令数据以及各种传感器数据后，在进行下一步发放、存储前，进行封装处理。

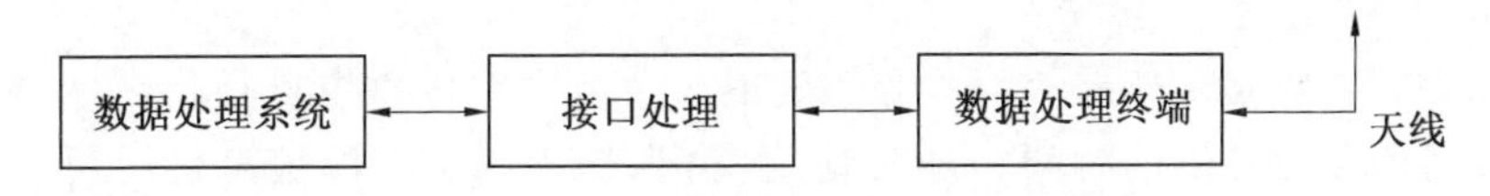

图5.65　无人机数据链系统简化框图

完成接口与不同数据链之间的转换是接口控制单元的主要任务，通过该部分可以使无人机数据达到共享、一致的效果。而数据处理终端主要是进行数据的处理，主要由加解密设备、网络控制器和调制解调器构成。该部分也是无人机数据链最为基础与核心的部分。

(2) 消息标准。

对无人机链路中传输的数据信息的数据内容、类型、结构等方面的规定被称为消息标准。在无人机数据链路系统中，通过制定标准的数据传输格式，可以有利于处理器解析、生成等。

(3) 通信协议。

该部分主要是实现各系统之间的数据交换。在无人机数据链路系统通信过程中，对数据信息传输条件、控制方式、流程等方面的规定被称为通信协议。目前为止，世界上应用最广泛的无人机数据链路通信协议是由美国制定的。通信协议主要由以下方面构成，即频率协议、网络协议、操作规程等。

5.4.2　性能指标

传输的可靠性和有效性是无人机数据链路系统的两个基本方面，而指标主要是用于分析无人机数据链路系统的性能。

(1) 误码率。

误码率是无人机数据链路系统可靠性方面最基本的指标，该指标通过统计平均值来衡量数据链路系统的工作情况。通常情况下，传输速率不同，相应的误码率也不相同，需要根据实际情况而定。

(2) 通信频段及频点。

由于各种频段之间会存在着信号干扰的现象，所以需要使用调频扩频技术，而不是使用常规的固定频点。在实际设计过程中，需要根据不同的实际情况选取不同通信频段。

(3) 传输速率。

有效性指标一个重要的体现为传输速率。无人机系统采用的传输设备决定了该指标的大小。该指标的主要作用是反映了数据通信链路的传输能力。

(4) 作用距离。

无线数传系统的传输距离决定了该指标范围。

(5) 传输延迟。

该指标主要是由传播、处理、等待延迟 3 个方面组成。主要是指在两端之间进行数据传输所经历的时间。通常情况下,根据不同类型的信息延迟可大体分为秒级和毫秒级两种。

5.5 本章小结

本章首先从架空输电线路巡检无人机系统的分类入手,然后对电力巡检常用的无人机系统结构进行了分析,并对国家电网无人机入网检测技术指标要求进行了介绍,最后对电力无人机巡检系统涉及的飞控、导航、通信、避障、检测、缺陷诊断等关键功能进行了详细的阐述。

第6章　电力巡检无人机操作培训

随着无人机巡检技术越来越成熟，应用越来越广泛，无人机协同巡检对无人机操控作业人员需求越来越大。但无人机又不同于其他巡检设备，无人机操控作业人员必须经过专业的培训，并且取得无人机驾驶员执照，才能执行无人机巡检作业任务。因此如何对无人机操控人员进行专业培训并使其取得无人机驾驶员合格证，成了制约无人机协同巡检发展的关键因素。

6.1　无人机培训体系的建设

为进一步提高输电线路运检管理水平，落实电网“输电线路直升机、无人机和人工协同巡检模式试点工作”的要求，大力开展培养无人机巡检技能人员势在必行。

山东电力研究院以国家电网公司电力机器人技术实验室为依托，建成“无人机操控培训中心”，承担电网系统协同巡检试点工程的技术支撑工作，并在完成电网系统内培训工作的基础上，紧跟行业发展的新要求，积极开展无人机巡检技能培训工作。

2013年11月18日，中国民航局发布咨询通告《民用无人驾驶航空器系统驾驶员管理暂行规定》(以下简称《规定》)，并授权中国航空器拥有者及驾驶员协会(以下简称中国AOPA)负责无人机驾驶员相关管理工作。2014年6月1日，中国AOPA发布《民用无人驾驶航空器系统驾驶员训练机构合格审定规则(暂行)》，标志着中国无人机行业正式进入正规、有序的时代。

6.2　无人机驾驶员资质管理

自2009年起，中国民航局便陆续出台了一系列文件，旨在加强民用无人机的安全运营与监管。其中，特别值得一提的是民航局飞标司在2013年11月发布的咨询通告AC－61－FS－2015－20，该文件详细规定了《民用无人机驾驶航空器系统驾驶员管理暂行规定》的内容，为无人机驾驶员的资质管理提供了重要依据。

6.2.1 培训资质要求

《规定》明确了中国 AOPA 负责民用无人机驾驶员资质管理的范围是：① 在视距内运行的除微型以外的无人机；② 在隔离空域内超视距运行的无人机；③ 在融合空域运行的微型无人机；④ 在融合空域运行的轻型无人机；⑤ 充气体积在 4 600 m^3 以下的遥控飞艇。此《规定》对我国目前无人机及其系统驾驶员实施指导性管理，目的是按照国际民航组织的标准完善我国民用无人机驾驶员监督措施。

2014 年 4 月 29 日民航局颁布的《关于民用无人机驾驶航空器系统驾驶员资质管理有关问题的通知》(民航发〔2014〕27 号文，以下简称《通知》) 规范了无人机驾驶员资质管理的责任单位为中国 AOPA。这标志着中国 AOPA 会对无人机驾驶员进行考核，并为考核合格的驾驶员颁发合格证，今后从事无人机作业必须参加正规培训，考核通过后，获得中国 AOPA 颁发的全国统一的无人机驾驶员合格证。2018 年 9 月，民航局正式接管民用无人机资质管理工作，无人机驾驶员合格证升级为民航局颁发的无人机驾驶员执照。

2014 年，中国 AOPA 在中国民航管理干部学院先后举办了两期“民用无人驾驶航空器系统驾驶员训练机构培训班”(图 6.1) 和“民用无人驾驶航空器系统驾驶员教员培训班”(图 6.2)，培训出一批持有无人机驾驶员合格证的培训教员，也诞生了近 20 家无人机驾驶员训练机构，这些训练机构和教员承担起我国无人机驾驶员合格证的培训工作。

图 6.1 民用无人驾驶航空器系统驾驶员训练机构培训班

颁发无人机驾驶员合格证，是无人机航空安全管理所需的一项重要程序和规定，只有在无人机驾驶员训练机构完整有效地完成训练，才能保证无人机驾驶员训练质量。训练课程规定了训练单元和训练科目，具体地说明了学员在训练单元内所应完成的内容，指明了有组织的训练计划，并且规定了对单元或者阶段

图 6.2　民用无人驾驶航空器系统驾驶员教员培训班

学习的评估程序。

为了培养出合格的无人机驾驶员，培训机构必须编写完整的《训练手册》和《训练大纲》。《训练手册》主要包括训练机构资质要求、无人机培训运行基地、教员资质及空域使用等方面的内容。《训练大纲》主要针对多旋翼、直升机和固定翼进行分类，每个类别中分别规定了理论学习和实践学习的内容，并规定了各部分内容学习最低时间、最低地面训练时间和飞行训练时间。无人机驾驶员训练机构应严格按照所提交的《训练手册》和《训练大纲》内容进行授课，确保学员在理论和实践方面均达到中国 AOPA 所规定的最低学习时间要求，以更好地掌握无人机操控技术。

6.2.2　培训流程及内容

为了能够更快、更合理地开展无人机驾驶员培训，为国网公司输送更多的无人机巡检作业人员，山东电力研究院无人机操控培训中心制定了如下培训流程，如图 6.3 所示。

1. 理论培训

飞行是一门科学，飞行人员必须掌握丰富的航空理论知识并在飞行训练中正确运用，才能有助于掌握飞行驾驶技术。如果航空理论知识贫乏，不但影响飞行技术的掌握，而且会危及飞行安全。随着航空事业的发展，先进的现代科学技术被广泛应用于飞行当中，更需要飞行人员具有丰富的理论知识，加强航空理论知识教育显得越来越重要。这就要求飞行教员在教学中应紧密联系飞行实际，有计划、有步骤地进行航空理论教育，提高学员的航空理论知识水平，扎实打好理论基础。

理论培训主要以中国 AOPA 提供的《无人机航空知识手册》和相关的法规如《一般运行和飞行规则》《民用航空器驾驶员和地面教员合格审定规则》等为

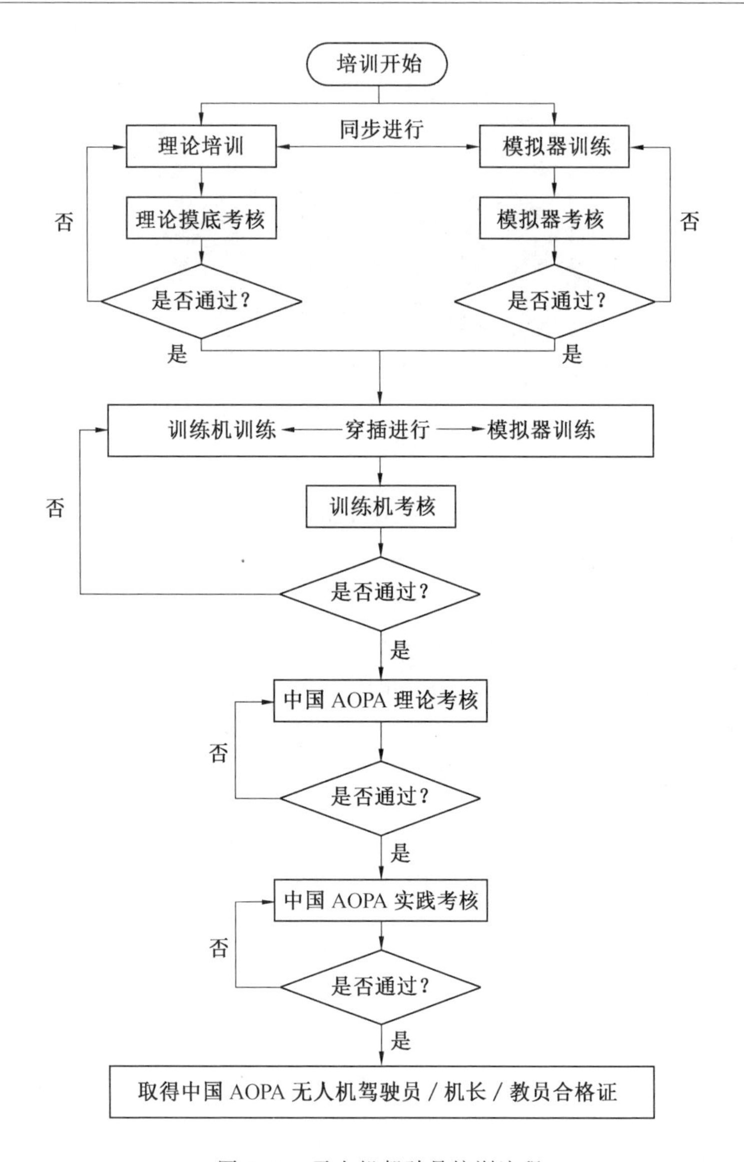

图 6.3　无人机驾驶员培训流程

主，结合训练机构申请时所提交的《训练大纲》内容进行授课。

授课内容主要包括以下几部分。

(1) 民航法规与术语。

该课程的内容主要取自《一般运行和飞行规则》《民用无人驾驶航空器系统驾驶员管理暂行规定》和《民用航空驾驶员和地面教员合格审定规则》。本课程主要是为了让学员了解无人机飞行中需遵守的法规，清楚法规中无人机驾驶员(机长)权利、义务、限制和事故报告等要求，理解无人机驾驶员合格证需要学习的飞行规章，为成为一名合格的无人机驾驶员打下坚实的基础。

(2) 航空气象与飞行环境。

该课程主要学习不同的气象条件对无人机飞行的影响，如何辨别锋面、气团和危险天气等航空气象知识。天气是影响无人机飞行和起降的重要原因，恶劣的天气容易引发无人机飞行事故，因此作为无人机操控人员必须掌握天气对无人机飞行的影响，要避免在恶劣的天气条件下飞行，确保飞行安全。

(3) 无人机概述与系统组成。

该课程主要让学员初步了解无人机现状，掌握无人机的基本组成以及无人机平台各种设备终端的操作方法。这是无人机操控的基础，只有充分了解了无人机的系统组成，在实操过程中，才能更好地操控无人机。

(4) 空气动力学基础与飞行原理。

该课程主要学习空气动力学原理和影响无人机稳定性的因素，空气动力学原理是无人机飞行的基本原理，是无人机驾驶员能够更好地操控无人机的前提。

(5) 遥控器的使用与电池的保养。

该课程通过实践的方式介绍遥控器的使用及设置，以及锂电池的充电和保养。遥控器的正确使用和设置是无人机操控的重要部分，它可以使无人机飞行更加流畅和平稳。通过锂电池充电和保养的培训后，可以避免在以后的工作中出现由于锂电池错误充电引起的故障、火灾等，而且锂电池的正确充电和保养可以延长锂电池的使用寿命。

(6) 无人飞行器拆装、维修和保养。

该课程现场讲解无人飞行器的拆装、维修和保养等内容。通过正确的维修与保养，可以延长无人机的使用寿命，减少无人机巡检作业成本。因此在巡检作业任务中，无人机的拆装和维修是很重要的一部分，是理论培训中必不可少的内容。

理论培训过程中，一般会穿插进行 3 次理论模拟考试，以检验学员对理论知识的掌握水平，起到督促学员学习的作用，并根据学员的进度安排下一阶段的学习计划。

2. 模拟器培训

在整个无人机操控培训过程中，模拟器扮演着非常重要的角色。目前，模拟器一般主要包括两类：一是面向各种机型应用比较广泛的通用类模拟器，二是面向某种产品的专用类模拟器。

模拟器训练(图 6.4)可以让学员直观地感受到对于无人机的控制，模拟器对于无人机培训有诸多好处。

图 6.4　模拟器训练

一是模拟器内无人机种类繁多，其中包括固定翼、航模直升机、四旋翼，现在市面上的主要机型，模拟器软件中基本都已经涵盖。

二是模拟器内飞行场地较多，其中有野外环境、机场、室内篮球场等场地，不仅模拟了真实的现场环境，还提高了趣味性，让学员更快建立起飞行信心。

模拟器飞行时间不得超过总飞行时间的 1/3，只有学员通过模拟器飞行考核后，才能进行训练机飞行训练。模拟器和训练机培训主要包括以下几部分内容。

(1) 对尾姿态悬停。

无人机的尾翼正对着无人机操控人员，机头方向和无人机操控人员同向。这时无人机操控人员的感官最直接，无人机的运动方向与遥控器操纵方向相同，对尾姿态悬停也是无人机最容易掌握的飞行姿态。

(2) 侧面姿态悬停。

无人机的侧面正对无人机操控人员，这时候操纵遥控器舵面，无人机会以机头方向为基准执行相应动作，从而改变运动姿态。

(3) 对头姿态悬停。

对头姿态练习就是无人机的机头面向无人机操控人员，无人机执行的方向与遥控器操纵方向完全相反，对头姿态的悬停练习也是四面悬停练习中难度最大的一个。

(4) 四面悬停的转换练习。

由于每一个悬停姿态的操纵方向都不一样，初学者在每次转换姿态的时候会需要较长的反应时间来熟悉当前练习的悬停姿态，而四面悬停练习过程中，单个姿态面练习时间缩短，每次悬停稳定住之后就调转方向转换悬停姿态，逐渐缩短转换过程中的反应时间。

(5) 顺时针 / 逆时针四边航线飞行。

在熟悉四面悬停转换之后，就可以进入四边航线的练习，即机头始终朝前，飞一个四边形航线。

(6) 顺时针 / 逆时针圆周航线飞行。

在熟悉四边航线之后，基本就可以进行圆周航线练习了，即机头始终朝前，飞一个圆形航线。

(7)“8”字航线飞行。

当能熟练地飞出圆周航线以后，基本就可以飞“8”字航线了，“8”字航线就相当于一个顺时针圆周航线衔接一个逆时针圆周航线。

(8) 应急飞行的练习。

当无人机处于失控状态时，通过修正无人机的各个舵面，使无人机逐渐恢复可控状态，应急飞行练习的主要目的是学员在进行训练机单飞时，避免出现无人机失控坠机的情况，从而避免产生不必要的损失。

模拟器培训完成后，教员会对学员进行考试，只有考试合格的学员，才能进行下一阶段的实操培训。模拟器考试主要检查学员对飞行动作的熟练程度和对无人机各个舵量的把握等内容，这些都是无人机飞行的基础。

3. 实操培训

对于资质培训来讲，实操培训主要针对训练机构申报时所填写的训练机为主，训练机的飞行训练主要包括 3 个内容：示范、带飞和单飞。

(1) 示范。训练机飞行的初始阶段由教员演示训练机的飞行动作，让学员直观感受训练机的飞行。

(2) 带飞。由教员进行带飞，让学员感受训练机飞行与模拟器飞行的不同，掌握训练机飞行的要点。当学员能达到训练机四面悬停或水平更高时，可以由教员签字授权其进行训练机单飞。

(3) 单飞。学员脱离教练把控，独立完成飞行动作。

实操培训的训练内容和模拟器训练内容基本相同，两者的区别在于，模拟器是在计算机上模拟无人机飞行，而实操培训是完全真实地控制无人机飞行，后者更直观。

训练机飞行训练如图 6.5 所示。

4. 资质培训考核

训练机构会提前在中国 AOPA 的无人机管理平台上给学员们进行考试申请，考试包括理论考核和实操考核。考试顺序是先进行理论考核，然后进行实操考核，只有通过理论考核的学员才能进行实操考核。

理论考核是在计算机上进行，在无人机理论考核的题库中随机抽取 100 道

图 6.5　训练机飞行训练

题，在规定的时间内完成作答。无人机驾驶员理论考核成绩需要达到 70 分才算合格，而无人机机长理论考核则需要 80 分才算合格。

实操考核分为 3 部分(以多旋翼无人机为例)，第一部分是综合问答，第二部分是自旋悬停；第三部分是“8”字航线飞行。

(1) 综合问答主要考查学员对遥控器、飞机特性、飞机结构和锂电池等内容的掌握情况，考核方式为上机考试，考生在无人机综合问答考核题库中随机抽取 10 道题，在规定时间 40 min 内完成作答。无人机驾驶员综合问答考核成绩需要达到 7 分才能顺利通过考试。

(2) 自旋悬停是旋翼无人机升高到一定高度，然后原地旋转 360°，整个旋转时间不少于 30 s，主要考查学员方向舵和副翼舵之间的配合。

(3)“8”字航线(图 6.6) 飞行是在自旋悬停飞行动作完成后直接进行的，主要考查学员方向舵、升降舵、副翼舵和油门之间的配合，可以检验学员的真实飞行水平。

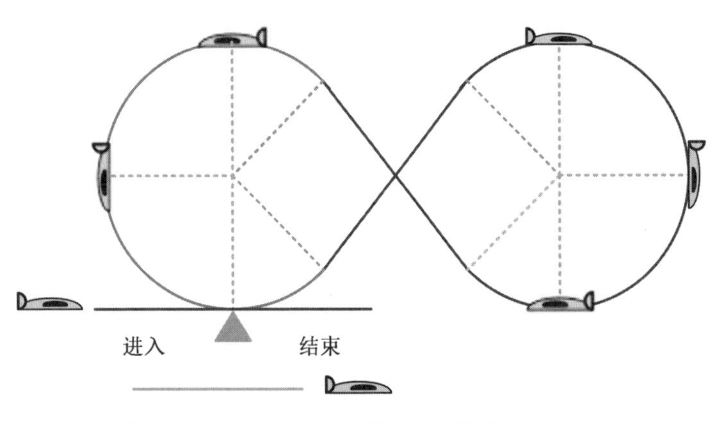

图 6.6　“8”字航线

在自旋悬停和“8字航线”飞行完成后，监考员会在现场对学员进行最后的口试考核，学员通过上述所有的考核后，才能取得中国民航局颁发的无人机驾驶员执照。

6.2.3　培训方法

无人机驾驶员的培训方法因训练机构不同而不同，但根据无人机自身的特点，其飞行训练方法应基本相同，大体如下：理论培训与模拟器飞行训练同步开展，模拟器飞行训练和训练机飞行训练穿插进行。

1. 理论知识培训

培训伊始，首先要对无人机的相关法律法规及系统概述等理论知识进行授课，讲课是教员传授理论知识的主要形式。讲课一般会采用启发式、导学式和讨论式，引导学员掌握教学内容，启发学员自己思考问题和研究问题，提高分析问题和解决问题的能力，使学员尽快掌握理论基础知识，为下一阶段的飞行训练打下坚实的基础。

2. 模拟器飞行训练

在理论知识培训的同时，教员对学员进行模拟器安装的示范培训，并对模拟器的使用进行讲解，通过模拟器进行模拟飞行练习，从而帮助学员理解理论知识。

模拟器训练是飞行准备的一个重要环节。通过模拟器对每个动作进行形象的模拟练习，起到促进飞行技能形成和技术熟练的重要作用。实践证明，只有用模拟器艰苦训练，才能达到空中精飞的要求。因此，学员必须提高对模拟器训练重要性的认识。凡是可以在模拟器练习的动作，都应在地面练熟，做到形象逼真，达到空中飞行的需要。

在使用模拟器训练时，主要采取以下训练方法。

(1) 示范演练。

学员初学飞行或进入新科目、新练习、准备新内容时，教员通常要给学员做示范演练。每种训练方法，重点练习什么内容都要给学员讲清楚，每一个飞行动作都要示范多遍，要让学员对飞行动作有更清楚、更直观的认识并最终掌握飞行技能。

(2) 辅导训练。

学员演练过程中，教员通过观察学员的训练情况，不断地加以辅导，及时纠正学员在模拟器训练过程中出现的问题。

(3) 小组训练。

把学员分成几个小组分别进行训练，小组成员之间可以相互交流经验，发现自己训练过程中出现的问题，从而达到提高自身训练水平的目的。

(4) 个人训练。

学员可根据教员讲课内容和要求，根据自己飞行中存在的错误和重点、难点问题进行个人单独训练，通过多次反复练习，从而纠正训练中出现的错误和克服训练中遇到的困难。

(5) 培训考核。

教员根据学员训练的实际情况，通过对每一个学员进行考核，了解学员的模拟器飞行水平，安排下一阶段的培训计划，并及时纠正学员模拟器飞行中出现的问题，从而达到提高学员模拟器飞行水平的目的。

3. 训练机飞行

在使用模拟器训练达到一定水平以后就应穿插进行训练机训练，训练机训练应持续到本次培训结束，分为飞行示范、教员带飞和放手单飞 3 个阶段。

(1) 飞行示范。

飞行示范，是教员准确地按统一规范做出飞行动作，让学员观察飞行状态、运动轨迹的变化，体会操纵要领，并建立正确的飞行印象。学员经过理论知识学习和模拟器训练，对某一飞行动作，虽然已经有了初步的印象，但是这种印象是孤立的、静止的、不完善的，不能完全反映出空中的实际情况。模拟器虽然可以比较形象地演示出空中飞行状态的各种变化，也能使学员体会到一些操纵动作与飞行状态之间的关系，缩短了地面与空中之间的差距，但毕竟不能完全代替空中训练。所以，在带飞中仍须通过教员的示范，把飞行状态、运动轨迹的变化，舵量、油门的正确操纵方法，真实地给学员显示出来，使学员建立起对某一动作的正确印象，这样才能使学员掌握该飞行动作。飞行示范，通常分为全面示范、重点示范、对比示范等几种方式。

① 全面示范。全面示范是指教员对某一飞行练习的全部飞行动作或某一飞行动作的全部过程进行飞行示范。全面示范可以让学员更加直观、准确地了解整个飞行动作，对学员接下来的飞行训练有很大的帮助。

② 重点示范。重点示范是指教员对某一飞行练习的部分飞行动作或某一飞行动作的部分内容进行重点示范。重点示范，通常是学员在某一个飞行动作上遇到了困难，教员通过多次反复示范，帮助学员渡过操控难关。

③ 对比示范。对比示范是既按正确的操纵方法做示范，又在不危及飞行安全的前提下有意识地做偏差动作，并示范修正方法。对比示范主要是为了纠正学员的错误动作，通过对比的方式，使学员更加深刻地认识到问题的所在，从而改正错误动作，提高自己的飞行技能和信心。

(2) 教员带飞。

带飞是教员直接向学员传授飞行技术的一种手段。带飞是为了使学员尽快掌握飞行技术，学会单独驾驶无人机，并为单飞后飞行技术的巩固和提高奠定扎实的基础。带飞有利于增强学员的信心，迅速地提高飞行水平，并且可以减少训练中的损失。

(3) 放手单飞。

放手单飞，是教员根据需要让学员单独操纵飞机的一种方法。其目的是给学员亲自实践的机会，使学员在自己操纵的过程中积累经验，摸索规律，体会要领，掌握技术。同时，也能使教员通过放手检查判断学员对飞行技术的掌握情况，发现学员飞行中的问题，以便进一步帮助解决。放手，通常分为限量放手、局部放手和全面放手。

① 限量放手。限量放手就是教员放手让学员做一些飞行动作，限制在一定范围内。限量放手主要是为了让学员体验飞行，逐渐找到飞行的感觉，是学员实际操控无人机的开始。

② 局部放手。局部放手是对某一飞行练习的部分飞行动作或只对某一飞行动作的部分内容放手让学员去做。局部放手是为了让学员体会每个动作的要领，增加学员的实际飞行时间，逐步掌握每一个飞行动作。

③ 全面放手。全面放手是对某一飞行练习的全部动作进行放手。全面放手说明学员已经掌握基本的飞行要领，飞行水平达到了一定的程度，基本上具备了单飞的能力。全面放手是带飞到单飞的过渡阶段，也是单飞前的最后一个阶段。

在学员达到教员认可的飞行水平时，可以由教员签字授权其进行训练机独立单飞。

6.3　岗位技能培训

为加快推进直升机、无人机和人工协同巡检，提升作业人员操作水平，培养一批能独立使用无人机进行巡检作业的作业人员，必须对已取得无人机驾驶员合格证的巡检作业人员进行岗位技能培训，使其熟悉巡检用无人机的系统特性、无人机巡检作业任务流程等，以便更好地完成巡检作业任务，并提高无人机巡检作业质量。

6.3.1　培训内容

培训内容主要包括无人机巡检系统基础知识培训和专业技能培训。

1. 基础知识培训

无人机系统基础知识培训主要是让学员了解电力系统及设备基础知识、电力安全工作规程，包括架空输电线路、架空配电线路；了解无人机运行法规、空域申请与使用基础知识；掌握无人机飞行操作基础知识，机型涵盖旋翼和固定翼无人机；掌握拍摄基础知识，包括可见光、激光雷达、红外成像设备。

(1) 线路设备及巡检要求的培训内容包括以下两点。

① 架空输电线路基础。

② 架空配电线路基础。

从参加培训者“零基础”的角度，介绍架空输电线路、配电线路构成、主要设备、工作原理和运行维护的基本要求；结合无人机巡检特点，描述架空输电线路各类杆塔无人机巡检作业要求、各类配电线路无人机巡检要求等。

(2) 无人机运行管理规定及政策解读主要培训无人机巡检相关的条文(或关键点)，重点条款解读，培训内容包括以下几点。

① 法律、行政法规。

② 民航规章制度。

③ 空管规章制度。

④ 无线电管理规章制度。

(3) 电力安全工作规程主要介绍编制《安规》，主要培训内容包括以下几点。

① 输电线路安全工作规程。

② 无人机安全工作规程。

③ 无人机运行监管要求。

(4) 无人机巡检装备培训内容包括以下几点。

① 无人机巡检系统组成和飞行原理。无人机巡检系统组成主要包括无人机平台(多旋翼、直升机、固定翼)、动力系统、飞控系统、地面站系统(主要介绍功能)、链路系统、载荷系统；无人机飞行原理培训内容包括翼型、伯努利定律、升力的产生、失速、地面效应。

以无人机巡检系统地面站系统为例，指挥与任务规划是无人机地面站的主要功能。无人机地面站也称控制站、遥控站、任务规划与控制站。在规模较大的无人机系统中，可以有若干个控制站，这些不同功能的控制站通过通信设备连接起来，构成无人机地面站系统。

无人机地面站系统的功能通常包括指挥调度、任务规划、操作控制、显示记录等功能。指挥调度功能主要包括上级指令接收、系统之间联络、系统内部调度。

任务规划功能主要包括飞行航线规划与重规划、任务载荷工作规划与重规划。操作控制功能主要包括起降操纵、飞行控制操作、任务载荷操作、数据链控制。显示记录功能主要包括飞行状态参数显示与记录、航迹显示与记录、任务载荷信息显示与记录等。无人机地面站如图 6.7 所示。

图 6.7　无人机地面站

云台特性是指云台的图像采集和视频传输的特性，包括图像采集的时间间隔、采集图像的分辨率、传输视频的分辨率等。

② 无人机巡检系统工作原理。主要培训内容包括无人机动力系统工作原理、无人机飞控导航系统工作原理、无人机地面站系统工作原理、无人机链路系统工作原理、无人机任务载荷系统工作原理（可见光成像设备原理、成像参数设置及拍摄技术，红外成像仪原理、红外成像参数设置及拍摄技术，以及激光雷达原理）。

③ 电力行业无人机巡检系统。主要介绍电力行业无人机巡检系统分类、各型无人机巡检系统的性能参数和技术指标要求。

2. 专业技能培训

无人机专业技能培训主要是通过理论与实践相结合的方式，先通过理论教学的方式让学员初步了解所使用无人机的特性，然后通过实践的方式加深学员对所使用无人机的认识。主要培训内容包括无人机巡检系统使用与维护保养、无人机巡检基础操控和无人机巡检作业技术。

(1) 无人机巡检系统使用与维护保养培训。

培训内容应明确“三级”维保原则，针对一线班组操作人员自己可以解决的维保内容和方法，列写无人机巡检系统易出现的故障、如何更换部件、如何维修等，具体培训内容如下。

① 无人机设备台账。主要培训内容包括设备台账建立、设备台账使用。

② 无人机巡检平台。主要培训内容包括无人机巡检系统使用、无人机巡检系统维护保养、无人机巡检系统调试。

③ 任务载荷使用与维护保养。主要培训内容包括云台使用、吊舱使用、可见光成像设备使用、红外热像仪设备使用、激光雷达设备使用，以云台使用教学为例。

装备机云台的操控培训是让学员熟悉云台的控制和使用，主要是通过云台显控单元设置云台采集图像的参数等，通过培训使学员能够采集到清晰的杆塔和线路的图像，以便于分析并找出杆塔和线路的故障点。如图 6.8 所示。

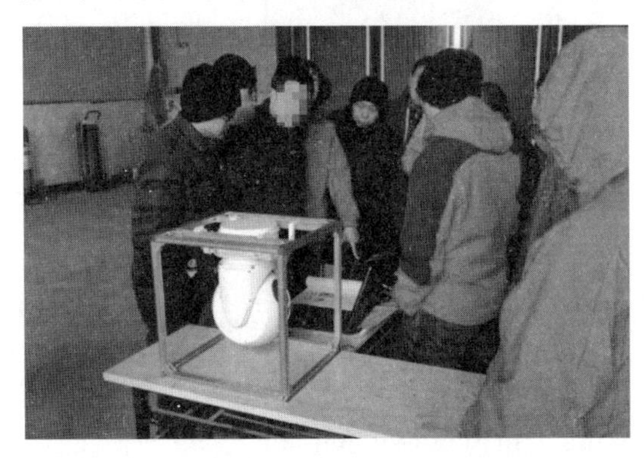

图 6.8　装备机云台培训

④ 仪器仪表使用。主要培训内容包括常用仪器仪表和一般使用仪器仪表。

(2) 无人机巡检基础操控培训。

培训内容以实际操作为主，参考相关标准介绍主要操作要点、关键点、操作方法、注意事项等，具体培训内容如下。

① 无人机飞行操作基础。主要培训内容包括旋翼无人机飞行基础(起降、8 字飞行)、固定翼无人机飞行基础(起降、8 字飞行)。

② 无人机第一视角飞行。主要培训内容包括 FPV 与航拍的区别、图传频段、图传距离以及无人机远航拉距测试。

(3) 无人机巡检作业技术培训。

从巡检内容、典型塔型的巡检方式和路径、巡检作业点设置及拍摄方式等进行培训，类似于典型塔型的标准化作业方法。具体培训内容包括确定巡检任务、输 / 配电线路精细化巡检、通道巡检、线路故障巡检(包括输电、配电线路)、应急处置。

实际应用培训是完全模拟无人机电力巡检作业流程，在教员的指导下，通过多次强化练习，使巡检人员能够熟练地完成无人机电力巡检作业，实际应用培训的目的是让学员能够在以后的巡检作业中更好地完成任务，提高无人机巡检作业水平[41]。

在巡检作业流程中，学员首先按照标准化的无人机巡检作业流程进行培训，小型多旋翼无人机巡检作业流程如图 6.9 所示。培训的关键点在于编辑这次巡检任务的航线,设定本次飞行的应急返航点、装备机的飞行参数、云台的拍照方式等内容,然后手动控制装备机起飞,并按照设定的航线进行飞行。在飞行过程中,时刻观察装备机的飞行状态,并通过云台显控单元观察云台采集的图像信息,在装备机云台采集完需要的图像和视频信息后,巡检人员控制装备机按照设定的航线返航,并手动控制装备机降落。这是一次最基本的电力巡检作业任务流程。

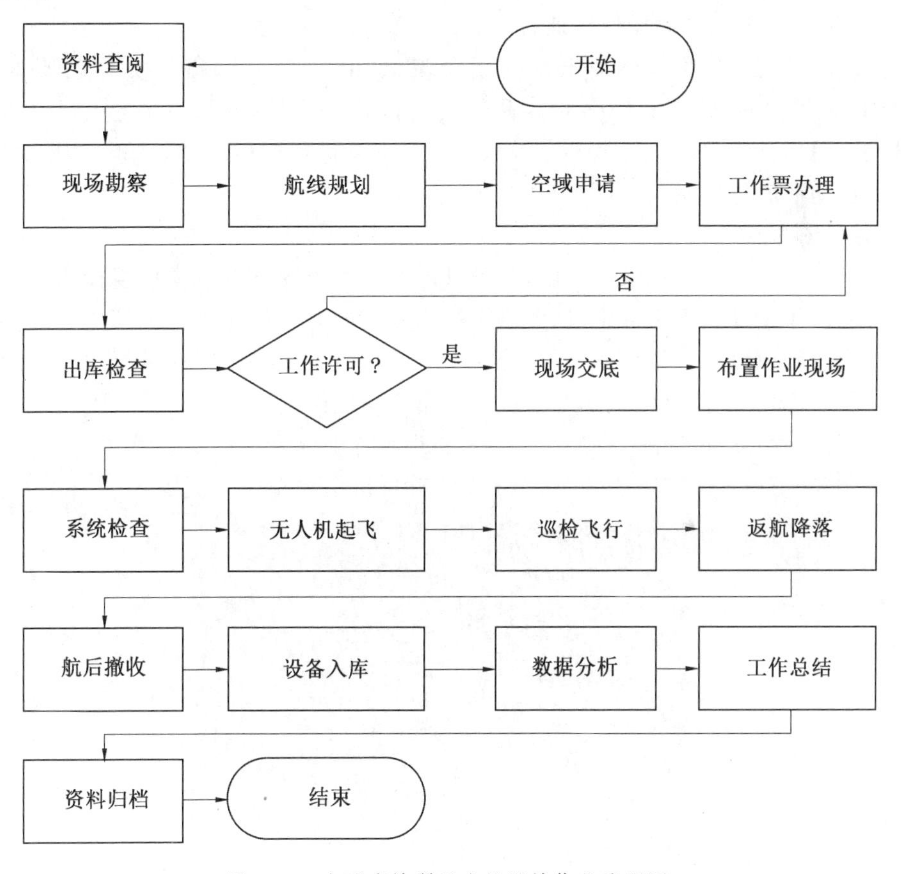

图 6.9　小型多旋翼无人机巡检作业流程图

实际应用培训按照电力巡检流程可以分为以下 4 部分:装备机正常程序飞行培训、装备机地面站的培训、装备机云台的操控培训、模拟巡检作业、应急处置。

(1) 装备机正常飞行培训。

装备机正常飞行培训主要包括手动起降、地面站设定航点、自主航点飞行、云台控制训练,提高学员对无人机的控制、巡检作业认识及团队合作能力。装备机正常飞行培训完全是电力巡检作业任务的一部分,也是最重要的一部分。通过装备机正常飞行培训，巡检人员可以基本掌握装备机的飞行，为电力巡检作业打下坚实的基础[42]。

（2）装备机地面站的培训。

装备机地面站的培训主要包括飞行状态参数查看、飞行参数设置、飞行航点规划以及通过地面站控制飞机飞行，即把在无人机系统特性培训中所学到的无人机地面站特性应用到实践中去，使学员在通过装备机地面站的培训后能够更好地完成无人机巡检作业任务。

（3）装备机云台的操控培训。

现阶段，巡检设备培训推荐使用大疆悟 Ⅱ，X5S 云台搭配奥林巴斯 M.ZUIKO DIGITAL45 mm F1.8 定焦镜头。对于初次使用巡检设备的人员，培训过程使用 Auto ISO 模式，相机能够根据实时环境进行快门、光圈、ISO、WB 等参数的自动平衡与配置。

（4）模拟巡检作业。

当学员完成上面三项培训后，就可以在教员的指导下进行模拟巡检作业了，模拟巡检作业以机组为单位，每个机组按照教员的要求轮流进行模拟巡检作业，在这个过程中教员会指出学员的不足之处，学员也可以随时向教员提问，通过多次反复的优化练习，使学员熟练掌握整个模拟巡检作业流程。

下面介绍几种典型杆塔的小型旋翼机巡检作业流程。

①500 kV 双回转角塔（图 6.10）小型旋翼机巡检作业流程如下。

图 6.10　500 kV 双回转角塔巡检示意图

a. 在地面站设定本次飞行的应急返航点、装备机的飞行参数、云台的拍照方式等内容。

b. 在合适位置无人机起飞（2 m × 2 m），对杆塔的塔号牌和基础各拍照 2 张。

c. 缓慢上升至右侧下相横担水平位置，缓慢侧移，由小号到大号的顺序对绝缘子挂点金具各拍照 2 张。

d. 上升高度对右侧中相绝缘子各挂点金具各拍照2张。

e. 上升高度对右侧上相绝缘子各挂点金具拍照，同时对右侧地线挂点金具各拍照2张。

f. 升高飞机高出塔顶约10 m翻越杆塔，至左侧上横担，略降高度，对左侧地线挂点金具及上相瓷绝缘子及其跳线挂点金具各拍照2张。

g. 下降高度对左侧中相绝缘子各挂点金具各拍照2张。

h. 下降至下相绝缘子各挂点金具各拍照2张。

i. 最后升高高度（比塔至少高10 m）一键返航。

注：对目标点拍照距离约为10 m，选择顺光、角度较好的位置；地线挂点金具、每个绝缘子挂点金具2张，共形成48张照片。

②500 kV耐张（转角）塔（图6.11）小型旋翼机巡检作业流程如下。

图6.11　500 kV耐张（转角）塔巡检示意图

a. 在地面站设定本次飞行的应急返航点、装备机的飞行参数、云台的拍照方式等内容。

b. 在合适位置无人机起飞（2 m×2 m），对杆塔的塔号牌和基础各拍照2张；

c. 缓慢上升到右相横担位置，对跳线绝缘子上、下挂点金具各拍2张；对铁塔侧绝缘子挂点拍照；平移飞机，对小号侧绝缘子与导线挂点金具拍照，再对大号侧绝缘子与导线挂点金具各拍照2张。

d. 上升至右侧地线支架，对地线挂点金具各拍照2张。

e. 翻越杆塔至另一侧，缓慢下降至地线挂点金具齐平位置，对右侧地线挂点金具各拍照 2 张。

f. 缓慢下降至中相位置，按步骤 c 方式对中相绝缘子及其跳线绝缘子的各挂点金具各拍照 2 张。

g. 按步骤 c 方式对左相绝缘子各金具挂点各拍照 2 张。

h. 最后升高高度（比塔至少高 10 m）一键返航。

注：对目标点拍照距离约为 10 m，选择顺光、角度较好的位置；地线挂点金具、每个绝缘子挂点金具 2 张，共形成 34 张照片。

③ 应急处置。应急处置主要培训内容包括空中设备故障和异常警报处置、应急迫降、坠机后续处置、人身伤害处置方式等内容。

应急处置飞行培训主要是装备机故障的情况下的非正常飞行程序操作，其中包括遇见障碍物、发动机故障、链路丢失等情况。应急飞行培训的目的是通过培训增强学员的应急飞行能力，在以后巡检作业任务过程中，如果装备机出现了故障，学员可以通过应急飞行程序操作来操控装备机以减少损失，避免出现人员伤亡。

当装备机遇见障碍物时，一般会需要重新规划航线或者切到手动模式控制飞机越过障碍物继续执行巡检作业任务。模拟装备机遇见障碍物，能够锻炼学员的重新规划航线的能力以及手动飞行能力。在装备机进行自主飞行时，一般都是直线前进的，可以通过云台来观察障碍物的位置和方位，及时地通过重新规划航线或者切到手动模式避开障碍物[43]。

当出现发动机故障时，一般就是发动机出现熄火现象，不能提供无人机飞行所需要的升力，如果这时不进行任何操作，无人机就会直线下降，造成严重的损失。在模拟发动机故障时，就是通过遥控器把无人机的油门降到最低，通过遥控器控制无人机的舵面使旋翼机缓慢下降或者使固定翼无人机进行滑行迫降，避免无人机直接失速降落，减小无人机的损失和避免人员伤亡。

链路丢失是一种状态。在这种状态下无人机地面站同无人机之间的通信手段上行链路和下行链路双双丢失或丢失了其中一种，无人机地面站再也不能对无人机的飞行进行控制和监视。当无人机系统出现链路丢失情况时，如果在目视范围内，无人机操控人员应及时把无人机飞行模式切换到手动模式，通过遥控器把飞机安全降落在指定位置。如果不在目视范围内，无人机飞控检测到链路丢失以后，飞控程序就会执行自动返航功能，无人机以设定好的高度和速度返回“HOME”点上方，这时无人机操控人员在看见无人机以后应及时把无人机的飞行模式切换到手动模式，然后通过遥控器把无人机安全降落在指定位置。模拟无人机链路丢失情况，主要还是练习无人机操控人员的飞行能力以及应变能力，主要通过无人机操控人员的操控使无人机安全降落在指定位置[44]。

6.4　本章小结

本章主要介绍了电力巡检无人机培训方面的内容，首先介绍了山东电力研究院无人机培训体系的建设工作，其次根据中国民航局有关法律法规规定以及国网公司对无人机巡检作业人员提出的标准化作业要求，从无人机驾驶员资质培训和巡检技能培训两个方面出发，详细地介绍了无人机巡检作业人员的培训流程及培训方法。

第7章　机器人应用效果评估与实例研究

7.1　变电站巡检机器人应用效果评估

首台变电站巡检机器人样机于2005年10月在济南500 kV长清变电站首次试运行，2007年11月应用于天津500 kV吴庄变电站，开始批量推广。如图7.1所示。

图7.1　首台变电站巡检机器人产品样机

2013年，国家电网公司下发了关于印发智能机器人巡检[45]推广应用工作方案的通知，对2013年至2015年变电站巡检机器人的应用进行了部署计划，在2013年购置100套智能巡检机器人，其中80套配置在换流站、500(330) kV及以上重要变电站，20套配置在试点开展集中存储[46]，集中调配，集中使用的国网山东、江苏、浙江、湖南电力。2014年完善紫外带电检测，SF_6气体泄漏检测，数字透露，高寒环境巡检功能[47]，购置250套机器人，覆盖50%的500(330) kV及以上重要变电站，50%的省公司试点集中存储，集中调配，集中使用。2015年力争在无导轨技术上取得突破[48]，完成高中低档全系列机器人产品研制，购置250套机器人，覆盖全部500(330) kV及以上变电站，全部省公司试点集中存储，集中调配，集中使用[49]。变电站智能巡检机器人发现的设备缺陷及隐患见表7.1。

表 7.1　机器人应用发现缺陷统计

应用地点	缺陷类型	缺陷设备名称
500 kV 全国各地、220 kV 变电站	超温(严重缺陷二类)	500 kV 区域 50 236 刀闸 A 相
	超温	♯3 主变 35 kV 侧 3 003－6 刀闸 C 相 R0 区
	超温	35 kV♯1A 低抗 C 相出现接头
	超温	35 kV♯2A 低抗 B 相出现接头
	超温	110 kV 母联 1 122 刀闸 B 相
	超温	220 kV 包沙 Ⅰ 回 2 582 刀闸 A 相
	超温	220 kV 包沙 Ⅰ 回 2 586 刀闸 C 相
	超温	11 kV 延志 Ⅰ 线 11 121 刀闸 C 相 R0 区
	超温	10 kV9912 电容器本体 A 相温度异常
	超温	包沙 Ⅰ 回 2 586 刀闸 C 相温度异常
	超温	220 kV1 号主变 2011 隔离开关 C 相超温
	超温	220 kV1 号主变 2016 隔离开关 A 相超温
	超温	500 kV 长晋二线线路接头东侧 A 相设备超温
	超温	♯2 主变高压侧套管 B 相，♯2 主变高压侧套管 A 相，♯2 主变高压侧套管 C 相
	超温	4 号主变 2 号电抗器 342 B 相电抗器设备热缺陷
	超温	110 kV 分段 131 开关接头 C 相接头
	超温	110 kV 漫景线 171 断路器线路侧 1 716 隔离开关 T 接 C 相
	超温	35 kV♯3 电容器 3 533 串抗 C 相接头缺陷
	超温	35 kV♯2 电容器 3 524 串抗 C 相接头缺陷
	超温	35 kV♯2 电容器 3524 A 相 CT 接头缺陷
	超温	220 kVB 母联 C 相断路器缺陷
	超温	220 kVB 母联 202－2 闸刀缺陷
	超温	220 kVB 母联 202－1C 相闸刀缺陷
	超温	♯2 主变 500 kV 侧 50 112 刀闸 C 相安全隐患
	超温	崂琅 Ⅰ 线 50 122 刀闸 C 相安全隐患
	超温	220 kV 久安 Ⅱ 线 2203－D 线刀闸 C 相缺陷
	超温	35 kV4♯ 电容器 3 205－3 刀闸 A 相缺陷
	超温	3♯ 主变 66 kV4♯ 电容器组 634 CT 缺陷

截至2013年12月，变电站巡检机器人已累计销售200余套，机器人的推广应用范围[50]已遍布全国19个省市，覆盖110 kV至1 000 kV各电压等级变电站/换流站[51]，经受了高低温、湿热、雨雪、风沙等恶劣天气考验[52]。

变电站巡检机器人在国内外具有广阔市场前景。山东鲁能智能技术有限公司自规模化生产和销售以来，新增合同额2.05亿元，建成世界首条变电站巡检机器人整机装备工业流水生产线，达到年产300套能力。截至2012年底，国内在运110 kV及以上变电站超过15 337座，以每3个站共用1套计算，预计市场需求大于5 000套。2013年，变电站巡检机器人列入国家电网重点推广新技术目录[53]，2014—2015年批复扩容500套，涉及中国南方电网有限责任公司和其他地方电网公司，年市场容量超过5亿元。此外，菲律宾国家电网(NGCP)、澳洲输电公司(ElectraNet)等国外电网运营企业来电来函咨询，并计划开展合作，海外市场潜力巨大。

应用变电站巡检机器人，降低运行人员的劳动强度，提高工作效率，起到减员增效的作用[54]。以人工巡检每日巡检3次测算，采用机器人巡检后，机器人每日巡检2次，人工巡检1次，综合减少人工巡检工作量约66%。

变电站巡检机器人推广应用以来，已发现各种事故隐患几十处，下面以日照500 kV变电站、久安500 kV变电站、国网冀北电力有限公司500 kV姜家营变电站、国网冀北电力有限公司500 kV固安变电站为例，介绍变电站智能巡检机器人发现的设备缺陷及隐患情况。

到目前为止，变电站巡检机器人已经为用户发现各种事故隐患几十处，合计间接经济效益达数十亿元[55]。

7.2 输电线路巡检机器人应用效果评估

除冰机器人在南方电网超高压输电公司柳州局500 kV桂山甲线040号杆塔至041号杆塔进行了机器人的运行实验，如图7.2所示。该段线路档距约200 m，高差约40 m，其中040号杆塔为耐张塔，041号杆塔为直线塔(塔高38 m)，机器人在单档距内运行两个来回。结果表明，除冰机器人移动性能良好，除冰效率高，工作稳定可靠。除冰检测机器人还成功应用于山东电力超高压公司的500 kV线路上，得到用户好评。

视频检测机器人在山东电力500 kV济长Ⅱ号带电线路162号杆塔至163号杆塔进行了机器人的运行实验[57]，如图7.3所示。该段线路档距约500 m，高差约30 m。检测机器人运行两个来回。结果表明视频检测机器人可见光图像质量稳定，能够准确地获知运行线路表面的状况，如是否有断股、锈蚀等破损情况。巡检机器人红外图像清晰，对不同温度的物体(如带电运行中的导、地线和地面)

图 7.2　除冰机器人应用

有较高的分辨能力。

航标球装卸机器人在山东电网500 kV华德线大跨越线路上进行了航空标志球装卸试验,并取得成功,如图 7.4 所示。其视频检测图像如图 7.5 所示。安装过程中,线路工人无须出线作业,极大地减轻了作业强度,降低了作业风险。

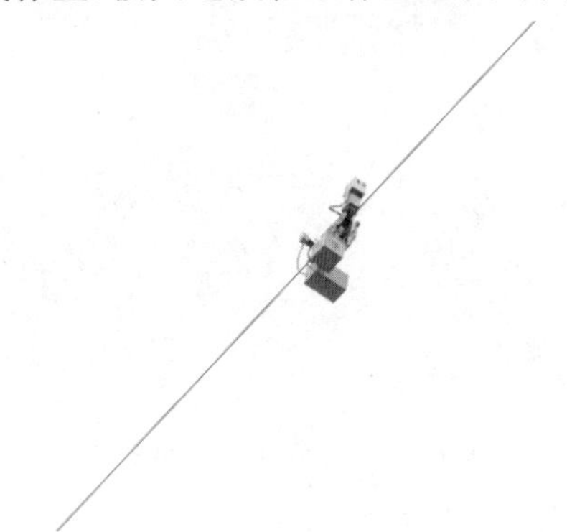

图 7.3　视频检测机器人应用

图 7.4　航标球装卸机器人应用

图 7.5　视频检测图像(左:可见光图像 右:红外图像)

架空输电线路巡检机器人在山东电网 500 KV 华德线进行了线路巡检应用试验并取得了成功,如图 7.6 所示。

图 7.6　线路巡检机器人应用

架空输电线路巡检机器人沿线路运行,先后跨越 3 个间隔棒及一个悬垂线夹,成功跨越线路杆塔,整个过程中机器人工作正常[58]。机器人在线路巡视过程中对线路进行可见光和红外检测,试验中无线图像传输系统工作正常,视频图像稳定清晰。线路视频检测照片如图 7.7 所示。

架空线路带电检修机器人在崂阳线、华德线等实际线路进行了应用测试,并取得成功。两条不同线路上选择了两个塔基作为实验环境,在两个塔基之间通过遥控机器人跨越各种障碍物,其中包括一个悬垂绝缘子串。

机器人操作人员通过地面的遥控系统,控制机器人沿线路进行巡检作业。如图 7.8 所示。在遥控机器人前进过程中,通过机器人传回的视频,实时监控机器人的运行状态。在巡检过程中,监控系统可同时进行导线检测及前方障碍物监测,当发现接近障碍物时,如间隔棒,操作人员远程遥控机器人进行越障动作,并实时监控机器人的越障过程,保证机器人的安全。如图 7.9 所示。

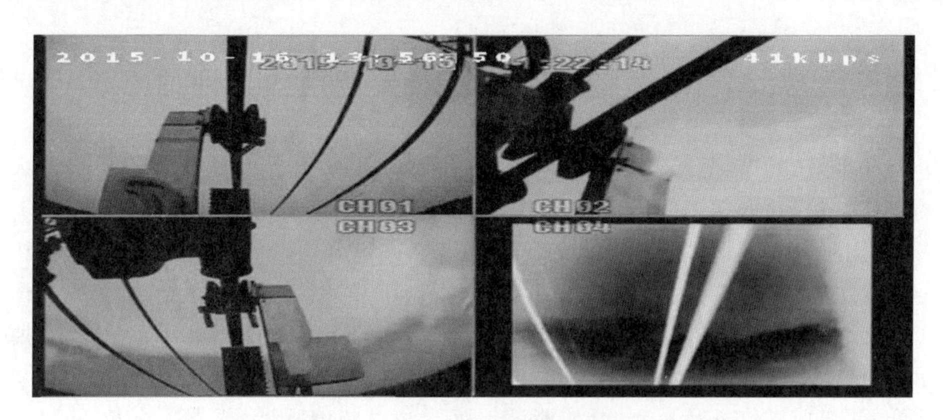

图 7.7　可见光红外检测图像

图 7.8　线路带电检修机器人应用

图 7.9　实时视频图像

7.3 电缆隧道巡检机器人应用效果评估

20 世纪 80 年代末，美国、日本等发达国家先后开展了地上电缆巡检机器人的研究工作，并取得了阶段性的成果。进入 21 世纪，随着城市地下配电网络的普及，人们对电缆隧道巡检机器人的研制提出了迫切需求，美国率先完成原理样机的开发工作。华盛顿大学的 Bing Jiang、Alanson P. Sample 等于 2005 年研制出了一套名为“巡游者”的地下电缆检测机器人，如地下电缆检测机器人图 7.10 所示，该机器人两端分别装有 12 V 直流减速电机，机构采用了两节、带行走脚模块化配置，集成了红外传感器、介质测试传感器和声音传感器，机器人全长 1.2 m，可沿直径 4 ～ 8 cm 的电缆线路行走，越过沿途遇到的障碍物，能够进入地下沿着电缆爬行，找出故障发生位置。但是该机器人也存在一些缺点与不足，如连续工作时间较短，只能维持 1 h 左右；远程主机与机器人之间无线通信的允许最大距离(10 m 以内) 较短，当机器人在隧道中处于非自主运行模式时，极大地限制了工作空间；机器人大部分电子器件暴露在外，防水性能较差，当其工作在滴水现象发生的隧道中，会对机器人的正常运行产生极大的影响，甚至无法完成电缆检测工作。目前，该机器人仍处于实验室研究阶段，有待进一步完善。

图 7.10　地下电缆检测机器人

除上述电缆检测机器人外，国外各大公司(例如英国 Radiodetection，德国 IBAK，美国 CUES，加拿大 INUKTUN 等) 及研究人员研制了多种形式的管道或隧道检测机器人，对电缆隧道巡检机器人研制任务的开展具有一定的借鉴意义。

在管道检测机器人方面，目前已有相关产品销售，其中比较有代表性的是加拿大 INUKTUN 公司研制的 Versatrax 150 机器人。该机器人是一个模块化、远程内部管道检测系统，能够应用于150 ~2 000 mm 管道检测，其具备机械密封30 m 防水，无须充气保护的特点。这类机器人技术较成熟，并具备构造精良、互换性好等优点，但也存在价格昂贵、维护成本较高、检测范围受控制线缆长度限制等不足。如图 7.11 所示。

图 7.11　内部管道检测机器人

在隧道机器人研究方面，早在 2002 年，国外已出现通过手动操控，能够工作于直径小于 1 m、埋置深度超过 200 m 的地下隧道的巡检机器人；Agostino De Santis、Bruno Siciliano、Luigi Villani 等人于 2005 年在意大利政府项目“国家行动计划”中提出了一种交通隧道内轨道式消防机器人的设计，它可以在交通隧道内发生火灾时代替消防人员通过导轨直接到达火点进行灭火工作；Seung－Nam Yu、Jae－Ho Jang、Chang－Soo Han 等人在 2006 年曾经设计了一种轮式机器人，这种机器人通过使用摄像头和超声波探头来进行隧道内壁探伤；J. G. Victores、S. Martinez、A. Jard6n、C. Balaguer 等人于 2011 年所做的研究中，提出了一种用于交通隧道内壁修复的隧道施工机器人。上述成果大都完成了原型设计，并未做进一步的研究和应用。

我国城市地下配电网的快速发展和完善给电缆巡检机器人的研制带来了发展机遇，从理论研究到原理样机的研制都取得了丰硕的成果，同时部分研究成果已投入了实际应用。

上海市电力公司和上海交通大学于 2009 年联合设计出了一种小型履带式电缆隧道检测机器人，如小型履带式电缆隧道检测机器人图 7.12 所示，机器人长

42 cm,宽 32 cm,高 30 cm(不包括天线),摆臂长 20 cm,车底距地高 4.5 cm,移动方式采用履带加前辅助摆臂机构[59],两侧履带和摆臂由 3 台电机驱动。该机器人集成有带云台的红外摄像头、超声传感器、气体传感器,可以提取隧道内的图像,并检测各种有害气体的浓度,通过 Internet 无线网络将图像及数据信息传给上位机。但是该机器人体积仍然较大,无法满足小型电缆管道的巡检任务。

图 7.12　小型履带式电缆隧道检测机器人

2012 年由浙江杭州市电力局和浙江大学共同研发的电缆隧道巡检智能机器人(图 7.13)问世,该机器人具有自主巡检、突发事件处理、远程监控功能,续航能力长达 4 h,配有高清可见光和红外摄像机、有害气体检测装置[60],可实现对隧道内电缆形变、温度及有害气体的监测,并将隧道内实时情况通过隧道综合监控系统传输至输电线路状态监测中心,以取代人工巡检,实现隧道内全路径自主巡检,能有效解决高压电缆隧道巡检难度大、人工巡检危险系数高等问题。线路运检人员足不出户即可掌握电缆隧道内部设备运行情况,实现了综合智能监控与智能逻辑连锁的管控一体化。但是该机器人采用轮式移动结构,越障能力较差,只能在大型的地面相对平缓的电缆隧道中进行工作。

2013 年南方电网广州供电局与山东康威通信技术股份有限公司联合研制了一款基于轨道的电缆隧道巡检机器人(图7.14),并在珠江新城电缆隧道中投入使用。该机器人通过可见光摄像机捕捉到的隧道里不同角度的场景,并把隧道里的氧气含量、一氧化碳含量、硫化氢含量及空气湿度等项指标实时反馈到地面,后台人员可通过手动控制或定制自动巡检模式,让机器人监测隧道内的环境和电缆运行状态。

2016 年国网南京供电公司电缆室根据南京地区电缆隧道运行状况和特点,研制开发了电缆隧道智能巡检机器人(图 7.15),并在总长约 500 m 的220 kV 秦淮 — 梅钢隧道内试点安装 2 台。该机器人配备了可见光、红外测温仪、拾音器等

图 7.13　电缆隧道巡检智能机器人

图 7.14　基于轨道的电缆隧道巡检机器人

检测装置，采用自主和遥控两种方式，具备多传感器信息采集及处理平台，可第一时间对电缆隧道设备以及温度、水位、有毒气体等环境进行检测，然后通过无线通信模式，将现场采集的监测对象数据进行实时整合，传输至电缆综合智能管控平台，实现电缆隧道信息数据实时监控。同时，还具备例行模式、特巡模式、应急模式、手动模式和快巡模式等多种任务模式，适用于各类环境。在获得各类数据和电缆设备状态后，不仅可以实时传输，还可自动存储于数据库中，自主生成巡检报告。根据隧道的历史温度、水位以及设备的历史状态数据，对设备的运行状态进行分析，及时发现设备缺陷，向运维人员发出预警信息。

另外，厦门供电公司也于 2016 年在连接厦门翔安彭厝和岛内湖边两座换流站的翔安隧道内利用巡检机器人（图 7.16）对隧道内电缆设备进行巡检。该机器人自带红外热成像摄像头，有害气体检测装置及灭火器，可实现每天自动定时巡检，自动形成巡检报告。当发现通道内温度超过限值时，机器人将自动行驶到异常点巡查。

除此以外，北京市电力公司电缆公司、河南省电力公司洛阳供电公司、内蒙

图 7.15　电缆隧道智能巡检机器人

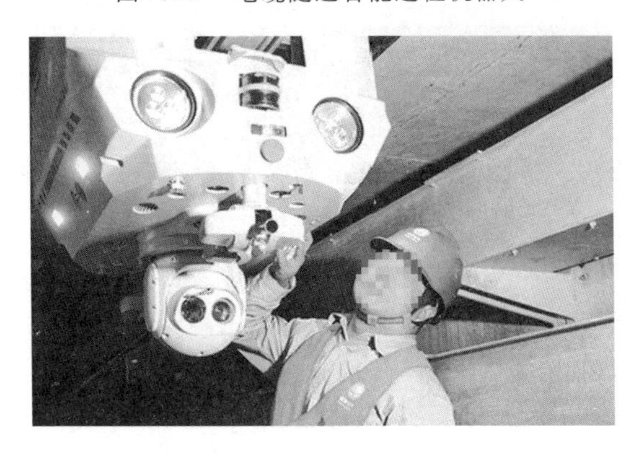

图 7.16　电缆隧道巡检机器人

古电力科学研究院、沈阳新松机器人自动化股份有限公司、江苏亿嘉和信息科技有限公司、深圳市朗驰欣创科技有限公司、西安南风云电力科技有限公司、华北电力大学等单位，也分别从机器人本体结构、检测装置、通信系统、软件系统等方面进行了相关研究。

综上所述，电缆隧道机器人的应用可有效地提升电缆隧道巡检效率和效益，减轻基层班组一线员工的工作负担，但目前相关机器人产品在应用中也面临一些问题，主要表现在以下两方面。

(1) 电缆隧道内部电缆、挂架等构造物较多，同时存在排水坡道、通风井口、防火隔断等障碍，因此利用机器人实现长距离电缆隧道巡检需要通过多种类型障碍，增加了利用机器人进行电缆隧道巡检的难度。

(2) 电缆隧道是处于地下的狭长的闭域空间，机器人运行所需定位特征容易受尘土、积水等覆盖或腐蚀，较难保证机器人长期运行过程中高精度定位导航。

目前由机器人采集的电缆隧道内的各种信息一般回传至监控后台系统存储并进行简单的对比分析，目前还未实现隧道环境状态和电缆设备故障智能检测和识别。

7.4　海底电缆巡检机器人应用效果评估

海底电缆巡检机器人应用效果评估分为两个层面：一为机器人自身运行状态控制效果，二为声光磁学任务载荷对海底电缆巡检的数据效果。

7.4.1　海底电缆巡检机器人航行安全状态效果评估

海底电缆巡检机器人水下航行的平稳性、路由跟踪稳定精度、导航的精确性和安全性等均与巡检探测效果密切相关，因此海底电缆巡检机器人应用效果的评估首先需要评估机器人运行状态。机器人运行状态效果主要包括机器人航向/航速/深度保持能力效果评估、水下精确定位能力效果评估和机器人应急响应能力效果评估等。

1. 机器人航向/航速/深度保持能力效果评估

(1) 评估内容。

测定巡航速度下机器人用方向舵和升降舵保持直航与定深的能力，以及机器人的航速保持能力。

(2) 评估条件。

试验海域水深大于20 m，海况不大于2级，平坦泥沙底。

(3) 评估方法。

评估开始前，保证机器人处于水平状态（纵倾和横倾在零度附近）和微正浮力。

机器人初始漂浮在水面，水面控制系统发送预先规划的路径至机器人，其水平面航向响应指令示意图如图7.17的*ABCE*航路所示。*BC*和*CD*段的深度指令不小于10 m，*DA*段的深度指令为0.5 m。（注：航路按照实际海域可进行适当调整）

水面控制系统发送评估开始指令，机器人从水面*A*点出发，以巡航速度指令作指定航速和指定深度航行。采用方向舵保持*AB*航路，*BC*航路和*CD*航路确定的航向，同时采用升降舵保持*AB*航路，*BC*航路和*CD*航路确定的深度。

最后结束航向和深度保持试验上浮至水面，评估结束。

(4) 评估合格判据。

① 机器人处于安全深度航行时，均衡良好的情况下，机器人的航向控制精度一般不大于1.5°(RMS)。

② 机器人处于安全深度航行时，均衡良好的情况下，机器人的深度控制精度

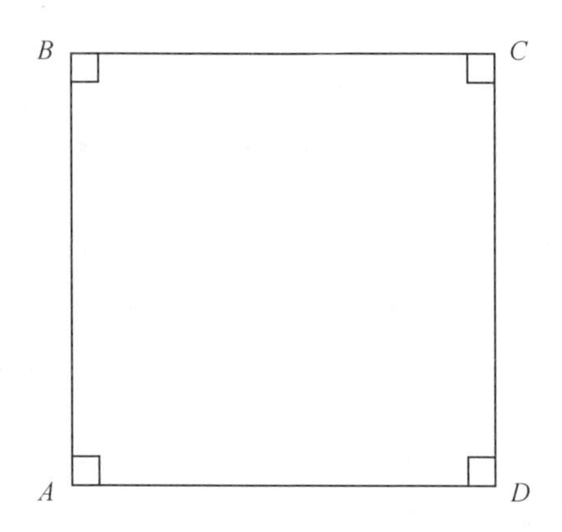

图 7.17　机器人水平面航向指令示意图

一般不大于 0.2 m(RMS)。

③ 在均衡良好的情况下，机器人的航速控制精度一般不大于0.2 kn(RMS)。

(5) 评估数据处理原则、方法和记录。

评估过程中，连续记录机器人位置、深度、艏向、航速、舵角和纵倾角等参数。航向、航速和深度精度计算方法如下。

① 机器人的航向控制精度。分别选取 AB、BC 和 CD 段稳定航行时的航向，按下式计算航行器的航向控制精度

$$e_{\Phi}=\sqrt{\frac{1}{N-1}\sum_{i=1}^{N}(\Phi_{\text{com}}-\Phi_i)^2} \tag{7.1}$$

式中，e_{Φ} 为航行器的航向控制精度，(°)；Φ_{com} 为航行器的航向指令，(°)；Φ_i 为航行器的航向反馈，(°)；i 为机器人按控制频率(1 Hz) 记录的航向反馈的序号，$i=1,2,\cdots,N$ ($N=50$)。

② 机器人的深度控制精度。分别选取 AB、BC 和 CD 段稳定航行时的深度，按下式计算航行器的深度控制精度

$$e_d=\sqrt{\frac{1}{N-1}\sum_{i=1}^{N}(d_{\text{com}}-d_i)^2} \tag{7.2}$$

式中，e_d 为机器人的深度控制精度，m；d_{com} 为机器人的深度指令，m；d_i 为机器人的深度反馈，m；i 为机器人按控制频率(1 Hz) 记录的深度反馈的序号，$i=1$，$2\cdots N$ ($N=50$)。

③ 机器人的航速控制精度。分别选取 AB、BC 和 CD 段稳定航行时的速度，按下式计算航行器的航速控制精度

$$e_u=\sqrt{\frac{1}{N-1}\sum_{i=1}^{N}(u_{\text{com}}-u_i)^2} \tag{7.3}$$

式中，e_u 为机器人的航速控制精度，kn；u_{com} 为机器人的航速指令，kn；u_i 为机器人的航速反馈，kn；i 为机器人按控制频率(1 Hz)记录的速度反馈的序号，$i=1,2,\cdots,N(N=50)$。

2. 机器人水下精确定位能力效果评估

(1) 机器人水下精确定位能力评估内容。

① 闭合航路航行定位试验。在多普勒声呐底跟踪数据效果良好情况下，测试航行器在巡航速度左右航速下，闭合航路航行的导航终点误差。

② 直线航行定位试验。在多普勒声呐底跟踪数据效果良好情况下，测试航行器在巡航速度左右航速下，直线航行的导航终点误差一般不大于航程的5%。

(2) 机器人水下精确定位能力评估条件。

试验海域水深需要大于10 m，海况不大于3级，平坦泥沙底。

(3) 评估方法。

① 闭合航路航行定位试验。机器人初始漂泊在水面，并进行惯性导航系统对准。接着，水面控制系统下达水下精确定位能力试验开始指令后，机器人进行GPS或北斗校准并自动记录当前位置的GPS经纬度和惯性导航系统经纬度。随后机器人按预规划下潜至水下4～10 m。例如，以2.5 kn航速按规划路线 $A\rightarrow B\rightarrow C\rightarrow D\rightarrow E\rightarrow F\rightarrow G\rightarrow H\rightarrow A$ 航路航行约5圈，如图7.18所示。

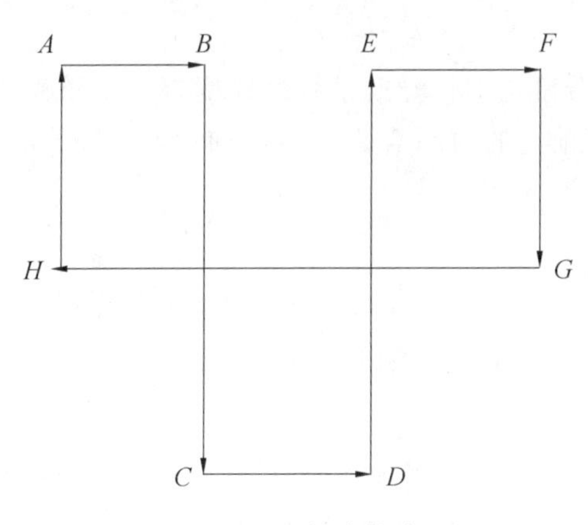

图7.18　闭合航路

经过设定时间后机器人航行结束并浮出水面，此时记录当前位置的GPS经纬度和惯性导航系统经纬度(注：试验过程中不进行GPS或北斗校准；闭合航路尺寸及圈数按照实际海域进行调整)。

② 直线航行定位试验。机器人初始漂泊在水面，并进行惯性导航系统对准。接着，水面监控系统下达水下精确定位能力评估开始指令，机器人进行GPS或北斗校准，并自动记录当前位置的GPS经纬度和惯性导航系统经纬度。然后，

机器人按预规划在近水面以巡航速度左右航速按规划路线 $A\rightarrow B$ 航路航行，如图 7.19 所示。机器人到达 B 点后机器人结束航行，此时记录当前位置的 GPS 经纬度和惯性导航系统经纬度（注：试验过程中不进行 GPS 或北斗校准）。

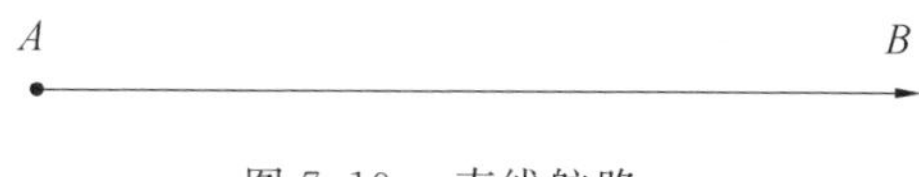

图 7.19　直线航路

（4）评估合格判据。

① 在多普勒声呐底跟踪数据效果良好情况下，机器人以巡航速度左右航速进行闭合航路航行，导航终点误差满足一般不大于 100 m，则该试验合格。

② 在多普勒声呐底跟踪数据效果良好情况下，航行器以巡航速度左右航速进行直线航行至少 5 km，导航终点误差一般不大于航程的 5%，则该评估合格。

（5）评估数据处理原则、方法和记录。

评估过程中，利用机器人内测记录评估过程的 GPS 或北斗经纬度、惯性导航系统经纬度、航速、深度、艏向角等参数。

① 计算终点误差。

$$e_{\text{Lon}} = (\text{Lon}_{\text{INS}} - \text{Lon}_{\text{GPS}}) \times R_N \times \cos\varphi \tag{7.4}$$

$$e_{\text{Lat}} = (\text{Lat}_{\text{INS}} - \text{Lat}_{\text{GPS}}) \times R_M \tag{7.5}$$

$$e_{\text{total}} = \sqrt{e_{\text{Lat}}^2 + e_{\text{Lon}}^2} \tag{7.6}$$

式中，Lon_{INS}、Lat_{INS} 分别为惯性导航系统经纬度，(°)；Lon_{GPS}、Lat_{GPS} 分别为 GPS 经纬度；R_N、R_M 为当前点的曲率半径；φ 为当前点的地理纬度。

② 计算总航程。

$$s = \bar{v}_n \times t_n \tag{7.7}$$

式中，$\bar{v}_n$ 为航行平均速度，kn；t_n 为航行时间，s；s 为航程，m。

3. 海底电缆巡检机器人应急响应能力效果评估

（1）评估内容。

检验机器人在不同紧急情况下的安全应急响应能力，包括漏水（小舱室破损）应急响应、超深应急响应；测试航行器是否具有抛载、停车上浮等应急手段。

（2）评估方法。

① 超深应急响应评估方法。如图 7.20 所示，规划 $A-B$ 航路，航路起点为 A 点，终点为 B 点，指令深度为 5 m，即使机器人沿 AB 从水面向 5 m 深度下潜，设置机器人的航速指令为 2 kn。设置机器人的超深保护阈值为 3 m。指令开始，机器人沿 AB 下潜，当机器人检测到航行深度大于超深保护阈值 3 m 后（此时航行到图中的 C 点），机器人执行超深响应。响应动作使机器人紧急停车上浮。

② 耐压舱漏水应急响应评估方法。如图 7.21 所示，规划 $A-B-C$ 航路，航

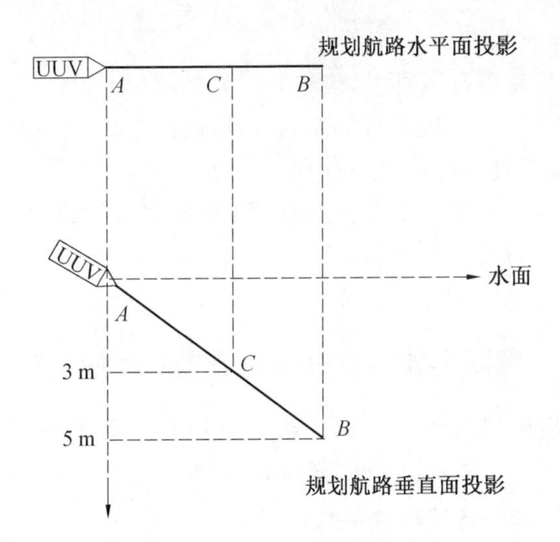

图 7.20　超深应急响应试验方法示意图

路起点为 A 点，终点为 C 点，设置机器人在水面航行（指令深度 0.7 m），设置机器人的指令航速为 2 kn。当机器人航行到 AB 航段中间的任意位置处时，如图 7.21 中的 P 点，水面控制系统通过无线电通信向机器人发送模拟耐压舱漏水事件。机器人收到该事件后，会执行抛载动作，同时进行重规划使机器人在水面按照指令航速直接返回结束点 C 点。

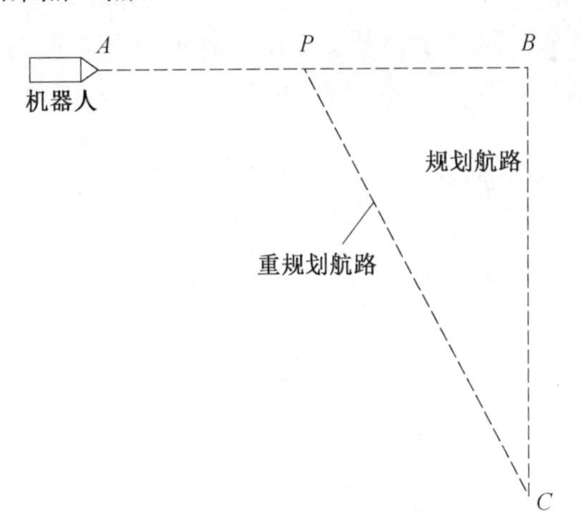

图 7.21　耐压舱漏水应急响应试验方法示意图

(3) 评估合格判据。

① 机器人在发生超深事件后，能够进行紧急停车上浮。

② 机器人在发生耐压舱漏水事件后，能够进行抛载重规划。

(4) 评估数据处理原则、方法和记录。

① 人工记录水面控制系统发送模拟耐压舱漏水事件的时间。

② 机器人记录自身的全部运行数据。

③ 机器人记录发生的应急事件。

7.4.2 海底电缆巡检机器人任务载荷应用效果评估

海底电缆巡检机器人可以搭载的声光磁任务载荷主要为声学合成孔径声呐、侧扫声呐，光学水下微光摄像机，磁学磁探仪。

1. 合成孔径声学任务载荷应用效果评估

(1) 评估内容。

评估机器人搭载合成孔径声呐对海底掩埋/非掩埋电缆的成像效果，并对已知路由的海底电缆进行探查定位，确定电缆的状态、位置等信息。

(2) 评估方法。

合成孔径最佳距离海底高度在 50 m 左右。为了达到全覆盖的目的，测线布置模式如图 7.22 所示。作业过程中采取“相邻测线弥补盲区”的扫测方式，即下一条测线的左侧有效探测区域弥补上一条测线的盲区。同时，依据声呐侧扫规范，100% 覆盖时测线间距 L 应保证相邻测幅的重叠不小于 20%(图 7.22 阴影区)。

100% 覆盖时，测线间距 L 为

$$L \leqslant 2kW \tag{7.8}$$

式中，L 为测线间距，m；k 为测线间距系数，取值范围为 0.8；W 为合成孔径声呐单侧覆盖宽度，m。

实际扫测过程中，为减少机器人掉头时间，提高工作效率，适当增大转弯半径，探查过程中的测线顺序 x_1、x_3、x_2、x_4，后续测线上线顺序以此类推。

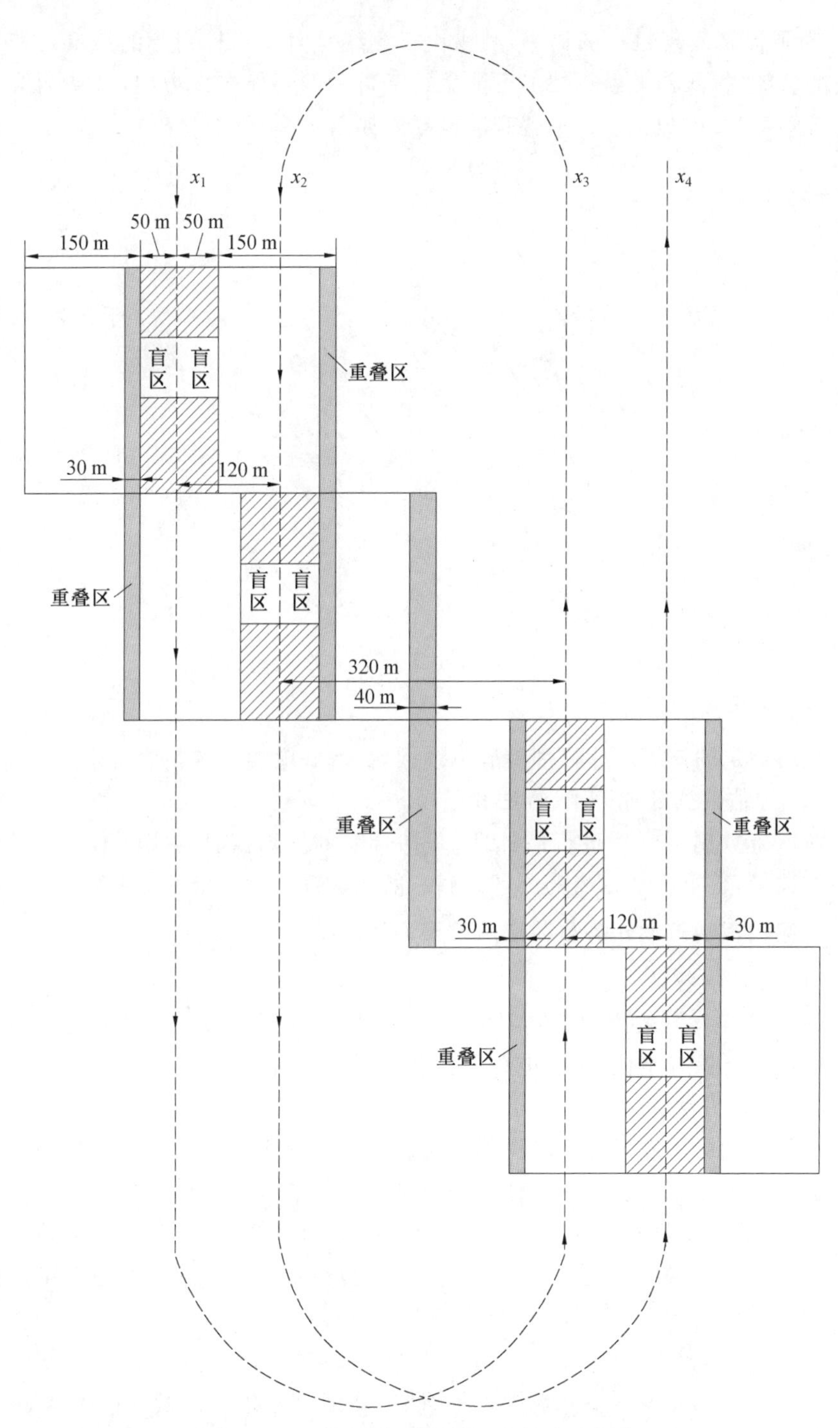

图 7.22　间隔测线全覆盖探查方式示意图

为了提高发现目标的概率，减少由于测线垂直于目标引起的声反射和目标丢失的可能，扫测作业航迹要尽可能平行于目标的可能布设方向，各条测线间距可参考图 7.22 中数据。区域普查航迹规划如图 7.23 所示。

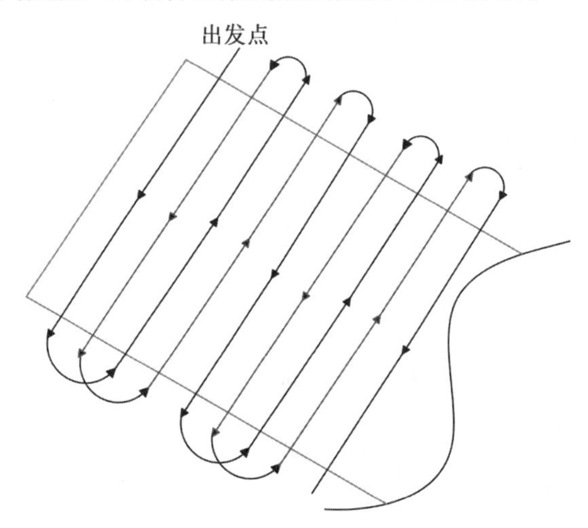

图 7.23　间隔测线全覆盖探查方式航迹规划

(3) 评估合格判据。

获得稳定的掩埋 / 非掩埋海底电缆图像，海底电缆定位精度小于 10 m。

(4) 评估数据处理原则、方法和记录。

对探查数据下载后进行后处理，并结合航迹规划信息对实际海底电缆已知路由的比较，着重确认探查的测区、测线、航速、航向、测量要素等参数。

2.侧扫声呐声学任务载荷应用效果评估

(1) 评估内容。

评估机器人搭载侧扫声呐对海底非掩埋电缆的成像效果，并对已知路由的海底电缆进行探查定位，确定电缆的状态、位置等信息。

(2) 评估方法。

侧扫声呐应用效果评估时机器人航迹规划如图 7.24 所示，规划区域为一定长度和宽度水域。为了得到最佳的海底电缆声学图像，机器人最佳定高为 20～30 m(这样得到的图像清晰且能够保证机器人的航行安全，具体定高高度依据铺设海底电缆的海域环境进行调整)，其中 S 为机器人出发点，R 为机器人的回收点。

(3) 评估合格判据。

获得稳定的非掩埋海底电缆声学图像，海底电缆定位精度小于 10 m。

图 7.24　侧扫声呐探查方式航迹规划

（4）评估数据处理原则、方法和记录。

对探查数据下载后利用后处理软件进行回放或处理成镶嵌图，并结合航迹规划信息对实际海底电缆已知路由的比较，着重确认探查的测区、测线、航速、航向、测量要素等参数。

图 7.25 至图 7.27 所示为利用海缆巡检机器人搭载侧扫声呐对海底电缆进行探查时的实海缆缆体声学图像。

图 7.25　侧扫声呐任务载荷探查的裸露海缆缆体

图 7.26　侧扫声呐任务载荷探查的半掩埋海缆缆体

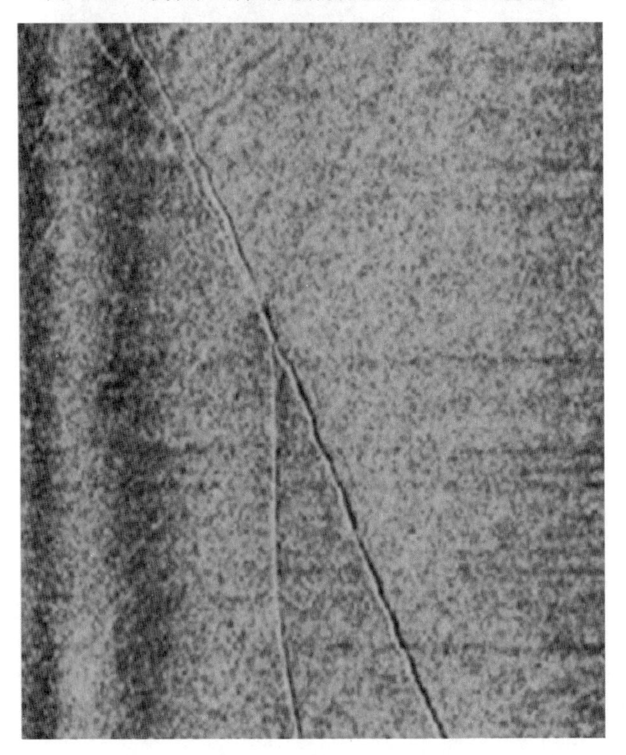

图 7.27　侧扫声呐任务载荷探查的移位海缆缆体

3. 水下微光摄像机任务载荷应用效果评估

（1）评估内容。

评估机器人搭载水下微光摄像机对海底非掩埋电缆的光学成像效果，并对海底电缆的状态进行确认。

（2）评估方法。

由于海底电缆一般敷设在近海，近海海水浑浊，能见度较低，微光摄像机的作用距离一般在 1 ～ 3 m 以内，所以对微光摄像机应用效果评估时机器人需要抵近海底探查。首先通过先期掌握的海底电缆路由和声学任务载荷探查确认的海底电缆定位信息对机器人进行精确控制，并利用动态控位技术实现对海底电缆抵近光学探查。

（3）评估合格判据。

获得清晰、直观的非掩埋海底电缆光学图像。

（4）评估数据处理原则、方法和记录。

对探查数据下载后利用光学播放软件进行回放，并着重关注海底电缆的状况，确认是否有破损现象。图 7.28 为海底电缆巡检机器人在山东长岛海域进行光学探查海底电缆的场景，图 7.29 为微光摄像机拍摄到的海底电缆光学图像。

图 7.28　海底电缆巡检机器人长岛海域海试

4. 磁探仪任务载荷应用效果评估

（1）评估内容。

评估机器人搭载磁探仪对海底非掩埋电缆的磁学探查效果，并对已知路由的海底电缆进行探查定位，确定电缆的状态、位置等信息。

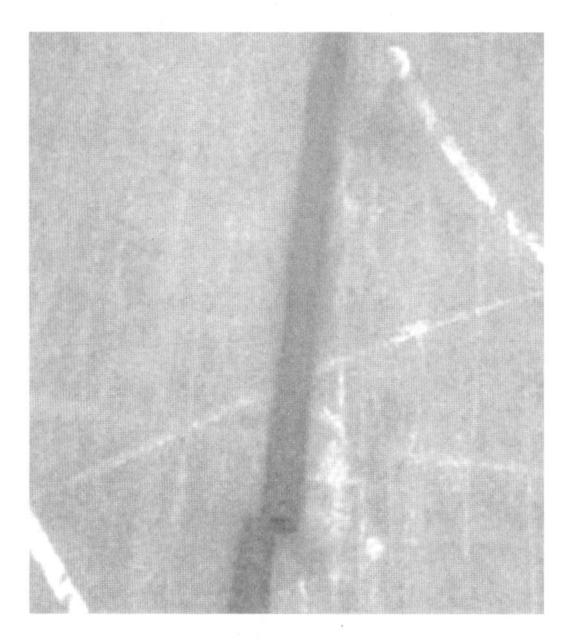

图 7.29　海底电缆光学图像

(2) 评估方法。

由于海底电缆磁性较弱，且海水对此信号有一定的衰减，故机器人搭载磁探对海底电缆进行探查时，一般机器人距离海底高度在 1 ～ 3 m 范围内为最佳，这既能保证机器人的安全，又能获得稳定可靠的海底电缆磁信号。

(3) 评估合格判据。

获得稳定的海底电缆磁信号，并利用该信号进行路径跟踪。

(4) 评估数据处理原则、方法和记录。

对探查的磁学数据下载后利用处理软件进行回放，着重关注海底电缆位置信息，一般磁探查作为声学探查和光学探查的辅助手段。

7.5　本章小结

本章主要介绍了电力巡检机器人应用效果评估方面的内容，包括变电站巡检机器人、输电线路巡检机器人、电缆隧道巡检机器人和海底电缆巡检机器人。本章内容对电力系统无人巡检提供了评价方法和原则，是智能电缆三维立体无人化巡检设备应用的参考和依据。

第8章　总结与展望

在整个电力系统中，由于电能生产、输送、分配和使用的同时性和连续性，对系统中各设备单元的安全可靠运行都有很高的要求。电网各环节的可靠性及运行情况直接决定着电力系统的稳定和安全。巡视与检修是保证电网各环节设备健康运行的必要手段，做好检修工作，及早发现事故隐患并及时予以排除，使电网设备始终以良好的状态投入运行具有重要的意义，尤其是电力系统向着高电压、大容量、长距离、互联网趋势发展，其三维智能巡检技术的重要性更加突出和不可替代。

8.1　建立智能电网大数据库的必要性

利用特种电力巡检机器人进行变电站设备巡检，统一检测分析流程，保证巡检质量，为保护电网的安全运行提供了一种更为有效的手段。

变电站智能巡检机器人已列入《国家电力重点推广新技术目录》，并且变电站智能巡检机器人已进入了推广应用阶段。最近几年，随着变电站巡检机器人的规模应用，机器人利用例行巡视、表计抄录并自动存储对比分析、恶劣天气巡视、红外精确测温、后台自动存档分析等功能，有效地提升了变电站巡检效率和效益，减轻了基层班组一线员工的工作负担。下一步主要考虑机器人在检测系统模块化设计、集中控制与集中使用、标准化的监控后台等几个方面的应用，这些成果会首先选择部分变电站进行试点应用，根据应用结果，结合电网实际应用需求，及时进行总结分析，进一步完善功能，修订相关标准和规范，最终实现在电网系统全面推广应用。

输电线路检测作业机器人在模拟和实际线路上成功进行了多次除冰、检测和运行实验以及高压和大电流实验，能够稳定可靠地在高电压、大电流的带电线路环境下作业，具备移动速度快，工作效率高，可见光和红外图像清晰稳定，并能够抓取金具的细节信息等优良的性能，值得在电力系统内推广应用。在现有的工作平台上进一步研发具备多种功能的架空输电线路巡检作业机器人，是电力机器人未来发展的一个方向。另外，研究架空输电线路机器人的能量在线供给技术，为机器人在输电线路上进行较长时间的作业提供持续可靠的能源供给，也是一项十分有意义的研究内容。

架空输电线路无人机巡检系统正逐步应用于对输电线路的常规巡视、状态巡视、灾情普查、应急抢险等工作，可实现对输电线路设备巡检的智能化与自动化。本系统具有巡线效率高、安全、稳定可靠等优点，值得在电力系统内推广应用。下一步考虑在现有飞行平台的基础上，开展与其他线路机器人联合作业的研究，实现辅助吊装、线路架线等其他实用化研究，拓展无人机应用范围。同时，考虑建立缺陷图像特征库，加强基于计算机视觉技术的输电线路设备缺陷诊断的研究，实现对设备缺陷的自动化识别。

上述电力巡检机器人进行电站设备巡检的前提是必须具备各电压等级的输电线路、变电(变流)站、配电网和电力设备的大数据库和分析标准平台，因此，必须认识到建立电网系统和输电、变电、配电各分支数据库和分析标准的必要性和重要性。其数据库与分析标准的具体规划方向如下。

8.1.1 输电线路数据库及分析标准

为了高效管理输电线路巡检传输的信息，需要建立数据库，以便对巡检图像进行诊断，快速定位，及时开展线路维修工作。输电线路数据库建立遵循4项原则。

(1) 具有良好的存取效率和储存效率。

(2) 使用和维护方便。

(3) 完备的系统功能。

(4) 安全可靠。

目前，设计数据库系统主要采用以逻辑数据库设计和物理数据库设计为核心的规范设计方法。根据软件工程生命周期，数据库设计遵循6个步骤，即用户需求分析、概念结构设计、逻辑结构设计、数据库物理设计、数据库实施和数据库使用与维护。

随着经济的迅猛发展，我国的居民生活以及工业生产对电力资源的使用量也在急剧增加，同时对输电线路数据资源的管理及分析也提出了更高的要求。后续应通过当前输电线路数据管理存在问题展开分析，构建输电线路数据库标准体系结构，以有效提升电力数据的管理效率，提高数据管理的水平，推动相关业务协同和效率提升。

8.1.2 变电(流)站数据库及分析标准

变电(流)站数据库保留着最原始的各种信息资料。

(1) 设备运行数据。

运行数据主要是变电站变压器、馈线、备自投、电容器、母线、保护测控装置等设备的电压、电流、有功、无功、功率因数等运行参数的实时记录。

（2）事故分析与过程记录数据。

此类数据主要反映了电力系统异常运行时的相应数据信息，如故障发生的时间、地点和记录次数等。历史数据库系统可以将数据长期保存，对产生故障的装置进行分析，通过分析总结系统出现问题的次数和内容，对装置进行维护管理，避免反复出现故障。以上数据存储于数据 库，方便于以后对事故查询分析。

（3）录波记录。

录波数据的采集与记录主要通过装置的运行情况，对信息出入情况采取多格式的记录，通过分段记录。

（4）系统参数。

包括保护定值、动作时限等参数。

变电流站数据库发展规划方向包括状态记录统计无纸化、数据信息分层化、分流交换自动化；变电站运行发生故障时数据库能够自动生产故障分析报告，标识出故障原因、给出故障处理意见、系统能够自动发出变电站设备检修报告。

8.1.3　低压配电网数据库及分析标准

目前，我国正在开展低压配电自动化和配电管理系统（DMS）的研究和建设工作，以提高供电可靠性和电能质量，而在 DMS 中建立支持电网性能分析的数据库（DDB）及其管理系统（DDBMS），不仅有助于确保电力系统的可靠、灵活且经济运行，而且能为配电网调度和管理工作提供先进的技术手段。配电系统是把电力系统与用户连接起来的重要环节，通常包括输电线路、一次配电线路、配电站、配电变压器、二次配电线路以及其他的电气设备。DMS是一个将计算机技术，数据传输、处理和管理，控制策略，现代化配电设备及管理集成在一起的综合监控管理系统。DDB 及其 DDBMS 是 DMS 中的一项基本的应用软件，主要完成对整个配电网系统性能的分析，也是配电网其他应用软件的重要基础。在 DMS 中与 DDB 和 DDBMS 有关的应用软件包括：配电工作管理、故障投诉管理、网络建模、网络拓扑分析、负荷预测、负荷管理与控制、电压和无功优化调度、配电模拟操作、配电网规划及工程计划等。DDB 及其 DDBMS 的特点是数据类型多、结构复杂、处理的数据量大，实时性要求高、查询速度快，且数据安全性和保密性要求高。本书结合实际电网的配电自动化工程，分析了需要处理的电网性能分析数据的特点，提出了 DDB 和 DDBMS 设计方法，并编制出了相应的系统软件，使用效果良好。

将现有类似配电数据库分析相关标准规范应用到低压配电网数据库建设的实践当中，能够为低压配电网数据库的建设提供可靠保障。未来发展方向如下。

（1）完善现有相关标准规范体系，已建成的配电网数据库分析标准规范在实用性、完备性、协调性上还存在一些不足，另外在配电数据管理、共享交换、应用服务等方面目前仍有许多标准规范迫切需要研制。未来可以在配电信息标准规范体系下，通过继承、修订、增加等方式，完善和健全低压配电数据库标准规范体系。

(2) 加强标准规范应用在低压配电网数据库建设实施之前，相关分析标准规范基本处于缺失状态，由于建设任务重、时间紧，数据库分析标准规范只能边建设边应用，导致所建成的数据库分析标准规范的应用程度还不够深入、应用范围还不够广泛。后续可以从深度和广度两个方面加强数据库标准规范的应用，并反馈应用效果用于指导数据库分析标准规范体系的完善。

8.2 实现智能电网3O巡检技术前景及展望

目前，无论是机器人还是无人机，在巡检中均使用大储存量的储存卡随机储存巡检数据，等巡检完毕后再转存到计算机中进行分析诊断并撰写巡检报告。这种巡检只是初步实现了自动化巡检技术，并不是真正意义上的智能巡检技术。

发现电网急性故障和重大隐患不能实现在线诊断、立即报警的功能。因此，随着大数据、云计算、互联网、物联网和5G及6G通信等信息技术的迅速发展，泛在感知数据和图形处理器等计算平台，推动以深度神经网络为代表的人工智能巡检技术飞速发展，必将有力驱动无人机智能巡检技术的快速发展与更加广泛的应用，真正实现在线巡检(online-inspection)、在线传输(online-transmission)、在线诊断报告(online-diagnosis)，简称“3O智能巡检技术”。

1. 在线巡检

在线巡检就是利用机器人、无人机或传感器等设备，按照程序设计要求对国家和企业重大工程或重要设备现场进行全自动化、不间断实时巡视检查的必要技术措施，如图8.1所示。能够及时发现设备缺陷和事故隐患，及时通报给系统内部专业维修单位或部门，维修单位或部门可及时派员到现场消除设备缺陷、杜绝事故发生或控制事故范围继续扩大，以达到电力系统或其他设备安全运行之目的。

图 8.1　无人机在线巡检示意图

2. 在线传输

在线传输就是利用 5G 或 6G 高速公共通信系统网，将电网在线巡检的数据图像实时传输到巡检控制中心或检修运维中心，如图 8.2 所示。

由于 5G 或 6G 高速公共通信系统网具备网速快、网信稳定、不丢数据、图像传输清晰等一系列优点，为在线传输提供了快速通达的传输数据链安全通道，这是实现实时在线传输不可缺少的必备条件。只有实现了这一数据链传输条件，才能实现真正意义上的智能巡检实时在线传输任务。

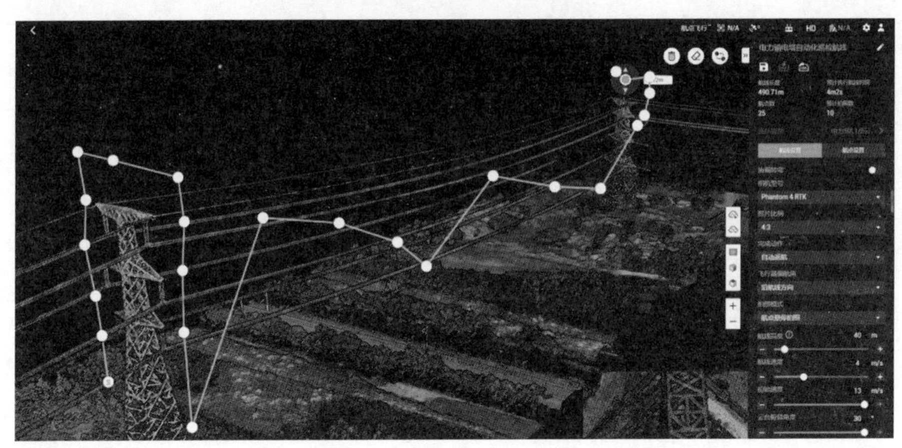

图 8.2　智能巡检实时在线传输数据图像示意图

3. 在线诊断

在线诊断就是将在线巡检的数据图像通过在线传输到巡检控制终端，计算机通过大数据分析与标准图例计算对比，诊断出电网和设备存在缺陷和故障隐患，然后按发现缺陷和故障的性质撰写电网巡检诊断报告书，并提供给电网系统相关部门和单位，以此标志着本次巡检任务的全面完成。

综上所述，3O 智能巡检技术是整个电力系统乃至其他行业实现安全、可靠、智能、在线的科学运维管理模式，只有达到和实现 3O 智能巡检，才能确保重大工程和重要设备的安全可靠运行，真正实现国家要求的长周期、不间断、无事故安全生产记录。

参考文献

[1] 汤广福.电力系统电力电子及其试验技术[M].北京:中国电力出版社,2015.

[2] 汤广福.提高电网可靠性的大功率电力电子技术基础理论[M].北京:清华大学出版社,2010.

[3] 张毅威,丁超杰,闵勇,等.欧洲智能电网项目的发展与经验[J].电网技术,2014,38(7):1717-1723.

[4] 张瑶,王傲寒,张宏.中国智能电网发展综述[J].电力系统保护与控制,2021,49(5):180-187.

[5] 徐鑫霖.巡检机器人结构设计及越障轨迹规划[D].沈阳:东北大学,2017.

[6] 赵德利,胡川,王星超,等.输电线路绝缘子串检测机器人设计与应用[J].山东电力技术,2014,41(6):5-7.

[7] 郑小英.高压输电线路中无人机电力巡检技术的应用[J].自动化应用,2022(12):112-114.

[8] 庞人宁.变电站智能机器人巡检技术研究[J].电气开关,2022,60(4):19-22,27.

[9] 张倩,白正轩.变电站巡检机器人应用技术及实施要点[J].中国高新科技,2020(19):98-99.

[10] 彭向阳,金亮,王锐,等.变电站机器人智能巡检技术及应用效果[J].高压电器,2019,55(4):223-232.

[11] 程俊东.高压输电线路巡检机器人的设计与仿真分析[D].成都:四川农业大学,2019.

[12] 张培.智能变电站巡检机器人的应用[J].现代制造技术与装备,2022,58(6):222-224.

[13] 邹其雨.变电站智能巡检机器人数据采集及监控系统的设计与实现[D].成都:电子科技大学,2020.

[14] 李海生,覃广斌,吕立帆,等.智能巡检机器人在变电站中的应用分析[J].电子世界,2021(2):49-50.

[15] 王鹏,盛宇军,高笃良,等.架空输电线路巡检机器人系统设计[J].电子测量技术,2022,45(21):117-122.

[16] 苗俊,尤志鹏,袁齐坤,等.架空输电线路巡检机器人发展研究[J].中国设备工程,2019(20):135-136.

[17] 岳灵平,张浩,俞强,等.绝缘子串智能检测机器人研究与应用[C]//第二十五届华东六省一市电机工程(电力)学会输配电技术研讨会优秀论文集.

[出版地不详]:[出版者不详],2017:49-52.
[18] 段锦晶.试论电缆隧道巡检机器人机械系统设计与作业性能[J].中国设备工程,2021(13):163-164.
[19] 魏更.电缆隧道巡检机器人主体及控制系统研究[D].北京:华北电力大学,2020.
[20] 夏洪永.海底电缆巡检水下机器人的模块化控制系统[J].舰船科学技术,2018,40(4):202-204.
[21] 李焕明.智能机器人巡检系统在变电站的应用研究[D].广州:广东工业大学,2020.
[22] 黄山,吴振升,任志刚,等.电力智能巡检机器人研究综述[J].电测与仪表,2020,57(2):26-38.
[23] 梅德芳.三维定位系统应用于热源巡检人员的分析[J].区域供热,2022(2):67-70.
[24] 李春波.林区智能巡检机器人的三维路径规划研究[D].哈尔滨:东北林业大学,2022.
[25] 吴益虹.变电站智能巡检机器人的可靠运用[J].通讯世界,2017(20):218-219.
[26] 钱丹杨,周卫华,帅学超.智能电力线路巡检机器人的设计与实施[J].电气技术,2022,23(7):46-49.
[27] 赵怀远,徐泽一.基于提升运维质量的班组“三维”巡检模式实践[J].企业管理,2021(S2):122-123.
[28] 鲁锦涛.基于三维激光的变电站巡检机器人关键技术研究[D].南京:东南大学,2021.
[29] 鲍雪.基于三维激光雷达的巡检机器人定位与建图技术研究与应用[D].南京:东南大学,2021.
[30] 彭林,王绍亚.巡检机器人在无人值守变电站的应用探究[J].电子世界,2017(1):157,159.
[31] 陈海生.巡检无人机硬件控制系统的设计与实现[D].南京:南京信息工程大学,2022.
[32] 王伟.持续在线的电力巡检无人机的研究与设计[D].太原:太原科技大学,2021.
[33] 赵薛强,凌峻.无人机自动巡检智慧监控系统研究与应用[J].人民长江,2022,53(6):235-241.
[34] 任海波,王水,黄迟,等.一种智能化巡检无人机系统的设计研究[J].中国新通信,2020,22(19):70-71.

[35] 牛珍,和正强. 无人机技术在电力巡检信息化管理中的应用分析[J]. 电力设备管理,2020,(6):193-194.

[36] 陈西广,董罡,王滨海,等. 固定翼无人机巡检输电线路探讨[J]. 山东电力技术,2011(5):1-5,8.

[37] 潘捷. 电力巡检多旋翼无人机避障系统关键技术研究[D]. 天津:天津工业大学,2020.

[38] 邵强,万力. 多旋翼无人机在输电线路巡检中的运用及发展[J]. 中国新通信,2019,21(16):106.

[39] 魏晓伟,张金祥,王建伟,等. 变电站内巡检无人机飞行器控制技术[J]. 科技资讯,2018,16(34):1-2.

[40] 冯乙峰,张方峥,陆运全,等. 变电站接地装置的无人机自动巡检技术应用研究[J]. 电工技术,2022(20):91-93.

[41] 杨倩,王艳娥,梁艳,等. 基于移动群智感知的多旋翼无人机噪声控制技术[J]. 计算机测量与控制,2022,30(10):162-167.

[42] 周晨飞,文显运. 架空输电线路无人机巡检技术分析[J]. 电子元器件与信息技术,2020,4(10):59-61.

[43] 薛江,李军锋,王鹏,等. 无人机仿真培训系统在电网中的应用[J]. 科技与创新,2017(20):155-156.

[44] 吕学伟,宋福根. 多旋翼无人机输电线路巡检避障技术综述[J]. 电气技术,2021,22(4):1-6,19.

[45] 孙嫱,汤奕琛,沈如榕. 输电线路无人机自主巡检航迹优化研究[J]. 电工技术,2022(9):77-78,82.

[46] 林旭鸣. 输电线路无人机巡检实时通信技术研究[J]. 中国新技术新产品,2020(15):31-32.

[47] 杨思明,单征,曹江,等. 基于模型的强化学习在无人机路径规划中的应用[J]. 计算机工程,2022,48(12):255-260,269.

[48] 孙旸. 无人机安全分析与防护技术研究[D]. 海口:海南大学,2020.

[49] 马振涛,涂鸿,姜楠. 发电厂输煤系统巡检机器人研制与应用[J]. 黑龙江电力,2019,41(2):169-173,178.

[50] 程文彬,陆瑞强,杨振鸿,等. 小型多旋翼无人机安全性能检验方法探讨[J]. 轻工标准与质量,2020(5):108-109.

[51] 王新阳. 多旋翼无人机在线路巡检中的应用研究[J]. 科技与创新,2022(16):165-167.

[52] 王俊平,徐刚. 电力多旋翼无人机巡检控制系统的设计与实现[J]. 机械设计与制造,2022(10):75-80.

[53] 周启平,何伟,贾蕾.多旋翼无人机在电网建设工程的应用分析[J].内蒙古电力技术,2022,40(1):79-82.
[54] 胡焕霞.智能化电力设备巡检探讨[J].低碳世界,2020,10(8):67-68.
[55] 麻军亮.基于物联网技术的电力设备智能化巡检系统设计[J].信息系统工程,2018(11):56.
[56] 李红光,蒋晨曦,郑毅.500 kV 变电站接地线高空装拆工具[J].中国科技信息,2019(14):85-87.
[57] 晏为勋.电缆隧道架空式巡检机器人行走机构研究与应用[J].低碳世界,2021,11(6):113-114.
[58] 郭健平. 基于 myRIO 的带式输送机吊轨式巡检机器人控制系统设计与研究[D].徐州:中国矿业大学,2019.
[59] 刘子恒,吴杰,陶卫军.隧道电缆巡检机器人结构设计及其力学性能分析[J].兵工自动化,2022,41(12):49-55,65.